水电工程
设计工程量计算规定

2010年版

国家能源局　颁布

水电水利规划设计总院
可再生能源定额站
编制

中国电力出版社
www.cepp.com.cn

图书在版编目（CIP）数据

水电工程设计工程量计算规定 / 国家能源局颁布；水电水利规划设计总院，可再生能源定额站编制. —北京：中国电力出版社，2010.11
ISBN 978-7-5123-1011-7

Ⅰ. ①水… Ⅱ. ①国… ②水… ③可… Ⅲ. ①水利工程－工程造价－建筑规范－中国 ②水力发电工程－工程造价－建筑规范－中国 Ⅳ. ①TV512-65

中国版本图书馆 CIP 数据核字（2010）第 204358 号

中国电力出版社出版、发行
（北京三里河路 6 号 100044 http://www.cepp.com.cn）
航远印刷有限公司印刷
各地新华书店经售
*
2010 年 11 月第一版 2010 年 11 月北京第一次印刷
880 毫米×1230 毫米 16 开本 29.125 印张 806 千字
印数 0001—6000 册 定价 **180.00** 元

国家能源局关于颁布水电工程工程量清单计价规范、施工合同示范文本和工程量计算规定的通知

国能新能〔2010〕214号

各有关单位:

为统一和规范水电工程设计工程量计量、工程量清单计价方法以及招投标和合同管理行为，加强水电建设项目工程定额和造价管理，提高水电工程设计和建设管理水平，维护工程建设各方的合法权益，为国家有关部门对项目监督管理提供依据，根据《可再生能源发电工程定额和造价工作管理办法》(发改办能源〔2008〕649号)，水电水利规划设计总院、可再生能源定额站组织编制了《水电工程工程量清单计价规范》、《水电工程施工招标和合同文件示范文本》和《水电工程设计工程量计算规定》。现予颁布，请遵照执行。

国家能源局

二〇一〇年七月十四日

关于施行水电工程工程量清单计价规范、施工合同示范文本和工程量计算规定的通知

可再生定额〔2010〕26号

各有关单位：

2010年版《水电工程工程量清单计价规范》、《水电工程施工招标和合同文件示范文本》和《水电工程设计工程量计算规定》（以下简称“本标准”）已经由国家能源局以《国家能源局关于颁布水电工程工程量清单计价规范、施工合同示范文本和工程量计算规定的通知》（国能新能〔2010〕214号）颁布施行。为做好本标准的施行工作，现将有关要求通知如下：

1．本标准是统一和规范水电工程设计工程量计量、工程量清单计价方法以及招投标和合同管理行为、维护工程建设各方合法权益的基础性标准，是国家有关部门对工程项目进行监督管理的重要依据。

2．本标准适用于大中型水电工程设计工程量计量、工程量清单计价以及招投标和合同管理工作，其他水电工程可参照执行。

3．工程量是水电工程设计成果的重要组成内容，也是各阶段工程造价编制与管理的基础，各单位在执行本标准中应充分重视工程量的计算与审查工作。

4．自本标准颁布施行之日起，水电工程不再执行原《水利水电工程施工合同和招标文件示范文本（GF-2000-0208）》、《水电水利工程工程量计算规定》（DL/T 5088—1999）和《水电建设工程工程量清单计价规范（试行本）》（水电规造价〔2005〕0004号）。

5．本标准由中国电力出版社出版、发行，配套软件由北京木联能软件技术有限公司开发，宣贯培训工作由可再生能源定额站负责组织。

6．各单位在执行本标准过程中遇有问题，请函告可再生能源定额站，联系方式如下：

联系电话：010-62041369

传　　真：010-62352734

电子邮箱：dez@hydrochina.com.cn

网　　址：http://www.hydrocost.org.cn

附件：

1．水电工程工程量清单计价规范（2010年版）（另发）

2．水电工程施工招标和合同文件示范文本（2010年版）（另发）

3．水电工程设计工程量计算规定（2010年版）（另发）

水电水利规划设计总院

可再生能源定额站

二〇一〇年七月二十六日

前　　言

工程量是工程设计工作的重要成果之一，也是编制各设计阶段工程造价的重要基础。为进一步规范水电工程建设项目各设计阶段、各分项工程量计量方法、计算规则，明确工程量清单编制要求，保证工程设计和投资编制质量，水电水利规划设计总院（可再生能源定额站）组织编制了《水电工程设计工程量计算规定》（以下简称“本规定”）。

本规定的主要内容包括总则、术语和定义、分项工程量计算规定、工程量清单编制规定和附录等部分。其中：总则部分明确了本规定的目的、作用、适用范围、编制依据以及工程量计算的一般原则；术语和定义部分主要定义了常用的专业名词和术语；分项工程量计算规定部分包括建筑工程、设备及安装工程、建设征地移民安置等三部分内容，是以招标和施工图阶段设计深度所涉及的分项工程为基础，规定每个分项工程量的计量单位、计算方法和计算规则，同时明确了规划、预可行性研究、可行性研究、招标和施工图等不同设计阶段对分项工程量计算上所采取的不同处理原则、方法和计算精度要求；工程量清单编制规定部分包括施工辅助工程、建筑工程、环境保护和水土保持工程、机电设备及安装工程、金属结构设备及安装工程、建设征地移民安置、其他工程等七部分内容，其中其他工程主要包括交通工程、房屋建筑工程、安全监测工程、劳动安全与工业卫生、水文测报工程、水库地震监测台网工程等，明确和规范了不同设计阶段各部分工程量清单编制的内容和深度要求；附录为水电工程设计工程量阶段系数表。

本规定由水电水利规划设计总院（可再生能源定额站）提出，国家能源局颁布。

本规定由水电水利规划设计总院（可再生能源定额站）归口管理并解释。

本规定主要起草单位：水电水利规划设计总院（可再生能源定额站）。

本规定参加起草单位：中国水电顾问集团西北勘测设计研究院、中国水电顾问集团成都勘测设计研究院、中国水电顾问集团北京勘测设计研究院、中国水电顾问集团华东勘测设计研究院、中国水电顾问集团中南勘测设计研究院。

本规定主要起草人：易升（总则部分）；杨泽艳、刘荣丽、刘园、刘昌桂、朱瑞晨、周长兴（建筑工程部分）；余奎、胡平、彭云强、肖长清、盛乐民、李万军、王慧芳、李果、文宁、李毅、蒲建平、潘勇、秦光辉（施工辅助工程部分）；喻卫奇、杜运领、郎建（环境保护和水土保持工程部分）；戴康俊、李仕宏、苑睿、刘书玉、陈红、王建明（设备安装工程部分）；王锐林、文良友（建设征地移民安置部分）；杨志刚、牛文斌、王继琳（劳动安全与工业卫生部分）；杨百银、晏忠林、周祥林（水文测报工程部分）；范俊喜、袁建新（水库地震监测台网工程部分）。

本规定主要审查人：王民浩、周建平、郭建欣、张一军、党林才、魏志远、彭土标、赵琨、彭才德、周尚洁、关宗印、王善春、赵全胜、方光达、吴毅瑾、严永璞、陈惠明、王润玲、林朝晖、万文功、崔磊、周波、李国胜、李小山、要立荣、赵世麒、范福平、吕明治、周垂一、王寿根、陈念水、曾凡烈、李云、杨君、周良景、万凤霞、强祖德、郑悦峰、张振涛、赵冠松。

目　　录

1 总　　则

1.0.1 水电工程的设计工程量，是水电工程设计成果的重要内容，也是编制各设计阶段工程造价的基础。为统一和规范水电工程建设项目各阶段设计工程量的计算内容、规则以及成果要求，特制订本规定。

1.0.2 本规定适用于新建、改（扩）建的大、中型水电工程（含抽水蓄能电站工程）规划、预可行性研究、可行性研究以及招标和施工图设计阶段的设计工程量计算。小型水电工程可参照执行。

1.0.3 本规定主要依据以下标准制订：

GB/T 21010—2007《土地利用现状分类》

DL/T 5020—2007《水电工程可行性研究报告编制规程》

DL/T 5042—1995《河流水电规划编制规范》

DL/T 5064—2007《水电工程建设征地移民安置规划设计规范》

DL/T 5206—2005《水电工程预可行性研究报告编制规程》

DL/T 5212—2005《水电工程招标设计报告编制规程》

DL/T 5377—2007《水电工程建设征地实物指标调查规范》

1.0.4 工程量计算要求内容完整，不能出现重项和漏项，各阶段的工程量清单内容和深度要求应与本阶段相关勘测设计规程、规范的深度要求相适应，同时与本阶段概（估、预）算的编制规定和定额标准相协调。

1.0.5 本规定中的建筑工程设计工程量，是根据工程的设计几何轮廓尺寸净值计算，包括可以预见的不良地质处理工程量，并乘以附录所列相应设计阶段工程量阶段系数。施工规范允许的超挖量、超填量、合理施工附加量、施工操作损耗及质量检查工程量（除特殊注明外）等，不包括在设计工程量中。

1.0.6 水电工程中相关设施按照其他行业（交通、铁路、电力、通信、工业与民用建筑、水利等）标准设计时，工程量计算应按本规定执行，同时符合相关行业的有关规定。

1.0.7 施工辅助工程中的项目若构成主体工程的一部分，应将结合部分列入永久工程，避免工程项目和工程量重复计列。

1.0.8 水电工程设计工程量计算除应符合本规定外，还应符合国家现行的有关标准的规定。

2　术语和定义

下列术语和定义适用于本规定。

2.0.1　图纸工程量

依据建筑物或工程的设计几何轮廓尺寸，合理切取剖面或体形按相关工程量计算规则计算的工程量。

2.0.2　设计工程量

由图纸工程量和设计阶段扩大工程量组成，为图纸工程量乘以工程量阶段系数。无特殊说明的情况下，本规定中的工程量均为设计工程量。

2.0.3　质量检查工程量

因质量检查而发生的工程量。

2.0.4　自然方

指未经扰动的自然状态的土方或石方。

2.0.5　松方

指自然方经过机械或人工开挖而松动的土方或石方。

2.0.6　压实方

指填筑（回填）并经过压实后的成品方。

2.0.7　混凝土含钢量

指单位混凝土体积为满足结构需要所使用的钢筋、型钢等钢材质量。不计加工损耗、搭接、弯曲延伸增加长度、施工架立筋等施工附加量。

2.0.8　工程量阶段系数

指考虑勘察设计深度、工程规模等因素，各设计阶段工程量所留的裕度。

2.0.9　单项工程

指在一个建设项目中，具有独立的设计文件，能够独立组织施工，竣工后可以独立发挥生产能力或效益的工程。如水电站的挡水工程、泄水工程、输水工程等。

2.0.10　单位工程

指竣工后不可以独立发挥生产能力或效益，但具有独立设计，能够独立组织施工的工程。如泄水工程的溢洪道、泄洪洞、冲沙孔等工程。

2.0.11　分部工程

指在一个建筑物内能组合发挥一种功能的建筑安装工程，是单位工程的组成部分。对单位工程安全、功能或效益起控制作用的分部工程称为主要分部工程。如溢洪道工程的引渠、控制段、泄槽段、出口段等。

2.0.12　分项工程

指分部工程的组成部分，是工程项目最基本的计算单位。它是按照不同的施工方法、不同材料的不同规格等，而将分部工程进一步划分的。如土石方开挖工程、混凝土工程、灌浆工程等。

2.0.13　工程量清单

指根据各阶段工程设计以及本规定编制的工程项目及所对应的工程量的明细清单，内容包括序号、项目名称、项目主要特征、计量单位以及工程量等。

3　分项工程量计算规定

3.1　建　筑　工　程

3.1.1　土石方开挖

1）土石方明（洞）挖工程量以自然方（m^3）为计量单位。

2）土方开挖工程量应注明土的种类，石方开挖工程量计算应注明岩性和类别。

3）各阶段土石方明挖工程量计算要求：

（1）规划阶段：宜提出土方和石方的工程量比例。

（2）预可行性研究阶段：应分别提出土方明挖和石方明挖的工程量。

（3）可行性研究阶段：土方明挖工程量应按一般土方和沟槽分别计算；石方明挖工程量应按一般石方和沟槽等分别计算。

（4）招标设计和施工图设计阶段：土方明挖工程量应按一般土方、沟槽、坑等分别计算；石方明挖工程量应按一般石方、沟槽、石坑等分别计算。必要时应单独计列水下开挖工程量。

4）各阶段土石方洞挖工程量计算要求：

（1）规划阶段：宜根据设计初拟的挡水、泄水、输水、发电、综合利用等主要建筑物的轮廓尺寸，分别估算土方或石方洞挖工程量。

（2）预可行性研究阶段：应按平洞、洞室、斜井和竖井开挖分建筑物、分部位分别计算土方或石方洞挖工程量。

（3）可行性研究阶段：应按平洞、洞室、斜井和竖井开挖分建筑物、分部位分别计算土方或石方洞挖工程量。

（4）招标设计和施工图设计阶段：按照设计图纸要求分部位计算土石方洞挖工程量，土方应按平洞、斜井、竖井开挖分别计算。石方应按平洞、洞室、斜井和竖井等洞室开挖分别计算。

3.1.2　支护、锚固及排水

1　喷混凝土

1）喷混凝土工程量以成品方（m^3）计量。

2）喷混凝土按设计施喷面积乘以设计厚度计算。不计入回弹量和施工损耗量，不扣除金属件、预埋件占去的空间；挂网钢筋（钢肋拱或钢丝网）应单独计算，并注明钢筋直径及间排距。挂网钢筋以吨（t）为计量单位，不计入为固定钢筋网所需用的附加钢筋。

3）规划阶段：宜根据喷混凝土的部位、面积匡算喷混凝土工程量。

4）预可行性研究阶段：应根据支护范围和喷层厚度计算喷混凝土工程量，并注明主要支护部位、喷混凝土厚度、强度等级、钢筋网布设等。

5）可行性研究阶段：应根据支护范围和喷层厚度计算喷混凝土工程量，并注明主要支护部位、喷混凝土厚度、强度等级、钢筋网布设等。

6）招标设计和施工图设计阶段：应根据支护范围和喷层厚度计算喷混凝土工程量，详细注明支护的部位、喷混凝土种类、喷混凝土厚度、强度等级、钢筋网布设等。

2　锚杆（锚筋、锚杆束、锚筋桩等）

1）锚杆支护工程量按不同锚杆类型、锚杆直径和锚杆长度分别计算，以根为计量单位。预应力锚杆还应注明预应力设计吨位。

2）锚杆长度是指锚杆的设计长度，包括嵌入岩土体的长度及必需的外露长度，不计加工制作损耗。应分别注明锚杆嵌入岩土体的长度及外露长度。

3）规划阶段：宜根据不同的地质条件，按间排距和锚杆布置范围来估算锚杆支护工程量。

4）预可行性研究阶段：根据地质条件和建筑物运行要求，按间排距和锚杆布置范围来计算锚杆支护工程量，应注明岩性和类别、典型锚杆类型、锚杆直径和锚杆长度等。

5）可行性研究阶段：根据地质条件和建筑物运行要求，按间排距和锚杆布置范围来计算锚杆支护工程量，应注明主要支护部位的岩性和类别、典型锚杆类型、锚杆直径和锚杆长度等。

6）招标设计和施工图设计阶段：按设计图纸计算锚杆工程量，应分部位注明岩性和类别、锚杆类型、锚杆直径和锚杆长度等。

3　预应力锚索

1）锚索支护工程量以束（注明预应力设计吨位和长度）为计量单位。

2）锚索长度是指嵌入岩石（或土体、混凝土）的设计有效长度，不包括混凝土垫墩及以外的钢绞线长度。

3）规划阶段：宜根据地质条件、岩性和类别、设计支护范围等估算锚索支护工程量。锚墩不单独计量。

4）预可行性研究阶段：应根据设计锚索支护范围、锚索布置等计算锚索工程量，提出典型锚索类型、锚索长度、预应力设计吨位等。锚墩不单独计量。

5）可行性研究阶段：应根据设计锚索支护范围、锚索布置等计算锚索工程量，提出典型锚索类型、锚索长度、预应力设计吨位等。锚墩不单独计量。

6）招标设计和施工图设计阶段：按设计图纸要求计算锚索工程量，应分部位提出岩性和类别、锚索类型、锚索长度、预应力设计吨位等。

4　钢支撑（钢格栅）

1）钢支撑（钢格栅）工程量以吨（t）为单位计量。

2）钢支撑工程量应包括钢支撑（钢格栅）及钢支撑间连接钢材的工程量。

3）规划阶段：不单独计列钢支撑工程量。

4）预可行性研究阶段：一般不单独计列钢支撑工程量。

5）可行性研究阶段：宜根据地质条件、岩性和类别进行工程量估算。

6）招标设计和施工图设计阶段：应分部位根据地质条件、岩性和类别，提出钢支撑类型、材料等，并进行工程量估算。

5　管棚

1）管棚工程量按钻孔深度计算，以延米（m）为单位计量。包括钻孔、埋管及灌浆。

2）管棚钻孔深度应从孔口算起，并注明钻孔直径。

3）规划阶段：不单独计列管棚工程量。

4）预可行性研究阶段：一般不单独计列管棚工程量。

5）可行性研究阶段：宜根据地质条件、岩性和类别进行工程量估算。

6）招标设计和施工图设计阶段：应分部位根据地质条件、岩性和类别，提出管棚类型、材料等，并进行工程量估算。

6　柔性防护网

1）柔性防护网工程量以平方米（m^2）为单位计量。

2）规划阶段：不单独计列柔性防护网工程量。

3）预可行性研究阶段：一般不单独计列柔性防护网工程量。

4）可行性研究阶段：宜根据地质条件、岩性和类别进行柔性防护网工程量估算。

5）招标设计和施工图设计阶段：应分部位根据地质条件、岩性和类别，提出柔性防护网类型、防护能量（kJ）、材料等，并按设计图纸计算柔性防护网工程量，不计入压边和搭接面积。

7 排水孔（管）

1）排水孔（管）主要包括边坡和洞室排水孔（管）、基础排水孔（管），主要分为钻孔排水孔、反滤式塑料排水盲沟管、PVC 排水管、钢排水管等类型，均以延米（m）为单位计量。

2）规划阶段：不单独计列排水孔（管）工程量。

3）预可行性研究阶段：根据排水孔布置范围和间排距分别按排水孔（管）类型、直径和长度估算排水孔（管）工程量。

4）可行性研究阶段：根据排水孔布置范围和间排距分别按排水孔（管）类型、直径和长度计算排水孔（管）工程量。

5）招标设计和施工图设计阶段：应提出不同部位排水孔（管）类型、直径和长度，按设计图纸计算排水孔（管）工程量。

8 支挡结构及其他

抗滑桩、抗剪洞、锚固洞、挡墙、护坡结构、截水沟与排水沟等，其工程量应拆分为土方开挖、石方开挖、混凝土、钢筋等项目进行计算。

3.1.3 钻孔及灌浆

1 适用范围

适用于水泥灌浆工程，化学灌浆工程应采用专门的工程量计算方法。

2 钻孔

1）钻孔工程量以延米（m）计量。

2）帷幕灌浆、固结灌浆等钻孔深度应从孔口算起，并按岩土或混凝土等不同部位分别计算。混凝土盖重中有预留灌浆钻孔时，钻孔深度应从建基面算起。回填、接缝灌浆等钻孔深度从孔口算起。

3）规划阶段：应根据设计初拟的帷幕灌浆和固结灌浆范围、灌浆孔布设型式等匡算帷幕灌浆和固结灌浆钻孔工程量。压（注）水试验和检查孔工程量不单独计列。

4）预可行性研究阶段：应根据设计初拟的帷幕灌浆和固结灌浆范围、灌浆孔布设型式等估算帷幕灌浆和固结灌浆钻孔工程量。压（注）水试验和检查孔工程量不单独计列。

5）可行性研究阶段：应按灌浆种类计算钻孔工程量。帷幕灌浆、固结灌浆钻孔宜注明岩性和类别。压（注）水试验和检查孔工程量不单独计列。

6）招标设计和施工图设计阶段：应根据设计图纸分部位、分灌浆种类计算。帷幕灌浆、固结灌浆钻孔均应注明岩性和类别。压（注）水试验和检查孔工程量可单独计列。

3 灌浆

1）帷幕灌浆、固结灌浆工程量（不包括检查孔）以延米（m）或充填岩体裂隙和钻孔的净水泥质量（t）计量；回填灌浆、接触灌浆和接缝灌浆工程以设计被灌面积（m^2）计量。规划、预可行性研究、可行性研究及招标设计阶段的净水泥质量，应根据坝区岩体综合吕荣值和工程经验按平均单位延米吸浆量估算；大型或特别重要的工程可行性研究和招标设计阶段，可根据灌浆试验成果统计按平均单位延米吸浆量计算；施工图设计阶段，应根据现场灌浆试验成果统计按平均单位延米吸浆量计算。

2）规划阶段：应根据设计初拟的帷幕灌浆和固结灌浆范围、灌浆孔布设型式等匡算帷幕灌浆和固结灌浆工程量。宜匡算回填灌浆、接触灌浆和接缝灌浆工程量。

3）预可行性研究阶段：应提出帷幕灌浆和固结灌浆工程量，帷幕灌浆应注明延米吸浆量，帷幕灌浆和固结灌浆应注明灌浆压力。宜估算回填灌浆、接触灌浆和接缝灌浆工程量。

4）可行性研究阶段：应按设计图纸计算帷幕灌浆和固结灌浆工程量，帷幕灌浆应注明延米吸浆量，帷幕灌浆和固结灌浆应注明灌浆压力。应按设计图纸计算回填灌浆、接触灌浆和接缝灌浆工程量。

5）招标设计和施工图设计阶段：应根据设计图纸分部位、分灌浆类别计算工程量。帷幕灌浆、固结灌浆均应提出岩性和类别、灌浆压力。回填灌浆、接触灌浆、接缝灌浆，应按设计图纸计算灌浆面积。必要时给出灌铸孔口管工程量，并注明孔径和管长。

3.1.4 地下连续（防渗）墙

1 地下连续墙造孔

1）地下连续墙造孔工程量以设计成墙面积（m^2）计量，不计入导向槽的工程量。

2）设计成墙面积按地下连续墙轴线长度乘以平均墙深计算。计算平均槽深时，应自槽底面算起，不含导向槽高度。

3）规划阶段：宜匡算地下连续墙造孔工程量，并注明厚度。

4）预可行性研究阶段：应估算地下连续墙造孔工程量，并提出地层性质、墙厚、槽孔深度。

5）可行性研究阶段：应按设计图纸计算地下连续墙造孔工程量，并提出地层性质、墙厚、槽孔深度。

6）招标设计和施工详图设计阶段：应按设计图纸计算地下连续墙造孔工程量，并提出地层性质、墙厚、槽孔深度。

2 地下连续墙混凝土

1）地下连续墙混凝土工程量以成品方（m^3）计量，按设计成墙面积和设计厚度计算。地下连续墙需配筋时，钢筋应单独计算。

2）规划阶段：宜匡算地下连续墙混凝土工程量。

3）预可行性研究阶段：应按混凝土强度等级、级配估算工程量。

4）可行性研究阶段：应根据设计图纸按混凝土强度等级、级配计算工程量。

5）招标设计及施工图设计阶段：应根据设计图纸按强度等级和级配分部位计算工程量。

3 高压喷射灌浆

1）高压喷射灌浆工程量以延米（m）计量，根据设计确定的防渗面积和孔间距计算。

2）规划阶段：宜匡算高压喷射灌浆工程量。

3）预可行性研究阶段：应根据设计图纸估算高压喷射灌浆工程量，并提出高压喷射灌浆类型和地层类型。

4）可行性研究阶段：应根据设计图纸计算高压喷射灌浆工程量，并提出高压喷射灌浆类型和地层类型。

5）招标设计和施工图设计阶段：应根据设计图纸分部位计算高压喷射灌浆（分别列出造孔、灌浆）工程量，并提出高压喷射灌浆类型和地层类型。

3.1.5 地基加固

1）适用于软弱地基的强夯、桩基、振冲和沉井等地基加固工程。

2）强夯以平方米（m^2）计量，应根据不同夯击能量和夯点密度，按设计图纸所示的夯击范围计算工程量，注明落锤质量、落距或击实功能。

3）灌注桩造孔以延米（m）计量，混凝土以成品方（m^3）计量，注明桩径和桩长。桩长为自地面高程到桩尖的长度。灌注桩的钢筋单独计量。

4）钢筋混凝土预制桩以根计量，注明类别、桩径和桩长。

5）振冲加密或振冲置换桩按设计振冲孔长度以延米（m）计量，注明孔、排距。

6）钢筋混凝土沉井按沉井混凝土体积，以成品方（m^3）计量，注明轮廓尺寸和壁厚。沉井混凝土的结构钢筋、钢材应单独计量。

7）钢沉井按整体质量以吨（t）计量，注明轮廓尺寸和壁厚。

8）沉井封底按混凝土浇筑体积以立方米（m^3）计量，注明干封底或水下封底。

9）规划阶段：可不单独计算地基加固工程量。

10）预可行性研究阶段：应按设计图纸估算工程量，注明地基加固工程类型。

11）可行性研究阶段：应根据设计图纸按不同地基加固类型计算工程量，注明地层类型。

12）招标设计和施工图设计阶段：应根据设计图纸按不同地基加固工程类型分部位计算工程量，注明地层类型。

3.1.6　土石方填筑

1）适用于碾压式土坝（堤）、土石坝坝体、土石围堰堰体和其他土石回填工程。

2）土石方填筑工程量按设计图示尺寸以压实方（m^3）计量；土工合成材料以设计面积（m^2）计量，不包括搭接、压边等。

3）土石坝填筑工程，应包括设计沉陷预留工程量，但不计削坡、雨后清理、施工期沉陷等因素发生的工程量。

4）规划阶段：应根据设计断面匡算。

5）预可行性研究阶段：应根据设计分区分别估算，注明分区名称、干密度及孔隙率。

6）可行性研究阶段：应根据设计分区分别计算，注明分区名称、干密度及孔隙率。土工合成材料应注明材料性能指标、搭接、铺设方式。

7）招标设计和施工图设计阶段：应根据设计分区分别计算，并注明分区名称、填筑材料名称、干密度及孔隙率。土工合成材料应注明材料性能指标、搭接、铺设方式。

3.1.7　混凝土、钢筋、钢材

1　混凝土

1）混凝土工程量以成品方（m^3）计量。

2）按设计图纸所示的建筑物轮廓线进行计算，不扣除体积小于 $0.3m^3$ 或截面积小于 $0.1m^2$ 孔洞和金属件、预埋件所占的空间。

3）规划阶段：按建筑物混凝土平均强度等级和代表性设计级配匡算工程量。

4）预可行性研究阶段：应根据设计图纸按混凝土种类、强度等级和级配、分部位估算工程量。

5）可行性研究阶段：应根据设计图纸按混凝土种类、强度等级和级配、分部位计算工程量。

6）招标设计和施工图设计阶段：应根据设计图纸按混凝土强度、级配、抗冻、抗渗等要求分部位、分种类计算工程量，区分一期和二期混凝土、框架和板梁柱混凝土、衬砌混凝土、预制件混凝土、预应力混凝土、水下混凝土和大体积混凝土等不同类型。

2　钢筋、钢材

1）钢筋、钢材工程量以吨（t）计量。

2）钢筋搭接、施工架立筋和钢筋制作加工损耗不单独计量。

3）规划阶段：按混凝土含钢量匡算钢筋、钢材工程量。

4）预可行性研究阶段：按混凝土含钢量分部位估算钢筋、钢材工程量。

5）可行性研究阶段：按混凝土含钢量分部位计算钢筋、钢材工程量。

6）招标设计和施工图设计阶段：应根据设计图纸计算钢筋、钢材工程量，注明主要钢筋、钢材规格。

3 止水、止浆和填缝材料

1）止水、止浆材料工程量以米（m）计量，填缝材料根据材料类型以成品方（m^3）或面积（m^2）计量。

2）规划阶段：除混凝土面板坝外，其他建筑物可不单独计列止水、止浆和填缝材料。

3）预可行性研究阶段：按材料种类估算工程量，注明结构型式。

4）可行性研究阶段：按设计图纸分材料种类计算工程量，注明结构型式、规格。

5）招标设计和施工图设计阶段：根据设计图纸按材料种类、型式、规格计算，并加以注明。

3.1.8 沥青混凝土

1）沥青混凝土面板的防渗层、加厚层、整平胶结层以及防渗心墙，均以成品方（m^3）计量。沥青混凝土面板的封闭层以平方米（m^2）计量。

2）规划阶段：应匡算沥青混凝土工程量。

3）预可行性研究阶段：应根据设计图纸按结构层和级配分部位估算工程量。

4）可行性研究阶段：应根据设计图纸按结构层和级配分部位计算工程量。

5）招标设计和施工图设计阶段：根据设计图纸按结构层和级配分部位计算工程量，并提出沥青的主要参数。

3.1.9 砌体

1）砌体工程量以成品方（m^3）计量。

2）砌体工程量按设计图纸所示的建筑物轮廓线进行计算，不扣除体积小于 $0.3m^3$ 或截面积小于 $0.1m^2$ 孔洞和金属件、预埋件所占的空间。

3）砌体工程中的水泥砂浆、勾缝、压顶及混凝土不单独计算，一并计入砌体工程量中，并注明砂浆或混凝土强度等级。加筋材料单独计量。

4）规划阶段：应匡算坝体工程量。

5）预可行性研究阶段：按砌筑类型和材料等分部位分别估算。

6）可行性研究阶段：按砌筑类型和材料等分部位分别计算，注明类型、强度及砌材名称。

7）招标设计和施工图设计阶段：根据设计图纸按砌筑类型和材料等分部位分别计算，注明类型、强度及砌材名称。

3.1.10 压力钢管

1）压力钢管工程量以吨（t）计量，不包括制作加工损耗。压力钢管防腐工程量以防腐面积（m^2）计量。

2）规划阶段：应匡算压力钢管工程量，一般可按钢管管体质量的20%～30%计入加劲环、支撑环、阻水环（含管外集排水管）、止推环、进人孔等管道附件的质量。

3）预可行性研究阶段：根据设计图纸分部位（如直管、岔管、弯管和伸缩节）估算钢管工程量，提出壁厚、内径和材质要求等。

4）可行性研究阶段：根据设计图纸分部位（如直管、岔管、弯管和伸缩节）计算钢管工程量，提出壁厚、内径和材质要求等。对于大型或长输水压力钢管的水电站，宜列出压力钢管防腐工程量。

5）招标设计和施工图设计阶段：根据设计图纸按材质、壁厚和钢管类型分部位计算压力钢管工程量，加劲环、支撑环、阻水环（含管外集排水管）、止推环、进人孔等管道附件的质量应按设计图纸计算并分项单列。应根据设计图纸计算压力钢管防腐工程的工程量，注明表面预处理方式、表面涂装类别、除锈等级和涂层厚度等。

3.1.11　疏浚和吹填

1）疏浚工程工程量以水下自然方（m^3）计量，吹填工程以陆上吹填方（m^3）计量。

2）疏浚工程量按设计断面计算，不包括超挖及倒淤增加量。

3）吹填工程量按设计断面计算，应包括设计预留的超填高度，不包括施工期沉陷和流失量。

3.2　设备及安装工程

3.2.1　机电设备及安装工程

1　工程量计量

除另有规定外，应按下列规定计算机电设备及安装工程工程量。

1）计算设备质量时，应按设备本体及联体的平台、梯子、栏杆、支架、屏盘、电机、安全罩和设备本体第一个法兰以内的管道等全部质量计算。

2）整体到货，无需要现场组装的设备以台（套）为单位。

3）水轮机（水泵水轮机）按设备本体质量，以吨（t）为单位。机组设备质量按图表曲线或经验公式计算。

4）发电机（发电电动机或电动机）按设备本体质量，以吨（t）为单位。机组设备质量按图表曲线或经验公式计算。

5）调速器系统以台为单位。

6）励磁系统（含励磁变压器）以台（套）为单位。

7）水轮机进水阀按台为单位。

8）厂房桥机以台为单位，并注明桥机起吊能力及桥机本体质量。

9）管路系统按质量以吨（t）为单位，根据系统管路布置图按输送介质、管道材质、管径、管壁厚度和长度分别计算。管路系统安装长度，均按设计管道中心线长度，以延米计算，不扣除阀门及各种管件所占长度。

10）蓄能电站变频启动装置以套计量。

11）发电机电压配电装置、主变压器、高压配电装置以台（套）为单位，设备数量按电气主接线图及设备布置图计算。

12）厂用变压器、箱式变电站、柴油发电机组、高压开关柜、动力盘、配电柜等以台（或面）为单位，并按厂用电系统图计算数量。

13）高压母线槽、低压母线槽、安全滑触线等按长度以米（m）为单位，按厂用电系统图、开关柜和动力盘设备布置情况以导体设计中心长度计算。

14）离相封闭母线、GIL 以长度（单相 m）为单位，共箱封闭母线以长度（三相 m）为单位，高压电缆以米（m）为单位。

15）电缆以千米（km）为单位，根据厂房设备布置图及设备接线位置、布线路径计算。

16）电缆桥架按质量以吨（t）为单位，按厂房设备布置图、电缆桥架布置图进行计算。

17）通风风道以展开面积计算，不扣除检查孔、测定孔、送风口、吸风口等所占面积。风管长度一律以设计图示线长度为准。

18）接地材料按质量以吨（t）为单位，根据全厂接地布置图，分材质计算。搭接和架立作为施工附加量，不计入接地材料总质量中。

19）配电箱、端子箱以个为单位。

20）阀门、风口等配件以个为单位。

21）预埋固定件按质量以吨（t）为单位。

22）防腐与涂装按面积以平方米（m^2）为单位。

23）单轨起重机轨道按轨道中心线长度，以十米（10m）为单位。双轨起重机轨道按轨道中心线长度，以双向十米（双 10m）为单位。

2　各阶段机电设备及安装工程工程量计算要求

1）规划阶段：应根据规划选定的水头、单机容量等参数，初步匡算水轮机、发电机、主阀质量。其他机电设备及安装工程量不作要求。

2）预可行性研究阶段：

（1）根据水轮机（水泵水轮机）型式、单机容量、台数、主要参数，初步估算水轮机（水泵水轮机）及主要附属设备工程量、厂内起重设备工程量。

（2）根据出线电压、电气主接线方案，初步估算发电机（发电电动机）、主变压器和高压配电装置等主要电气设备的工程量和厂用电源工程量。

（3）根据调度管理方式及值班方式等，初步估算控制保护和通信工程量。

（4）根据厂房主要机电设备、主变压器和高压配电装置的布置方案，初步估算相应电器设备工程量。

（5）其他机电设备及安装工程工程量不作要求。

3）可行性研究阶段：

（1）根据选定的水轮机（水泵水轮机）型式、单机容量和机组台数、基本技术参数和安装高程，计算水轮机（水泵水轮机）及其附属设备工程量，根据选定的厂内起重设备和油、气、水、量测等系统的设计方案，初步选定机修设备和油化验设备的规模，计算主要辅助机械设备和化验设备工程量。

（2）根据工程动能特性、输电电压等级、出（进）线回路数及输送容量，计算发电机（发电电动机或电动机）、发电机配电装置、主变压器、高压引出线、高压配电装置、启动装置等主要电力设备工程量，过电压保护和中性点接地、全厂接地工程量。

（3）根据梯级计算机集中监控系统及梯级监控中心的设计成果，计算全厂计算机监控系统的主要设备工程量。

（4）计算主要设备和自动化元件工程量、机组励磁系统主要设备配置工程量、闸门启闭机及过坝设施的电力拖动和自动控制系统工程量，以及继电保护、二次接线、控制电源系统、工业电视监视系统、通信系统、信号电缆和电力电缆工程量。

（5）计算采暖、通风和空气调节系统、消防系统的工程量。

4）招标设计和施工图设计阶段：

（1）根据水轮机（水泵水轮机）型式、单机容量和机组台数、基本技术参数和安装高程，按招标设计和施工图设计阶段深度要求计算水轮机（水泵水轮机）及其附属设备工程量。

（2）根据厂内起重设备和油、气、水、量测等系统的设计图纸，选定的机修设备和油化验设备的规模，按招标设计和施工图设计阶段深度要求计算厂内起重设备、主要设备自动化元件、机械修配设备、化验设备及管路工程量。

（3）根据工程动能特性、输电电压等级、出（进）线回路数及输送容量，按招标设计和施工图设计阶段深度要求计算水轮发电机（发电电动机或电动机）、发电机压配电装置、主变压器、高压引出线、高压配电装置、启动装置等主要电力设备工程量以及过电压保护和中性点接地、全厂接地工程量。

（4）根据梯级计算机集中监控系统及梯级监控中心的设计成果，按招标设计和施工图设计阶段深度要求计算全厂计算机监控系统的主要设备配置工程量。

（5）按招标设计和施工图设计阶段深度要求计算主要设备和自动化元件工程量、机组励磁系统主要设备工程量、闸门启闭机及过坝设施的电力拖动和自动控制系统工程量，以及继电保护、二次接线、控制电源系统、工业电视监视系统、通信系统、信号电缆和电力电缆工程量。

（6）按招标设计和施工图设计阶段深度要求计算采暖、通风和空气调节系统、消防系统的工程量。

3.2.2 金属结构设备及安装工程

1 工程量计量

除另有规定外，应按下列规定计算金属结构设备及安装工程量。

1）闸门、拦污栅设备按质量，以吨（t）为单位；闸门质量包括闸门门叶、行走支承装置（或支臂、支座）、止水装置、吊杆及其他附件等全部质量。

2）各类埋件以吨（t）为单位；闸门埋件质量包括主轨、反轨、侧轨、底槛、门楣、水封座板、护角、侧导板、锁锭及其他埋设件等。

3）启闭设备、拦污设备和升船机设备以台（套）为单位。

4）闸门压重按质量以吨（t）为单位。

5）单轨起重机轨道以轨道中心线长度（10m）为单位。双轨起重机轨道以轨道中心线长度（双10m）为单位。

6）压力钢管按质量以吨（t）为单位。

7）金属结构设备防腐工程量按防腐面积，以平方米（m^2）为单位。防腐图纸工程量应按表面预处理和表面涂装类别分别计算。

2 各阶段机电设备及安装工程工程量计算要求

1）规划阶段：根据初拟的金属结构设备配置方案，匡算导流、发电、泄洪、排沙、放空、灌溉等水工建筑物的闸门、拦污栅、压力钢管、阀及启闭机等金属结构设备工程量，其他水工建筑物（如通航、拦污、排污等）金属结构设备工程量。本阶段对金属结构防腐工程量不作要求。

2）预可行性研究阶段：根据拟定的金属结构设备配置方案，估算导流、发电、泄洪、排沙、放空、灌溉等水工建筑物的闸门、拦污栅、压力钢管、阀及启闭机等金属结构设备工程量，其他水工建筑物（如通航、拦污、排污等）金属结构设备工程量。本阶段对金属结构防腐工程量不作要求。

3）可行性研究阶段：

（1）根据闸门（阀）、启闭机的布置方案及闸门（阀）的结构型式、数量、孔口尺寸、设计水头等主要参数，计算泄水建筑物的闸门、拦污栅、压力钢管、阀及启闭设备；引水建筑物的闸门、拦污栅、压力钢管、阀及启闭设备；尾水建筑物的闸门、拦污栅、压力钢管及启闭设备工程量。对于大型或长输水压力钢管的水电站，宜列出压力钢管防腐工程量。

（2）根据船闸、升船机及其他过坝设施的金属结构设备布置方案、结构型式、主要尺寸等技术参数，计算通航及其他过坝建筑物的金属结构设备工程量。

（3）根据导流、封孔所用闸门的结构型式、数量、孔口尺寸、各工况设计水头等主要参数，计算施工导流建筑物的闸门和启闭机工程量。

（4）根据其他水工建筑物金属结构设备的布置方案、型式、容量、数量、主要尺寸及参数计算其他水工建筑物的金属结构设备工程量。

4）招标设计和施工图设计阶段：

（1）根据泄流要求、闸门（阀）、启闭机的布置方案，闸门（阀）的结构型式、数量、孔口尺寸等主要参数，按招标设计及施工图设计阶段深度要求计算泄水建筑物的闸门、拦污栅、压力钢管、阀及启闭设备工程量。

（2）根据输水流量要求，闸门（阀）、启闭机的布置方案及闸门（阀）的结构型式、数量、孔口尺寸、设计水头等主要参数，按招标设计及施工图设计阶段深度要求计算引水建筑物的闸门、拦污栅、压力钢管、阀及启闭设备、压力钢管工程量。

（3）根据下游特征水位及闸门启闭机总体布置方案，按招标设计及施工图设计阶段深度要求计算尾水建筑物的闸门、拦污栅、压力钢管及启闭设备工程量。

（4）根据船闸、升船机及其他过坝设施的金属结构设备的布置方案、结构型式、主要尺寸等技术参数，按招标设计及施工图设计阶段深度要求计算通航及其他过坝建筑物的金属结构设备工程量。

（5）根据导流、封孔所用闸门的结构型式、数量、孔口尺寸、各工况设计水头等主要参数，按招标设计及施工图设计阶段深度要求计算施工导流建筑物的闸门和启闭机工程量。

（6）根据通航建筑物金属结构设备的布置方案、型式、容量、数量、主要尺寸及参数计算通航建筑物金属结构设备工程量。

（7）根据其他水工建筑物金属结构设备的布置方案、型式、容量、数量、主要尺寸及参数计算其他水工建筑物的金属结构设备。

（8）本阶段应列出金属结构防腐工程量。

3.3 建设征地移民安置

建设征地移民安置工程量分补偿补助项目和工程项目两类分别计算。

3.3.1 补偿补助项目

补偿补助项目包括：房屋、附属建筑物、土地、土地上的青苗补偿和林木补偿、零星树木、农村小型专项设施、农副业及宗教文化设施补偿、停产损失、搬迁补助、房屋装修、建房困难补助、生产安置措施补助、不可搬迁设施补助、义务教育和卫生防疫设施增容补助等。

1）土地。

（1）根据 GB/T 21010—2007《土地利用现状分类》的规定以及 DL/T 5377—2007《水电工程建设征地实物指标调查规范》的要求，分土地地类，按水平投影面积，以亩或公顷（hm^2）计算工程量。

（2）各阶段工程量计算要求：

a）规划阶段：土地面积利用已有的地形图或航片、卫片等解译成果，进行量图计算。其中耕地、园地按照国土部门提供的土地利用总体规划进行量图计算；林地按照林业部门的林相图进行量图计算；建设用地和未利用地可通过分析估算确定。

b）预可行性研究阶段：按 DL/T 5064—2007《水电工程建设征地移民安置规划设计规范》的规定，结合形成典型调查分析后，量图计算。

c）可行性研究阶段：按 DL/T 5064—2007《水电工程建设征地移民安置规划设计规范》的规定，实地调查和量图计算。

2）房屋。

（1）根据 DL/T 5377—2007《水电工程建设征地实物指标调查规范》的房屋调查规定和房屋结构分类，按照建筑面积，以平方米（m^2）计算工程量。

（2）各阶段工程量计算要求：

a）规划阶段：根据有关规程规范对水电工程建设征地区移民人数进行统计，初步分析人均指标估算或按推算量计列。

b）预可行性研究阶段：按照典型调查和推算量计列。

c）可行性研究阶段：按照调查实物指标和规划增长量计列。

3）附属建筑物。

（1）根据 DL/T 5377—2007《水电工程建设征地实物指标调查规范》的附属建筑物调查规定和分类，以 m^2、m^3、个等统计单位统计工程量。

（2）各阶段工程量计算要求：

a）规划阶段：可根据水电工程建设征地区移民人数进行统计，初估人均指标估算或按推算量计量。

b）预可行性研究阶段：按照典型调查和推算量计列。

c）可行性研究阶段：按照调查实物指标和规划增长量计列。

4）零星树木。

（1）按照树木品种分类，以棵（株）、棚（丛、笼）等统计工程量，具体见表 3.3.1-1。

表 3.3.1-1　　零星树木分类表

序　号	树木分类	规　格	计　量　说　明
1	用材树	成树	竹（幼树 1 年内）、松（幼树 10 年内）、杉（幼树 10 年内）、柏（幼树 20 年内）、樟（幼树 20 年内）等
		幼树	
2	经济树	成树	经济树包括油桐（幼树 3 年内）、油茶（幼树 5 年内）、紫胶（幼树 5 年内）、药材（幼树 3 年内）等
		幼树	
3	果木树	成树	果木树包括芭（香）蕉、桃、李、梨、核桃、板栗、枣子等，幼树为尚未结果的树木
		幼树	
4	景观树		以观赏和美化环境为主的独立的树木

（2）各阶段工程量计算要求：

a）规划阶段：可采用资料分析或工程类比分析推算工程量。本阶段可只反映零星树木总工程量，不进行树木品种分类。

b）预可行性研究阶段：采用典型调查推算，亦可用类比分析推算。本阶段可只反映零星树木总工程量，不进行树木品种分类。

b）可行性研究阶段：按照树木品种分类调查，并加计规划增长量。

5）农村小型专项设施。

（1）根据规范规定，按照类别，以 m、km、m^2、m^3、kW、口、个等单位统计工程量，具体详见表 3.3.1-2。

表 3.3.1-2　　农村小型专项设施分类表

序　号	项　　目	计　量　单　位	计　量　说　明
1	农田水利设施		
	水库（坝塘）	万 m^3	以库容进行计量
	抽水站	kW	以装机容量进行计量
	防洪（护河、排涝）堤	m^3 或 m	以体积或长度进行计量
	渡槽	m	以长度进行计量
	渠道	km	以长度进行计量
	水窖	m^3	以容积进行计量

续表

序　号	项　　目	计　量　单　位	计　量　说　明
2	供水设施		
	抽水站	kW	以装机容量进行计量
	水管	m 或 km	以长度进行计量
	水池	m^3	以容积进行计量
	水井	口	以个数进行计量
3	水电站	kW	以装机容量进行计量
4	输电设施		
	低压输电线路	km	以长度进行计量
	配电柜（板）、电表等	个	
5	交通设施		
	机耕路	km	以延长米进行计量
	人行路	km	以延长米进行计量
	便桥	m 或座	以延长米或个数进行计量

（2）各阶段工程量计算要求：

a）规划阶段：采用资料分析或工程类比分析推算。

b）预可行性研究阶段：采用典型调查推算，亦可用工程类比分析推算。

c）可行性研究阶段：按照调查实物指标，并加计规划增长量。

6）农副业设施与文化宗教设施。

（1）以个、座等为计量单位，统计农村水车、水磨、水碓、水碾、石灰窑、砖瓦窑等农副业设施和祠堂、经堂、神堂等文化宗教设施。

（2）各阶段工程量计算要求：

a）规划阶段：采用资料分析或工程类比分析推算。

b）预可行性研究阶段：采用典型调查推算，亦可用工程类比分析推算。

c）可行性研究阶段：按照调查实物指标，并加计规划增长量。

7）搬迁补助费。

（1）一般计量单位为人、t·km、km、个、座等，具体见表 3.3.1-3。

表 3.3.1-3　　搬迁补助费细化表

序　号	项　　目	计　量　单　位
1	搬迁补助费	
1.1	人员搬迁补助费	人
（1）	搬迁交通运输补助费	人
（2）	搬迁期保险费	人
（3）	搬迁途中食宿及医疗补助费	人
（4）	搬迁误工补助费	人
1.2	物资设备搬迁运输费	
（1）	物质设备运输费	t·km
（2）	物质设备损失费	t·km
1.3	建房期补助费	人

续表

序　号	项　　目	计　量　单　位
(1)	临时居住补助费	人
(2)	交通补助费	人
1.4	临时交通设施费	
(1)	临时道路	km
(2)	临时渡口	个
(3)	临时码头	座

(2) 各阶段工程量计算要求：

a) 规划阶段和预可行性研究阶段：一般根据本阶段确定的搬迁移民人数确定。本阶段可只计算到"1 搬迁补助费"，可不细化到下级项目。

b) 可行性研究阶段：涉及个人补助，一般根据本阶段确定的搬迁移民人数计算，涉及公共设施和企事业单位的补助可按相应的单位计列。

8) 不可搬迁设施补助费、义务教育和卫生防疫设施增容补助费、照明补助费、建房补助费。

(1) 计量单位为人。

(2) 各阶段工程量计算要求：根据各阶段设计确定的搬迁移民人数计算。

9) 生产安置措施补助费。

(1) 根据 DL/T 5064—2007《水电工程建设征地移民安置规划设计规范》规定，计算生产安置措施补助费。

(2) 各阶段工程量计算要求：规划阶段和预可行性研究阶段，可不计算生产安置措施补助费；可行性研究阶段按生产开发投资与相应的土地补偿费用平衡分析计算。

10) 建房困难户补助、房屋装修处理费、其他补助费。

按照省级有关部门的规定和要求，分项计算。

3.3.2 工程项目

1) 工程项目包括：城集镇及农村移民居民点的基础设施建设工程、铁路工程、公路工程、水运工程、水利工程、水电工程、防护工程、电力工程、电信工程、广播电视工程、企业事业单位、文物古迹保护、环境保护和水土保持、库底清理等。

2) 各类工程项目，应按照处理方式的不同，分别统计工程量。具体见表 3.3.2。

表 3.3.2　　工程项目工程量计算方法及计量单位

序　号	处 理 方 案	工程量计算方法	计 量 单 位	备注
1	按照行业规范规定阶段设计深度要求进行设计的	按照行业规范规定提出设计成果，计算工程量		
2	规模较小，未按照行业规范规定阶段设计深度要求进行设计的	线路部分：利用地形图初确定复建方案和铁路走线，量算复建长度计算工程量；或采用实物指标调查成果乘以阶段扩大系数计算工程量	km、m 等	
		其他非线路部分：按照实物指标调查或规划复建的主要组成项目的工程规模计算工程量	m^3、m^2、kW、亩、座或个等	
3	难以复建或不需要复建采用一次性补偿的	按照实物指标调查的主要组成项目的工程规模计算工程量	m^3、m^2、kW、km、亩、人、处、座或个等	
4	企业事业单位	按 DL/T 5379—2007《水电工程移民专业项目规划设计规范》的相应规定计算工程量	m^2、kW、m、m^3、处、座或个等	

3）各阶段工程量计算要求。

（1）规划阶段：

a）本阶段应根据行业规定设计初拟的复建规模或不进行设计采用实物指标调查成果，统计工程量。

b）城集镇及农村居民点基础设施工程设计项目，应按照本阶段拟定的农村居民点、城集镇迁建人口规模和用地规模统计工程量，计量单位为人、亩。

c）专业项目中的水运工程、水利工程、防护工程、企业事业单位、文物古迹，参照临近电站同类工程，按照实物指标调查成果或设计初拟的复建规模计算工程量，工程量单位为 m^3、m^2、kW、km、个、处、座、亩等。

d）专业项目中的铁路工程、公路工程、电力工程、电信工程、广播电视工程，利用已有的地形图初拟复建方案和线路走线，量算长度，或利用实物指标调查成果扩大 30%计算工程量，计量单位为 km 等长度单位。

（2）预可行性研究阶段：

a）城集镇及农村居民点基础设施：对于重大基础设施项目应初拟建设用地规模和用地范围，初拟外部基础设施方案，以此计算相应工程量。对于规模较小未进行迁建方案研究的，应按照迁建规划的人口规模、用地规模等主要组成项目的工程规模计算工程量，计量单位为亩或人。

b）铁路工程：应按照铁路工程行业规范可行性研究设计深度要求，提出设计成果，以此计算工程量。对于规模较小未进行可行性研究设计的，线路部分应利用不小于 1:50 000 地形图初拟线路走向，量算线路里程，或利用实物指标调查成果扩大 20%计算工程量，计量单位为 km；其他非线路部分应按照实物指标调查或规划复建的主要组成项目的工程规模计算工程量。对于难以复建或不需要复建并予以一次性补偿处理的铁路工程，应按照实物指标调查的主要组成项目的工程规模计算工程量。

c）公路工程：对控制路线方案有较大影响的特大桥、大桥、长隧道等建筑物应按照公路工程行业规范可行性研究设计深度要求，提出设计成果，以此计算工程量；线路部分应利用不小于 1:50 000 地形图初拟线路走向，量算线路里程，或利用实物指标调查成果扩大 20%计算工程量，计量单位为 km。汽车便道、机耕道和人行道应按照 DL/T 5379—2007《水电工程移民专业项目规划设计规范》要求提出的设计方案，以此计算工程量。对规模较小或等级较低未进行可行性研究设计的乡村道路，如农村移民居民点对外交通连接的、居民点之间或居民点至生产区的汽车道路、机耕道和人行道等，应利用不小于 1: 50 000 地形图初拟线路走向，量算公路里程，或利用实物指标调查成果扩大 20%计算工程量，计量单位为 km；乡村道路上的桥梁、桥涵和隧道工程，计量单位为 m、座、个等；其他非线路部分应按照实物指标调查或规划复建的主要组成项目的工程规模计算工程量。对于私人或农村集体经济组织投资不需要复建并予以一次性补偿处理的乡村道路，应按照实物指标调查的道路长度计算工程量，计量单位为 km。

d）客货运码头、渡口工程等水运工程：应研究建设规模和标准，其主要工程量可参照其他水电站同类工程进行综合类比确定。对私人或农村集体经济组织投资不需要复建并予以一次性补偿处理的和规模较小或等级较低未进行研究设计的客货运码头、渡口工程，应分别按照码头、渡口的实物指标调查数量和规划复建数量统计工程量，计量单位为座或个等。

e）城集镇和农村居民的点供水工程、灌溉工程、水文站等水利工程：应初步选择供水水源和方案，初步测算灌溉面积、初步选择水源及灌溉方案，初拟水文站址及建设规模，其主要工程量可参照其他水电站同类工程进行综合类比确定。对于难以复建、私人或农村集体经济组织投资不需要复建予以一次性补偿处理的水利工程和复建规模较小未进行研究设计的水利工程，应分别按照实物指标调查和规划复建的主要组成项目［如大坝、泵站、管（渠）道、征地、建筑］的工程规模计列工程量，计量单位为 m^3、m^2、kW、km、亩、座、个等。

f）水电工程：小型水电站应按照水电工程行业预可行性研究设计深度要求，提出设计成果，以此计算工程量。对于不需要复建、难以复建予以一次性补偿处理的和规模较小未进行预可行性研究设计的水电工程，应分别按照实物指标调查和复建规划的主要组成项目的工程规模计算工程量，计量单位为 kW。电力提灌、水轮泵站等，可参照其他水电站同类工程进行综合类比确定。

g）电力工程：对 35 kV 及以上变电站应初选站址和主变压器容量，35kV 及以上线路应利用不小于 1:50 000 地形图初拟线路路径，量算线路里程计算工程量。对于 35kV 以下的输变电工程，线路部分应利用不小于 1:50 000 地形图初拟线路走向，量算线路里程，或利用实物指标调查成果扩大 20%计算工程量，计量单位为 km；其他非线路部分应按照实物指标调查成果或规划复建的主要组成项目的工程规模计算工程量，计量单位为 kVA。

h）电信工程：对电信交换机所、移动通信基站等，应初选迁建位置，初估容量规模，以此计算工程量。线路部分应利用不小于 1:50 000 地形图初拟线路走向，量算线路里程，或利用实物指标调查成果扩大 20%计算工程量，计量单位为 km；其他非线路部分应按照实物指标调查成果或复建规划的主要组成项目的工程规模计算工程量。

i）广播电视工程：对广播电视机房应初选迁建位置，线路部分应利用不小于 1:50 000 地形图初拟线路走向，量算线路里程，或利用实物指标调查成果扩大 20%计算工程量，计量单位为 km；其他非线路部分应按照实物指标调查成果或复建规划的主要组成项目的工程规模计算工程量。

j）防洪堤（墙）、排洪渠（管）道、排涝泵站、自排涵闸、垫高工程、护岸工程等防护工程，应进行防护方案初步规划，对水库水位选择影响较大的重要防护工程，应按照水利工程行业可行性研究设计深度要求，提出设计成果，以此的规定计算工程量。对于规模较小未进行可行性研究设计的，应按照复建规划的主要组成项目的工程规模计算工程量，计量单位为 m^3、m^2、km、kW、亩等。

k）企业事业单位：应根据复建设计或补偿评估内容，分项计算搬迁补助工程量、基础设施工程量、设施设备拆迁处理费用、停产损失补偿费、房屋及附属建筑物拆迁补偿工程量；各工程量计算方法及计量单位见 3.3 的有关规定或有关规范规定；其中设施设备拆迁处理费应按照各设施设备的搬迁距离、运输费或补偿费计算费用，停产损失补偿费应按照企业的停产停工时间计算费用。对于规模较小未进行复建设计或补偿评估的，应按照实物指标调查的单位数量统计工程量，计量单位为个。

l）文物古迹保护：应按照地区或行业有关规定计算工程量；对于采用类比综合单位指标计算的，应按照文物古迹实物指标调查成果计算工程量，计量单位为 m^2 或处。

m）库底清理：应按照 DL/T 5381—2007《水电工程水库库底清理设计规范》的要求，统计库区房屋面积、附属建筑物、园林地及零星树木的林木、桥梁等构筑物、坟墓等需要进行清理的工程量，计量单位为 m^2、处、亩、个等。

n）其他工程，结合本规定有关要求执行。

（3）可行性研究阶段：

a）铁路工程：应按照铁路工程行业规范初步设计深度要求，提出设计成果，以此计算工程量。对于规模较小未进行初步设计的，线路部分应利用不小于 1:2000 地形图确定复建方案和铁路走线，量算复建长度计算工程量，计量单位为 km；其他非线路部分，应按照规划复建的主要组成项目的工程规模计算工程量。对于难以复建或不需要复建并予以一次性补偿处理的铁路工程，应按照实物指标调查的主要组成项目的工程规模计算工程量。

b）公路工程：等级公路应按照公路工程行业规范初步设计要求，提出设计成果，以此计算工程量；汽车便道、机耕道和人行道应按照 DL/T 5379—2007《水电工程移民专业项目规划设计规范》要求，提出设计方案，以此计算工程量。对规模较小或等级较低未进行初步设计的乡村道路，如农村移民居民点对外交通连接的、居民点之间或居民点至生产区的汽车道路、机耕道和人行道等，应利用不小于 1:2000 地形图确定公路走线，量算长度计算工程量，计量单位为 km；乡村道路上的桥梁、桥涵和隧道工程，计量单位为座、延米、m；其他非线路部分应按照规划复建的主要组成项目的工程规模计算工程量。对于私人或农村集体经济组织投资不需要复建并予以一次性补偿处理的乡村道路，应按照实物指标调查的道路长度计算工程量，计量单位为 km。

c）客货运码头、渡口工程等水运工程：应根据航运、水运行业工程规范初步设计深度要求，提出设计成果，以此计算工程量。对私人或农村集体经济组织投资不需要复建并予以一次性补偿处理的和规模较小或等级较低未进行初步设计的客货运码头、渡口工程，应分别按照码头、渡口的实物指标调查数量和规划复建数量统计工程量，计量单位为座或个。

d）城集镇和农村居民的点供水工程、灌溉工程、水文站等水利工程：应根据水利工程规范初步设计深度要求，提出设计成果，以此计算工程量。对于难以复建、私人或农村集体经济组织投资不需要复建予以一次性补偿处理的水利工程和复建规模较小未进行初步设计的水利工程，应分别按照实物指标调查和规划复建的主要组成项目［如大坝、泵站、管（渠）道、征地、建筑］的工程规模计列工程量，计量单位为 m^3、m^2、kW、km、亩、座、个等。

e）水电工程：应按照水电工程行业可行性研究设计深度要求，提出设计成果，以此计算工程量。对于不需要复建、难以复建予以一次性补偿处理的和规模较小未进行可行性研究设计的水电工程，应分别按照实物指标调查和复建规划的主要组成项目的工程规模计算工程量，计量单位为 m^2、kW 等。

f）电力工程：应按照电力工程行业初步设计深度要求，提出设计成果，以此计算工程量。对于规模较小未进行初步设计的，线路部分应利用不小于 1:2000 地形图确定走线，量算长度计算工程量，计量单位为 km；其他非线路部分应按照规划复建的主要组成项目的设计规模计算工程量，计量单位为 kW 或 kVA 等。

g）电信工程：应按照电信工程行业初步设计深度要求，提出设计成果，以此计算工程量。对于规模较小未进行初步设计的，线路部分应利用不小于 1:2000 地形图确定走线，量算长度计算工程量，计量单位为 km；其他非线路部分应按照复建规划的主要组成项目的工程规模计算工程量。

h）广播电视工程：应按照广播电视工程行业初步设计深度要求，提出设计成果，以此计算工程量。对于规模较小未进行初步设计的，线路部分应利用不小于 1:2000 地形图确定走线，量算长度计算工程量，计量单位为 km；其他非线路部分应按照复建规划的主要组成项目的工程规模计算工程量。

i）防洪堤（墙）、排洪渠（管）道、排涝泵站、自排涵闸、垫高工程、护岸工程等防护工程，应按照水利工程行业初步设计深度要求，提出设计成果，以此的规定计算工程量。对于规模较小未进行初步设计的，应按照复建规划的主要组成项目的工程规模计算工程量，计量单位为 m^3、m^2、km、kW、亩等。

j）城集镇及农村居民点基础设施：应按照市政工程行业初步设计深度要求，提出设计成果，以此的规定计算工程量。对于规模较小未进行初步设计的，应按照复建规划的人口规模、用地规模等主要组成项目的工程规模计算工程量，计量单位为亩或人等。

k）企业事业单位：应根据复建设计或补偿评估内容，分项计算搬迁补助工程量、基础设施工程量、设施设备拆迁处理费用、停产损失补偿费、房屋及附属建筑物拆迁补偿工程量；各工程量计算方法及计量单位见 3.3.1 的有关规定或有关规范规定；其中设施设备拆迁处理费应按照各设施设备的搬迁距离、运输费或补偿费计算费用，停产损失补偿费应按照企业的停产停工时间计算费用。对于规模较小未进行复建设计或补偿评估的，应按照实物指标调查的单位数量统计工程量，计量单位为个。

l）文物古迹保护：应按照地区或行业有关规定计算工程量；对于采用类比综合单位指标计算的，应按照文物古迹实物指标调查数量计算工程量，计量单位为 m^2、处等。

m）库底清理：应按照 DL/T 5381—2007《水电工程水库库底清理设计规范》的要求，根据设计详细统计卫生清理、建筑物清理、构筑物清理等需要进行清理的工程量，计量单位为 m^2、处、亩、个等。

n）其他工程，结合本规定有关要求执行。

4 工程量清单编制规定

工程量清单分为施工辅助工程、建筑工程、环境保护和水土保持工程、机电设备及安装工程、金属结构设备及安装工程、建设征地移民安置等六个部分。

4.1 施工辅助工程

施工辅助工程可行性研究阶段的工程量计算项目一般划分为：施工交通工程、施工期通航工程、施工供电工程、施工供水系统工程、施工供风系统工程、施工通信工程、施工管理信息系统工程、料场开采及防护工程、砂石料生产系统工程、混凝土生产及浇筑系统工程、导流工程、施工期安全监测工程、施工期水情测报工程、施工及建设管理房屋建筑工程、其他施工辅助工程。规划、预可行性研究、招标设计和施工图设计阶段的工程量计算项目根据水电工程有关规范的设计深度要求，在可行性研究阶段的基础上进行归类合并或分解细化。

规划阶段施工辅助工程工程量清单见表 4.1.1。

预可行性研究阶段施工辅助工程工程量清单见表 4.1.2（表 4.1.2-1～表 4.1.2-8）。

可行性研究阶段施工辅助工程工程量清单见表 4.1.3（表 4.1.3-1～表 4.1.3-15）。

招标设计和施工图设计阶段施工辅助工程工程量清单见表 4.1.4（表 4.1.4-1～表 4.1.4-15）。

4.1.1 施工交通工程

工程量清单编制有关规定见 4.7.1。

4.1.2 施工期通航工程

1 一般规定

施工期通航方式分明渠或束窄河床通航、临时船闸通航、利用闸孔通航、利用永久通航建筑物临时通航、“水—陆”和“水—陆—水”驳运过坝等。施工期通航工程包括有通航配套设施、助航设施、施工期航道整治维护、碍航断航补偿、施工期港航安全设施、货物过坝转运设施等项目。客货过坝采用“水—陆”和“水—陆—水”转运包括有港池工程、码头工程、锚地、连接道路及配套设施等项目。

2 规划阶段计算规定

本阶段不单独计算工程量，计入其他施工辅助工程中。

3 预可行研究阶段计算规定

本阶段按初拟的施工期通航方式、规模、碍航断航时间等，按工程所在河段的航道等级按项计列工程量。

4 可行性研究阶段计算规定

1）本阶段参照交通行业的初步设计深度，在确定的建设规模、布置、工艺、设备选型和数量的基础上，按各项目的布置、工艺图分项计算工程量，列出施工期通航按项计列的项目。

2）本阶段设计应依据最近 1～2 年实测的地形图。对年际变化不大的浅滩和水下地形，宜在汛前、汛后、枯水期各进行一次水文和水下地形测量；对年际变化大的浅滩，至少应有连续两个水文年的资料，浅滩区的测次宜适当增加，水文、地形资料应同一时段实测。

3）工程区地形图可按分项工程的性质、规模，宜采用不同的比例实测：港池水下炸礁 1:100～

1:500；码头设计 1:500～1:1000；临时船闸设计 1:500～1:1000；通航明渠、缩窄河道通航设计 1:1000～1:2000；航道疏浚 1:1000～1:10 000，港池疏浚 1:1000～1:2000，泊位疏浚 1:500～1:1000，吹填 1:500～1:2000。

4）施工期通航明渠或缩窄河床，基本都与导流泄水建筑物相结合，除通航增加部分，可将工程量计入导流工程。

5）施工期通航利用闸孔通航、利用永久通航建筑物临时通航，基本都与永久建筑物相结合，除施工通航增加部分外，均可将工程量计入相应永久工程。

6）施工期通航工程的连接道路工程量计算参见公路工程相应项目的计算方法。

7）临时船闸机电设备及安装工程中的工作闸门、检修闸门、事故闸门和相应的启闭机参照金属结构设备及安装工程有关规定计列。

5 招标设计和施工图设计阶段计算规定

1）在招标设计和施工图设计阶段依据的地形图资料要求与可行性研究阶段相同，对地形变化急剧的浅滩等工程区，宜补充当年的实测图。

2）招标设计阶段可参照交通行业招标设计深度，分项计算工程量，其工程量计算项目应不少于可行性研究阶段的要求。施工图设计阶段按施工图计算各项目工程量。

4.1.3 施工供电工程

1 一般规定

施工供电系统包括外部电网向场内施工供电的高压输电线路、施工场内 10kV 及以上线路工程和出线为 10kV 及以上的供电设施工程，由土建工程和机电设备及安装工程组成。

2 规划阶段计算规定

本阶段不单独计列。

3 预可行研究阶段计算规定

本阶段 110kV 及以上的场外高压输电线路应单独计列。其余项目不单独计列，计入其他施工辅助工程中。

4 可行性研究阶段计算规定

1）本阶段在确定的规模、布置、工艺、设备选型和数量的基础上，按各项目的布置图分项计算土建工程量，并提出机电设备数量、规格、型号。

2）本阶段设计采用的地形图比例宜为 1:500～1:2000。

3）变电站与站外道路之间的连接道路应包含在施工供电系统内。

4）房屋建筑是指施工供电系统内的生产、办公及值班房屋，按房屋功能属性、层高、建筑标准（包括结构型式、装修标准）等分别计列。

5 招标设计和施工图设计阶段计算规定

1）招标设计阶段按设计图纸分项计算各项目工程量。施工图设计阶段施工供电工程按施工图计算各项目工程量，并计列施工供电系统使用期运行、维护、拆除等项目。

2）电气设备及安装工程计算规定：

（1）电气设备一般为成套设备，可按设计要求选用，明确型式、规格、电压等级和尺寸等参数。

（2）10kV 及以上架空输电线路包括线路、线路附件、塔架，应明确架设方式、规格和线路型号。

（3）电力电缆和控制电缆应明确敷设方式、规格和线路型号，电缆长度应包括按设计图纸工程量及预留段、备用段、弯曲增加段和为连接电气设备而预留的长度。

（4）防雷接地、照明系统工程量按设计要求及有关图纸计算。

3）其他：

其他设施指现有设施以外的配套临时设施。

4.1.4　施工供水工程

1　一般规定

1）施工供水系统土建工程一般包括取水工程、水处理厂、泵站及高位水池、输水管线等项目，取水方式有：斜坡道缆车取水、岸边竖井取水、溢流坝取水、管井取水及浮船取水等。

2）施工供水系统工程的工程量计列范围为水源取水口至各供水对象连接点在高位水池或清水池预留出水阀门处。

2　规划阶段计算规定

本阶段不单独计算工程量。

3　预可行研究阶段计算规定

本阶段不单独计算工程量，计入其他施工辅助工程中。

4　可行性研究阶段计算规定

1）本阶段在确定的建设规模、布置、工艺、设备选型和数量的基础上，按各项目的布置、工艺图分项计算土建工程量。提出机电设备数量、规格、型号，以供计算用水单价，不计列在工程量清单中。

2）本阶段设计采用的地形图比例宜为 1:1000～1:5000。

3）施工供水系统内修建的运行及施工道路的范围包括各供水设施至场内交通工程之间的连接道路，以及为供水系统施工而修建的临时便道。

4）房屋建筑是指供水系统内的生产、办公及生活房屋，例如泵房、加药间、库房及办公室等，房屋结构类型、建筑标准等分别计列房屋建筑面积。

5）输水管线中钢管应明确规格、材料、连接方式、压力等级等参数，提出输水管线钢管长度，钢管工程量不计入制作损耗量。

5　招标设计和施工图设计阶段计算规定

1）施工图设计阶段按各项目施工详图计算工程量。招标设计阶段可参照工业与民用建筑给排水行业招标设计深度，分项计算工程量，其工程量计算项目应不少于可行性研究阶段的要求。

2）在可行性研究阶段提出的地形、地质资料基础上，招标设计和施工图设计阶段进行补充测绘和勘察。

3）施工供水系统的供电工程范围包括场内供电线路至各施工用电点之间的连接线路及电气设备。

4）机电设备及安装工程计算规定：

（1）机械设备：

a）现场制作的机械设备按材料、加工方式详细列出工程量。

b）机械设备中水泵、水处理设施、闸门、拦污栅、阀及启闭机等设备应明确型式、规格、生产能力和尺寸等参数，装置性材料工程量不计入操作损耗量。

（2）电气设备：

a）电气设备一般为成套设备，可按设计要求选用，明确型式、规格、电压等级和尺寸等参数。如需特别定制，明确定制的型式、规格、电压等级和尺寸等参数。

b）架空输电线路包括线路、线路附件、塔架，应明确架设方式、规格和线路型号。

c）电力电缆和控制电缆应明确敷设方式、规格和线路型号，工程量应包括预留段、备用段、弯曲增加段和为连接电气设备而预留的长度。

（3）管路：

a）钢管应明确规格、材料、连接方式、安装方式（明敷、埋设）、压力等级和防护要求等参数。钢管的质量包括钢管本体、加劲环和支撑环的质量，钢管工程量不计入制作损耗量。

b）钢管防腐图纸应明确规格、材料、涂装方式、等级和防护要求等参数，工程量应按表面预处理和表面涂装类别分别计算。

c）管道件包括弯头、三通、四通、异径管和法兰等管道附属构件，应明确规格、材料、连接方式、安装方式、压力等级和防护要求等参数。

5）其他项目计算规定：

（1）取水口施工临时围堰与基坑排水为岸边竖井及斜坡道缆车等取水工程项目，取水口施工临时导流为溢流坝等取水工程项目。

（2）其他设施指现有设施以外的配套临时设施，如运行期间需增建的库房、材料存放敞棚、厕所等建筑。

4.1.5 施工供风工程

1 一般规定

1）施工供风系统工程包括压缩空气系统和供风管网，由土建工程和机电设备及安装工程组成。移动式供风站可取消或简化土建工程和机电设备及安装工程量的项目计列。

2）供风管网计列范围为供风站至各主要供风对象的连接点之间供风主管上预留的供风阀门。

2 规划阶段计算规定

本阶段不单独计算工程量。

3 预可行研究阶段计算规定

本阶段不单独计算工程量，土建工程计入其他施工辅助工程中。

4 可行性研究阶段计算规定

1）本阶段施工供风系统工程包括施工供风站建筑、供风干管敷设、移动和拆除等工程，不包括空气压缩机、动力设备以及供风设施的维护。在确定规模、布置、主要设备选型的基础上，计算施工供风系统工程主要土建工程量；提出机电设备数量、规格、型号，机械设备不计列在工程量清单中。

2）本阶段设计采用的地形图比例宜为1:1000～1:5000。

3）施工供风系统内修建的运行及施工道路的范围包括压气站至场内交通工程之间的连接道路。

4）房屋建筑是指供风系统内的生产、办公及值班房屋，按房屋结构类型、建筑标准（包括结构型式、装修标准）等分别计列建筑面积。

5 招标设计和施工图设计阶段计算规定

1）施工图设计阶段按各项目施工图计算工程量。招标设计阶段分项计算工程量，其工程量计算项目应不少于可行性研究阶段的要求。

2）施工供风系统的供电工程范围包括场内供电线路至各施工用电点之间的连接线路及电气设备。

3）房屋建筑是指系统内的生产、值班房屋，例如机房、配电间、库房及值班控制房等，按房屋结构类型、建筑标准等分别计列建筑面积。

4）机电设备及安装工程计算规定：

（1）机械设备：

a）现场制作的机械设备按材料、加工方式详细列出工程量。

b）机械设备中空气压缩机、冷却器、储气罐等设备应明确型式、规格、生产能力和尺寸等参数，装置性材料工程量不计入操作损耗量。

（2）电气设备：

a）电气设备一般为成套设备，可按设计要求选用，表中明确型式、规格、电压等级和尺寸等参数。

b）架空输电线路包括线路、线路附件、塔架，应明确架设方式、规格和线路型号。

c）电力电缆和控制电缆应明确敷设方式、规格和线路型号，工程量应包括预留段、备用段、弯曲增加段和为连接电气设备而预留的长度。

（3）管路：

a）钢管应明确规格、材料、连接方式、安装方式（明敷、埋设）、压力等级和防护要求等参数。钢管的质量包括钢管本体、加劲环和支撑环的质量，钢管工程量不计入制作损耗量。

b）钢管防腐图纸应明确规格、材料、涂装方式、等级和防护要求等参数，工程量应按表面预处理和表面涂装类别分别计算。

c）管道件包括弯头、三通、四通、异径管和法兰等管道附属构件，应明确规格、材料、连接方式、安装方式、压力等级和防护要求等参数。

5）其他：

其他设施指现有设施以外的配套临时设施。

4.1.6 施工通信工程

1 一般规定

1）施工通信工程指当地电信部门接线点至工程场内总交换机的通信设施、通信线路工程及维护管理，由土建工程和机电设备及安装工程组成。如当地通信条件能满足工程施工需要，则该项目不计列。

2）施工通信系统与各通信对象以总交换机房配线架对外接线端子为分界点。

2 规划阶段计算规定

本阶段不单独计算工程量。

3 预可行研究阶段计算规定

本阶段不单独计算工程量，计入其他施工辅助工程中。

4 可行性研究阶段计算规定

本阶段在确定规模、布置、工艺、设备选型和数量的基础上，按各项目的布置图分项计算土建工程、通信设备（不含备用设备）及安装工程、通信线路工程量及运行维护。

5 招标设计和施工图设计阶段计算规定

1）房屋建筑是指系统内的生产、值班房屋，例如机房、库房及值班房等，按房屋功能属性、层高、建筑标准等分别计列。如机房与业主营地房屋建筑工程合并建设时，不单独列项。

2）通信设备及安装工程计算规定：

（1）通信设备一般为成套设备，可按设计要求选用，表中明确型式、规格、容量和尺寸等参数。

（2）架空通信线路包括线路、线路器材、电杆及塔架，应明确架设方式、规格和容量。

（3）防雷接地系统。

3）其他：

（1）系统运行指在通信系统运行期内所发生的正常运行所需项目，如材料采购、设备仪器的维护、更换及保养等。

（2）其他设施指现有设施以外的配套临时设施。

4.1.7　施工管理信息系统工程

1　一般规定

施工管理信息系统工程包括管理系统设施、设备、软件等。

2　规划阶段计算规定

规划阶段不单独计算工程量。

3　预可行性研究阶段计算规定

预可行性研究阶段不单独计算工程量。

4　可行性研究阶段计算规定

本阶段应结合管理信息系统规划，给出管理系统的项目内容，按项计列。

5　招标设计和施工图设计阶段计算规定

1）施工管理信息系统工程量计算应结合管理信息系统设计，统一规划。

2）提出施工管理信息硬件系统的设备清单工程量。按管理系统的规模及相应项目，计算软件购买及开发工作量，按项计列。

4.1.8　料场开采及防护工程

1　一般规定

1）料场开采及防护工程包括土料场、天然砂砾石料场及石料场的开采及防护工程。

2）土料场开采及防护应计算料场覆盖层和无用层剥离、弃料开挖、料场边坡防护等工程量。

3）砂砾石料场开采及防护应计算料场覆盖层和无用层剥离、弃料开挖及防护堤等工程量。

4）石料场开采及防护应计算覆盖层剥离、无用层和弃料开挖及料场边坡支护等工程量。

5）至料场的道路计入施工交通工程，料场开采区内的道路不计算工程量。

6）料场植被恢复计入环境保护与水土保持。

2　规划阶段计算规定

本阶段不单独计算工程量，纳入其他施工辅助工程项目。

3　预可行性研究阶段计算规定

1）本阶段料场的地形图比例宜为 1:2000～1:5000。

2）本阶段应根据初查成果估算料场覆盖层和无用层工程量，类比分析计算并提出边坡支护工程量。

4　可行性研究阶段计算规定

1）本阶段料场的地形图比例宜为 1:1000～1:2000。

2）本阶段应根据详查成果计算料场覆盖层和无用层工程量，在边坡稳定分析计算基础上，提出边坡支护措施及工程量。

5　招标设计和施工图设计阶段计算规定

1）两阶段料场的地形图比例宜为 1:1000～1:2000。

2）招标设计阶段计算的工程量，根据工程项目的实际情况，在施工图设计阶段要求的基础上可适当简化，但其工程量计算项目应不少于可行性研究阶段的要求。

3）为料场开采所必需的开采区内施工道路、供风、供水、供电、照明等施工临时设施、单项措施，按项计列。

4.1.9　砂石料生产系统工程

1　一般规定

砂石料生产系统主要包括系统土建工程、生产设备及与系统相连接的输送系统工程。土建工程主要指场地平整、边坡工程、混凝土、砌体、钢结构等内容。生产设备包括生产加工的定型设备、胶带机、供水、供热、供电、废水处理等。

2 规划阶段计算规定

本阶段不单独计算工程量。

3 预可行性研究阶段计算规定

本阶段不单独计算工程量。

4 可行性研究阶段计算规定

1）本阶段砂石料生产系统的地形图比例宜为1:500～1:2000。

2）在确定规模、布置、生产加工工艺流程和主要设备选型的基础上，计算砂石料生产系统工程主要土建工程量，包括系统进料加工至系统成品料出料点的全部土建工程。

3）本阶段应提出生产工艺及机电设备数量、规格、型号，以计算砂石料单价，不计列在工程量清单中。

4）生产房屋按房屋功能属性（包括结构型式、装修标准）分别计算，汇总计列房屋建筑面积。

5 招标设计和施工图设计阶段计算规定

1）施工图设计阶段地形图比例宜为1:500～1:1000。

2）招标设计阶段计算的工程量，根据工程项目的实际情况，在施工图设计阶段要求的基础上可适当简化，其工程量计算项目应不少于可行性研究阶段的要求。

3）如果在料场加工并储存半成品，则工程量计算范围含料场加工区、系统内骨料运输线（竖井及运输洞）及砂石料生产系统内的所有车间，直至系统的成品料出料点。

（1）砂石料生产系统工程包括料场相关土建工程、系统内土建工程、系统机电设备。

a）料场相关土建工程：包括半成品的加工及储运竖井、斜井及骨料输送洞等相关工程。

b）系统内土建工程：指砂石料生产系统场地内部的所有土建工程，含场地的边坡支护、地基处理、专用高位水池等。

c）钢结构包括钢桁架、排架、支架、栈桥，漏斗、爬梯、溜槽等非标件及预埋件的制作安装。

d）系统机电设备：指为生产加工成品骨料必需的系统机械设备、电气设备。

（2）供水是按照砂石料生产系统自建供水系统计列的，如果采用工程统一供水，则工程量计列从供水系统的高位水池出水阀门算起。

（3）供电工程量计列范围包括从砂石料生产系统场区附近供电接线点开始至系统内部的所有用电设备的输电线路、变电、配电、计量装置等。

（4）道路工程量计列范围是从工程的场内交通干线途经砂石料生产系统场区附近连接段开始并包括系统场内的交通道路，但不包括料场和砂石料生产系统之间、砂石料生产系统和混凝土生产系统之间的工程场内交通干道。

4）绝热工程主要包括供热系统的管道、设备、容器和外界环境隔绝热交换而采取的措施，使用的材料等。绝热工程量计算时，按使用的不同材料类型分别计列工程量。

5）生产房屋包括办公、值班、试验室、修理间、变电室、材料库、锅炉房、空气压缩机房等。生产房屋工程量计算时，按房屋功能属性、层高、建筑标准等分别计列。

6）封闭生产车间、封闭胶带机栈桥、遮挡料堆、生产车间的钢屋架、车间及胶带机人行平台等使用材料，含彩色压型钢板、镀锌铁皮、彩钢夹心板、薄壁轻型钢结构、木材等，按各车间分部位，并按使用的不同材料分别计列工程量。

7）机电设备清单说明：

（1）系统机电设备包括系统工艺设备、环保设备、供热设备、供水设备、水处理设备、电气设备等。这些设备中除系统工艺设备中的胶带输送机外，基本上为定型产品，可以按照产能、规格型号等技术参数进行选用，主要以台（套）为单位进行计量，按设备功能分类、分规格型号计列。

（2）胶带机输送机为选用多种标准部件组合而成的非标准设备，以m/条为单位按胶带机宽度分别进行计量。

（3）供水系统、废水处理系统、锅炉房及供热系统的阀门、管道、仪表等器材，按所属生产车间部位分类、分规格型号计列。

4.1.10 混凝土生产及浇筑系统工程

1 混凝土生产系统工程

1）一般规定：

混凝土生产系统主要包括系统土建工程、拌和系统、制冷、供热系统机电设备。拌和系统按常规混凝土、碾压混凝土和沥青混凝土划分。制冷和供热系统主要根据混凝土温度控制要求设置。

2）规划阶段计算规定：

本阶段不单独计算工程量。

3）预可行性研究阶段计算规定：

本阶段不单独计算工程量。

4）可行性研究阶段计算规定：

（1）本阶段地形图比例宜为1:500～1:2000。

（2）混凝土系统与混凝土供料平台不在同一平台的，从混凝土系统至供料平台的道路均计入场内施工道路工程。

（3）生产房屋按房屋功能属性分别计算，汇总计列房屋建筑面积。

（4）拌和系统：

a）根据施工总布置要求及混凝土浇筑强度，计算拌和系统的规模，在确定系统布置、工艺、生产设备选型的基础上，计算土建工程量。

b）工程量计列范围，如采用胶带机运输方式输送成品骨料，则从砂石料生产系统成品料出料点开始，直至混凝土生产系统搅拌楼出机口之间所包含的工程部位。

c）提出拌和系统生产工艺设备，列出设备数量、所属功能分类、规格型号，以供计算混凝土单价使用，不计列在工程量清单中。

（5）制冷系统：

a）根据混凝土浇筑强度、出机口温度要求及气象资料，计算制冷系统的规模，确定制冷工艺，对制冷设备进行计算选型。依据制冷工艺及混凝土生产系统的平面布置，对制冷车间进行工艺及结构布置设计，计算土建工程量。

b）制冷系统设备可以按照制冷容量、规格型号等技术参数进行选用，列出设备所属功能分类、规格型号，供计算预冷混凝土单价使用，不计列在工程量清单中。

（6）供热系统：

a）根据混凝土浇筑强度、出机口温度要求及气象资料，计算供热系统的规模，对供热设备进行计算选型。依据供热要求及混凝土生产系统的平面布置，对锅炉房等进行工艺及结构布置设计，计算土建工程量。

b）供热系统设备主要包括锅炉及其辅机，基本上为定型产品，可以按照供热容量、规格型号等技术参数进行选用，列出设备数量、所属功能分类、规格型号，以计算预热混凝土单价使用，在可行性研究阶段不计列在工程量清单中。

（7）沥青混凝土拌和系统：

a）根据沥青混凝土铺筑强度要求，计算沥青混凝土系统的规模，确定生产工艺，对生产设备进行计算选型。依据生产工艺及沥青混凝土拌和系统的平面布置，提出土建工程量。

b）沥青混凝土生产系统设备基本上为定型产品，可以按照沥青混凝土生产能力、设备规格型号等技术参数进行选用，列出设备数量、所属功能分类、规格型号，以计算沥青混凝土单价使用，不计列在工程量清单中。

5）招标设计和施工图设计阶段计算规定：

（1）在施工图设计阶段地形图比例宜为1:500。

（2）招标设计阶段计算的工程量，根据工程项目的实际情况，在施工图设计阶段要求的基础上可适当简化，其工程量计算项目应不少于可行性研究阶段的要求。

（3）混凝土生产系统如采用胶带机运输成品骨料，则工程量计列范围从砂石料生产系统成品料出料点开始，直至混凝土生产系统搅拌楼出机口之间所包含的工程部位。

a）系统内土建工程指混凝土生产系统的土建工程，包括成品骨料输送系统、场地的边坡支护、地基处理等。

b）系统机电设备指为生产拌制常温、预冷、预热、沥青混凝土、常态混凝土、碾压混凝土等各品种混凝土所需的系统机械、电气设备。

c）供水是按照混凝土生产系统自建供水系统计列的，如果采用工程统一供水，则工程量计列从供水系统的高位水池出水阀门算起。

d）供电工程量计列范围包括从混凝土生产系统场区附近供电接线点开始至系统内部的所有用电设备的输电线路、变电、配电、计量装置等。

e）道路工程量计列范围是从工程的场内交通干线途经混凝土生产系统场区附近连接段开始并包括系统场内的交通道路，但不包括料场和砂石料生产系统之间、砂石料生产系统和混凝土生产系统之间的工程场内交通干道。

（4）绝热工程主要包括制冷、供热系统的管道、设备、容器和外界环境隔绝热交换而采取的措施，使用的材料等。绝热工程量计算时，按制冷、供热分系统并按使用的材料类型分别计列。

（5）生产房屋生产房屋包括办公、值班、试验室、修理间、变电室、材料库、锅炉房、空气压缩机房、外加剂间、制冷车间等。生产房屋工程量计算时，按房屋功能属性、层高、建筑标准等分别计列。

（6）封闭生产车间、封闭胶带机栈桥、遮挡料堆、生产车间的钢屋架、车间及胶带机人性平台等使用材料，含彩色压型钢板、镀锌铁皮、彩钢夹心板、薄壁轻型钢结构、木材等，这些材料的工程量计算时，按各车间分部位，并按使用的不同材料分别计列。

（7）混凝土拌和系统：

a）机电设备包括系统工艺设备、空气压缩机设备、供热设备、制冷设备、供水设备、水处理设备、电气设备等。这些设备中除系统工艺设备中的胶带输送机外，基本上为定型产品，可以按照产能、规格型号等技术参数进行选用，主要以台（套）为单位进行计量。

b）胶带机输送机为选用多种标准部件组合而成的非标准设备，以 m/条为单位并按胶带机宽度分别进行计量。

c）机电设备按设备功能分类、分规格型号计列。

d）混凝土拌和系统器材包括供水系统、废水处理系统、锅炉房、供热系统、制冷系统的阀门、管道、仪表等。器材按所属生产车间部位分类、分规格型号计列。

（8）制冷系统设备基本上为定型产品，可以按照制冷容量、规格型号等技术参数进行选用，主要以台（套）为单位进行计量，按设备所属功能分类、分规格型号计列。

（9）供热系统设备主要包括锅炉及其辅机，基本上为定型产品，可以按照供热容量、规格型号等技术参数进行选用，以台（套）为单位进行计量，按设备所属功能分类、规格型号计列。

（10）沥青混凝土生产系统设备基本上为定型产品，可以按照沥青混凝土生产能力、设备规格型号等技术参数进行选用，主要以台（套）为单位进行计量，按设备所属功能分类、规格型号计列。

（11）制冷系统、供热系统或沥青混凝土生产系统所必需的器材，按器材类型分项、分规格计列，并明确各规格型号器材的工程量。

2 混凝土浇筑系统工程

1）一般规定：

（1）混凝土浇筑系统包括大型施工机械的安装拆卸［如缆机、大型门（塔）机、塔带机、负压溜槽等］，为建造混凝土浇筑系统所需的场地平整、构筑物、钢构架、缆机平台等，以及混凝土温度控制措施。

（2）缆机平台包括缆机平台（含固定端）、混凝土进料线和辅助供料线等应分别计算土建工程量，大型施工机械如门（塔）机基础和栈桥、塔带机供料线等应分别计算土建工程量。

（3）从混凝土系统进入混凝土供料平台等处的道路均计入场内施工道路工程。

（4）混凝土温度控制包括大体积混凝土通水冷却、混凝土施工保温措施等。

2）规划阶段计算规定：

本阶段不单独计算工程量，纳入其他施工辅助工程项目。

3）预可行性研究阶段计算规定：

本阶段不单独计算工程量，纳入其他施工辅助工程项目。

4）可行性研究阶段计算规定：

（1）大型施工机械：

a）本阶段应根据施工要求及混凝土浇筑强度，确定混凝土浇筑方法，对系统浇筑设备进行计算选型，大型施工机械设备安装拆卸按照不同的设备名称、型号、起重吨位分别计列。

b）缆机平台（含固定端）、混凝土进料线和辅助供料线设计的地形图比例要求为 1:500～1:1000。

（2）混凝土温度控制措施：

a）本阶段应提出混凝土施工保温措施，如采用凉棚、暖棚、保温模板、仓面覆盖及仓面喷雾等，并计算各项措施的工程量。

b）大体积混凝土施工通水冷却应计算混凝土中埋设的冷却水管工程量和通水量，通水分为河水、制冷水。

5）招标设计和施工图设计阶段计算规定：

（1）大型施工机械：

a）在施工图设计阶段地形图比例宜为1:500～1:1000。

b）大型施工机械采购仅列施工图设计阶段由业主单独招标采购的大型施工机械，包括主体设备、备品备件、技术服务，设备监造，以及防雷接地系统制作安装等，应分别列项。

c）大型施工机械安装拆卸包括安装、调试、检测、试运行、拆除等，应分别列项。

（2）混凝土温度控制：

a）混凝土施工保温措施包括采用凉棚、暖棚、保温模板、仓面覆盖及仓面喷雾等，施工图设计阶段应分别计算各项措施的工程量。

b）大体积混凝土施工通水冷却应计算混凝土中埋设的冷却水管工程量和通水量，通水分为河水、制冷水。

4.1.11　导流工程

1　一般规定

1）导流工程包括围堰工程、导流泄水建筑物（导流洞、导流明渠、导流底孔及缺口）、施工期排水、度汛、下闸蓄水和下游供水等内容。导流工程与永久建筑物结合的工程量计入永久工程。

2）导流工程的金属结构设备及安装工程参照4.5金属结构设备及安装工程的各阶段项目计列。

3）导流工程的土建工程量参照主体建筑工程工程量计算方法计算。

截流备料指按设计要求为截流戗堤而准备的特殊抛投材料，包括大块石、钢筋笼、铅丝笼、混凝土多面体等特殊材料，截流备料的备用系数取1.2～1.4。在截流流量大且覆盖层厚度较大易冲刷的河道上截流，可取大值；在截流龙口覆盖层厚度较小、采用护底措施时，则可取小值。

2　规划阶段计算规定

1）本阶段提出围堰工程、导流泄水建筑物主要工程量。

2）本阶段的地形图比例宜为1:10 000。

3　预可行性研究阶段计算规定

1）本阶段应根据推荐枢纽布置方案的导流设计提出围堰工程、导流泄水建筑物工程量。

2）本阶段的地形图比例宜为1:2000。

4　可行性研究阶段计算规定

1）本阶段确定导流建筑物布置、设计方案、结构类型及主要尺寸，根据设计图纸计算工程量。本阶段的地形图比例宜为1:500～1:2000。

2）本阶段应计算基坑的初期排水工程量。施工期经常排水属于其他施工辅助工程项目，应提出施工期经常排水设施容量，不单独计量。

3）下闸蓄水、施工期下游供水建筑物，应按设计图纸计算工程量。

5　招标设计和施工图设计阶段计算规定

1）招标设计及施工图设计阶段根据确定的导流建筑物布置、设计方案、结构类型及尺寸，按设计图纸计算工程量。施工图设计阶段的地形图比例宜为1:500～1:2000。

2）导流洞开挖需要的超前支护工程量，应单独计算工程量。如超前锚杆、注浆小导管和管棚等，标明其材料类型和规格等，钢支撑应标明型钢种类及规格，钢支撑和钢筋格栅的工程量应包括其附件的质量。

3）围堰石渣填筑应按水上或水下以及材料分区分别计列。

4）导流洞的进口段和堵头段封堵混凝土，按结构部位分别计列。

5）工程截流前要求开展施工期截流模型试验的，按项计列。

6）巨型和大型工程的大坝基坑土石围堰、碾压混凝土围堰或导流明渠在施工前须进行现场生产性试验的，按项计列。

7）基坑初期排水和施工期经常性排水分别按项计列。

8）安全与度汛按项计列。

9）下闸蓄水的措施按项计列。

4.1.12　施工期安全监测工程

工程量清单编制有关规定见4.7.3。

4.1.13　施工期水文测报工程

工程量清单编制有关规定见4.7.5。

4.1.14　施工及建设管理房屋建筑工程

工程量清单编制有关规定见4.7.2。

4.1.15　其他施工辅助工程

1　一般规定

1）在各设计阶段，未单独列项的所有施工辅助工程均属于其他施工辅助工程项目。

2）除已规定单独列项以外，各设计阶段其他施工辅助工程中费用高、工程量大的项目可根据工程实际情况单独列项。单独列项应依照本节各阶段要求列出项目工程量，不再属于其他辅助工程内的项目。

2　规划阶段计算规定

本阶段其他施工辅助工程指除施工交通工程、导流工程以外的所有施工辅助工程项目。

3　预可行性研究阶段计算规定

1）预可行性研究阶段其他施工辅助工程指除施工交通工程、导流工程、料场开采及防护工程、施工及建设管理用房屋建筑、场外施工供电工程以外的施工辅助工程，主要包括砂石料生产系统、混凝土生产系统、混凝土温度控制措施、缆机平台、沟水处理（含泥石流治理）、土料皮带机运输线、土料掺合场以及坝体填筑备料场，地下洞室施工临时支护、通风，施工排水，大型施工机械安装拆卸，大型施工排架、平台，施工区封闭管理措施，施工场地平整，施工期防汛，施工期防冰，渣场防护等工程。根据工程实际情况，缆机平台工程、沟水处理工程等可单独列项。

2）本阶段的地形图比例宜为 1:2000～1:5000。

3）缆机平台工程量计算范围包括缆机平台（含固定端）、混凝土进料线和辅助供料线，按永久建筑物要求计算工程量。

4）沟水处理工程包括拦渣坝、泄水洞、泄水渠及涵管等建筑物工程量。沟水处理工程所需的施工支洞工程按有关项目规定计算工程量，并计入沟水处理工程内。

4　可行性研究阶段计算规定

1）其他施工辅助项目包括沟水处理（含泥石流治理），渣场防护工程，地下洞室施工临时支护，土料皮带机运输线，土料掺合场以及坝体填筑备料场，过坝交通洞及探洞封堵，现场生产性试验，施工特种模板，大型施工排架、平台，施工排水，地下工程施工通风，施工场地清理，施工期防汛，施工期防冰，施工区封闭管理措施等项目。根据工程实际情况，沟水处理工程、地下洞室施工临时支护、土料皮带机运输线、土料掺和场、坝体填筑料备料场、过坝交通洞及探洞封堵、现场生产性试验、特种模板、施工排水、地下工程施工通风等可单独列项。

2）渣场防护工程地形图比例宜为 1:1000～1:2000，沟水处理、施工场地排水工程的地形图比例宜为 1:500～1:1000。

3）沟水处理工程（含泥石流治理）包括挡水坝、拦渣坝、泄水洞、泄水渠、排导槽及涵管等建筑物工程量。沟水处理工程施工所需的施工道路计入场内交通工程，所需的施工支洞工程按有关项目规定计算工程量，并计入沟水处理工程内。沟水处理工程工程量计算范围和要求参建导流工程。

4）地下洞室施工临时支护指开挖开始至永久支护完成之前，为保证地下洞室围岩稳定、施工安全而进行的支护。支护类型包括素喷混凝土、钢筋网喷混凝土、锚杆（束）、钢支撑、管棚等。

5）土料皮带机运输线参照混凝土成品骨料皮带机运输线计算工程量。

6）土料掺合场以及坝体填筑备料场包括场地平整、开挖、支护、回填、排水等工程量。

7）渣场防护工程包括渣场防护、排水等工程量。渣场的复耕计入水库及移民工程，植被恢复计入环境保护工程。

8）施工排水包括施工场地排水工程和地下工程排水工程。

（1）施工场地排水工程仅对重要排水、排洪工程，承包商和业主营地、施工工厂和施工仓库等施工辅助设施内的施工场地排水分别计入相关项目。

（2）地下工程排水工程仅对水文地质条件复杂，可能出现较大涌水的地下工程项目计列。

9）地下施工通风工程仅对大型地下洞室群及长隧洞施工计列。

10）过坝交通洞及探洞封堵不同部位分别计算混凝土、砖砌体、回填灌浆等封堵工程量。

11）高拱坝、混凝土坝施工的坝后施工栈桥、高边坡施工的栈道等，可单独列项计算工程量。

12）施工区封闭管理应按封闭管理要求列项并提出相应工程量。

13）现场生产性试验按不同的试验类型分别列项。

5　招标设计和施工图设计阶段计算规定

1）其他施工辅助工程包括沟水处理（含泥石流治理），土料皮带机运输线，土料掺合场以及坝体填筑备料场，地下洞室施工临时支护，地下施工通风，施工排水，大型施工排架、平台，施工区封闭管理措施，施工场地整理，施工期防汛，施工期防冰，施工特种模板，坝区地质勘探洞封堵等项目。根据工程招标和实际施工需要，其他施工辅助工程所包括的项目均可单独列项。

2）渣场防护工程地形图比例宜为 1:1000～1:2000，大型施工机械、沟水处理、施工场地排水工程的地形图比例宜为 1:500～1:1000。

3）沟水处理工程（含泥石流治理）包括拦水坝、拦渣坝、泄水洞、泄水渠、排导槽及涵管等建筑物工程量。沟水处理工程施工所需的施工道路计入场内交通工程，所需的施工支洞工程按有关项目规定计算工程量，并计入沟水处理工程内。沟水处理工程工程量计算范围和要求参建导流工程。

4）地下洞室施工临时支护指开挖开始至永久支护完成之前，为保证地下洞室围岩稳定、施工安全而进行的支护。支护类型包括素喷混凝土、钢筋网喷混凝土、锚杆（束）、钢支撑、管棚等。

5）土料皮带机运输线参照混凝土成品骨料皮带机运输线计算工程量。

6）土料掺合场以及坝体填筑备料场包括场地平整、开挖、支护、回填、排水等工程量。

7）渣场防护工程包括渣场防护、排水等工程量。渣场的复耕计入水库及移民工程，植被恢复计入环境保护工程。

8）施工特种模板：仅计算清水混凝土模板面积，模板支撑系统计入一般模板，不单独计算。

9）施工排水包括施工场地排水工程和地下工程排水工程。

（1）施工场地排水工程仅对重要排水、排洪工程，承包商和业主营地、施工工厂和施工仓库等施工辅助设施内的施工场地排水分别计入相关项目。

（2）地下工程排水工程仅对水文地质条件复杂，可能出现较大涌水的地下工程项目计列。

10）地下施工通风工程：仅对大型地下洞室群及长隧洞施工计列。

11）过坝交通洞及探洞封堵不同部位分别计算混凝土、砖砌体、回填灌浆等封堵工程量。

12）高拱坝、混凝土坝施工的坝后施工栈桥、高边坡施工的栈道等，单独计算工程量。

13）施工区封闭管理应按封闭管理要求列项并提出相应工程量。

14）现场生产性试验按不同的试验类型分别列项。

表 4.1.1　　规划阶段施工辅助工程工程量清单

序号	项目名称	项目主要特征	单位	工程量	备注
1	施工交通工程				见 4.7.1
2	导流工程				
2.1	围堰工程				
2.1.1	土石围堰				
	土石方开挖		m^3		
	防渗墙	防渗墙型式	m^2		
	堰体石渣填筑		m^3		
	防渗土料填筑		m^3		
	复合土工膜		m^2		
2.1.2	混凝土（浆砌石）围堰				
	土石方开挖		m^3		
	固结灌浆		m		
	混凝土	大体积混凝土类别、强度等级	m^3		
	浆砌石	浆砌石强度等级	m^3		
2.1.3	其他围堰				
2.2	导流洞工程				
	土石方明挖		m^3		
	石方洞挖		m^3		
	锚杆	直径、平均长度	根		
	预应力锚索	单束长度、张拉吨位	束		
	固结灌浆		m		
	回填灌浆		m^2		
	混凝土	强度等级	m^3		
2.3	导流明渠				
	土石方开挖		m^3		
	锚杆	直径、平均长度	根		
	预应力锚索	单束长度、张拉吨位	束		
	固结灌浆		m		
	混凝土	强度等级	m^3		
	浆砌石		m^3		
2.4	其他导流建筑物				
3	其他施工辅助工程		项		

表 4.1.2 预可行性研究阶段施工辅助工程工程量清单

表 4.1.2-1 施工交通工程

序号	项目名称	项目主要特征	单位	工程量	备注
	施工交通工程				工程量清单项目见4.7.1

表 4.1.2-2 施工期通航工程

序号	项目名称	项目主要特征	单位	工程量	备注
1	施工期通航工程	施工期通航方式、规模	项		
2	施工期碍、断航时间	碍、断航客货运输量	天		

表 4.1.2-3 施工供电工程

序号	项目名称	项目主要特征	单位	工程量	备注
	110kV 及以上的场外高压输电线路	型号、规格	km		

表 4.1.2-4 料场开采及防护工程

序号	项目名称	项目主要特征	单位	工程量	备注
1	覆盖层、无用层剥离				
	覆盖层开挖		m^3		
	石方开挖		m^3		
2	弃料开挖				
	石方开挖		m^3		
	砂砾料开挖		m^3		
	土方开挖		m^3		
3	边坡防护				
	截、排水沟	结构型式	m		
	喷混凝土	强度等级、厚度	m^3		
	挂钢筋网		t		
	锚杆	直径、平均长度	根		
	锚索	单束长度、张拉吨位	束		
	防护网	结构型式	m^2		

表 4.1.2-5 导流工程

序号	项目名称	项目主要特征	单位	工程量	备注
1	围堰工程				
1.1	截流工程				
	戗堤填筑		m^3		
1.2	土石围堰				
	土方开挖		m^3		
	石方开挖		m^3		
	锚杆	直径、平均长度	根		
	锚筋束	直径、平均长度	根		

续表

序　号	项 目 名 称	项目主要特征	单位	工程量	备　　注
	预应力锚杆	直径、平均长度	根		
	预应力锚索	单束长度、张拉吨位	束		
	地下连续墙造孔		m^2		
	地下连续墙混凝土		m^3		
	石渣填筑		m^3		
	防渗土料填筑		m^3		
	复合土工膜		m^2		
	喷混凝土	强度等级、厚度	m^3		
	堰面喷混凝土	强度等级、厚度	m^3		
	堰面保护混凝土	强度等级	m^3		
	块石护坡		m^3		
	钢筋（铅丝）石笼		m^3		
1.3	混凝土（浆砌石）围堰				
	土方开挖		m^3		
	石方开挖		m^3		
	锚杆	直径、平均长度	根		
	锚筋束	直径、平均长度	根		
	预应力锚杆	直径、平均长度	根		
	预应力锚索	单束长度、张拉吨位	束		
	固结灌浆钻孔		m		
	固结灌浆		m		
	帷幕灌浆钻孔		m		
	帷幕灌浆		m		
	喷混凝土	强度等级、厚度	m^3		
	常态混凝土	强度等级	m^3		
	碾压混凝土	强度等级	m^3		
	浆砌石	强度等级	m^3		
	钢筋		t		
1.4	草袋围堰				
	袋装石渣		m^3		
	袋装防渗土		m^3		
	复合土工膜		m^2		
1.5	其他围堰				
1.6	围堰拆除		m^3		
2	导流洞工程				
	土方明挖		m^3		
	石方明挖		m^3		
	石方洞挖		m^3		
	石方井挖		m^3		
	土石方回填		m^3		

续表

序　号	项 目 名 称	项目主要特征	单位	工程量	备　　注
	锚杆	直径、平均长度	根		
	锚筋束	直径、平均长度	根		
	预应力锚杆	直径、平均长度	根		
	预应力锚索	单束长度、张拉吨位	束		
	固结灌浆钻孔		m		
	固结灌浆		m		
	回填灌浆		m^2		
	喷混凝土	强度等级、厚度	m^3		
	混凝土	强度等级	m^3		
	浆砌石		m^3		
	钢支撑		t		
	封堵混凝土	强度等级	m^3		
3	导流明渠				
	土方开挖		m^3		
	石方开挖		m^3		
	锚杆	直径、平均长度	根		
	锚筋束	直径、平均长度	根		
	预应力锚杆	直径、平均长度	根		
	预应力锚索	单束长度、张拉吨位	束		
	固结灌浆钻孔		m		
	固结灌浆		m		
	喷混凝土	强度等级、厚度	m^3		
	混凝土	强度等级	m^3		
	碾压混凝土		m^3		
	浆砌石		m^3		
	钢筋（钢丝）石笼		m^3		
	干砌块石		m^3		
	复合土工膜		m^2		
4	导流底孔	封堵体计入永久工程			
	混凝土	强度等级	m^3		
	回填灌浆		m^2		
5	金属结构设备及安装工程				参照 4.5 列项
6	其他导流工程				

表 4.1.2-6　　　　　　　　施工期水文测报工程

序　号	项 目 名 称	项目主要特征	单位	工程量	备　　注
	施工水文测报工程				工程量清单项目见 4.7.5

表 4.1.2-7　　　　　　　　施工及建设管理房屋建筑工程

序　号	项 目 名 称	项目主要特征	单位	工程量	备　　注
	施工及建设管理房屋建筑工程				工程量清单项目见 4.7.2

表 4.1.2-8　　　　　　　　　　　　其他施工辅助项目

序　号	项 目 名 称	项目主要特征	单位	工程量	备　　注
1	砂石料生产系统工程		项		
2	混凝土生产系统工程		项		
3	混凝土施工温控措施		项		
4	缆机平台工程				
	覆盖层开挖		m^3		
	石方明挖		m^3		
	石方洞挖		m^3		
	喷混凝土	强度等级、厚度	m^3		
	锚杆	直径、平均长度	根		
	边坡锚索	单束长度、张拉吨位	束		
	防护网		m^2		
	轨道基础锚索	单束长度、张拉吨位	束		
	挂钢筋网		m^2		
	混凝土	强度等级	m^3		
	钢结构		t		
	钢筋		t		
	固结灌浆		m		
5	沟水处理工程		项		
5.1	挡水（拦渣）坝				
5.1.1	堆石坝				
	土方开挖		m^3		
	石方开挖		m^3		
	喷混凝土	强度等级、厚度	m^3		
	锚杆	直径、平均长度	根		
	土石方填筑		m^3		
	混凝土	强度等级	m^3		
	钢筋		t		
5.1.2	混凝土坝	分碾压、常态			
	土方开挖		m^3		
	石方开挖		m^3		
	喷混凝土	强度等级、厚度	m^3		
	锚杆	直径、平均长度	根		
	碾压混凝土	强度等级			
	常态混凝土	强度等级	m^3		
	钢筋		t		
5.2	泄水洞				
	土方明挖		m^3		
	石方明挖		m^3		
	石方洞挖		m^3		
	喷混凝土	强度等级、厚度	m^3		

续表

序　号	项 目 名 称	项目主要特征	单位	工程量	备　　注
	锚杆	直径、平均长度	根		
	锚索	单束长度、张拉吨位	束		
	挂钢筋网		m^2		
	混凝土	强度等级	m^3		
	回填灌浆		m^2		
	固结灌浆		m		
5.3	泄水渠				
	土方开挖		m^3		
	石方开挖		m^3		
	混凝土		m^3		
	浆砌石		m^3		
5.4	泄水涵管				
	土方开挖		m^3		
	石方开挖		m^3		
	混凝土	强度等级	m^3		
	钢筋		t		
	土石方回填		m^3		
6	土料皮带机运输线		项		
7	土料掺合场及坝体填筑备料场		项		
8	地下洞室施工临时支护		项		
9	施工排水工程		项		
10	大型施工机械安装拆卸		项		
11	大型施工排架、平台		m^2		
12	施工区封闭管理措施		项		
13	施工场地平整		项		
14	大型地下工程施工通风		项		
15	施工期防汛		项		
16	施工期防冰		项		
17	渣场防护与处理		项		
18	现场生产性试验		项		
19	其他项目				

表 4.1.3　可行性研究阶段施工辅助工程工程量清单

表 4.1.3-1　施工交通工程

序　号	项 目 名 称	项目主要特征	单位	工程量	备　注
	施工交通工程				工程量清单项目见4.7.1

表 4.1.3-2　施工期通航工程

序　号	项 目 名 称	项目主要特征	单位	工程量	备　注
1	明渠或缩窄河床通航				
1.1	明渠或缩窄河床				
	水下土方开挖		m^3		
	陆上土方开挖		m^3		
	水下石方开挖		m^3		
	陆上石方开挖		m^3		
	浆砌块石防护		m^3		
	钢筋石笼		m^3		
	混凝土	强度等级	m^3		
	喷混凝土	强度等级、厚度	m^3		
	挂钢筋网	钢筋直径、间排距	t		
	钢筋		t		
	锚杆	型式、直径、长度	根		
	钢筋桩	型式、钢筋直径及根数、长度	根		
	预应力锚索	单束长度、张拉吨位	束		
	施工期航道清淤		m^3		
1.2	助航设施				
	拖轮	型号	艘		
	绞滩设施		套		
	航道导标		座		
1.3	上/下游锚地				
	水下炸礁		m^3		
	陆上炸礁		m^3		
	水下覆盖层开挖		m^3		
	陆上覆盖层开挖		m^3		
	混凝土	强度等级	m^3		
	喷混凝土	强度等级、厚度	m^3		
	系船环		套		
	系船柱		套		
1.4	施工围堰		项		
1.5	连接道路		km		
2	临时船闸通航				
2.1	上/下游锚地及前港				
	水下覆盖层开挖		m^3		

续表

序　号	项 目 名 称	项目主要特征	单位	工程量	备　　注
	陆上覆盖层开挖		m^3		
	水下炸礁		m^3		
	陆上炸礁		m^3		
	抛石棱体		m^3		
	浆砌块石挡土墙		m^3		
	钢筋石笼		m^3		
	混凝土	强度等级	m^3		
	喷混凝土	强度等级、厚度	m^3		
	挂钢筋网		t		
	钢筋		t		
	锚杆	直径、长度	根		
	钢筋桩	直径、长度	根		
	预应力锚索	单束长度、张拉吨位	束		
	锚地清淤		m^3		
	系船环		套		
	系船柱		套		
2.2	上、下游口门区				
	水下覆盖层开挖		m^3		
	陆上覆盖层开挖		m^3		
	水下炸礁		m^3		
	陆上炸礁		m^3		
	浆砌块石防护		m^3		
	钢筋石笼		m^3		
	混凝土	强度等级	m^3		
	喷混凝土	强度等级、厚度	m^3		
	挂钢筋网		t		
	钢筋		t		
	锚杆	直径、长度	根		
	钢筋桩		根		
	预应力锚索	单束长度、张拉吨位	束		
	口门区清淤		m^3		
2.3	上、下游引航道				
	水下土方开挖		m^3		
	陆上土方开挖		m^3		
	水下石方开挖		m^3		
	陆上石方开挖		m^3		
	浆砌块石防护		m^3		
	钢筋石笼		m^3		
	混凝土	强度等级	m^3		
	喷混凝土	强度等级、厚度	m^3		

续表

序　号	项 目 名 称	项目主要特征	单位	工程量	备　　注
	挂钢筋网		t		
	钢筋		t		
	锚杆	直径、长度	根		
	钢筋桩		根		
	预应力锚索	单束长度、张拉吨位	束		
	帷幕灌浆		m		
	固结灌浆		m		
2.4	上、下闸首				
	土方开挖		m^3		
	石方开挖		m^3		
	混凝土	强度等级	m^3		
	预制混凝土构件		m^3		
	温控措施		m^3		
	钢筋		t		
	锚杆	直径、长度	根		
	钢筋桩		根		
	预应力锚索	单束长度、张拉吨位	束		
	金属结构制作、安装		t		
	输水廊道蝶阀		个		
	系船环		套		
	控制室		m^2		
	帷幕灌浆		m		
	固结灌浆		m		
	接触灌浆		m^2		
	温控措施		m^3		
2.5	闸室				
	土方开挖		m^3		
	石方开挖		m^3		
	混凝土	强度等级	m^3		
	温控措施		m^3		
	钢筋		t		
	预制混凝土构件		m^3		
	锚杆	直径、长度	根		
	钢筋桩		根		
	预应力锚索	单束长度、张拉吨位	束		
	系船环		套		
	帷幕灌浆		m		
	固结灌浆		m		
	接触灌浆		m^2		
2.6	施工围堰		项		

续表

序号	项目名称	项目主要特征	单位	工程量	备注
2.7	连接道路		km		
3	水—陆驳运过坝				
3.1	港池工程				
	水下炸礁		m^3		
	陆上炸礁		m^3		
	水下覆盖层开挖		m^3		
	陆上覆盖层开挖		m^3		
	浆砌石		m^3		
	护坡混凝土	强度等级	m^3		
	喷素混凝土	强度等级	m^3		
	挂钢筋网		t		
	钢筋石笼		m^3		
	素混凝土垫层	强度等级	m^3		
	钢筋		t		
	锚杆	直径、长度	根		
	钢筋桩		根		
	预应力锚索	单束长度、张拉吨位	束		
	港池清淤		m^3		
3.2	码头工程				
	土方开挖		m^3		
	石方开挖		m^3		
	钻孔灌注桩		m		
	水下护坡块体		m^3		
	抛石棱体		m^3		
	土工布滤层		m^3		
	混合倒滤层		m^3		
	沉箱预制		m^3		
	沉箱内回填混凝土		m^3		
	沉箱间锁口桩		m/个		
	沉箱间锁口板		m^3		
	浆砌块石		m^3		
	钢筋石笼		m^3		
	水下混凝土	强度等级	m^3		
	水上混凝土	强度等级	m^3		
	喷混凝土	强度等级、厚度	m^3		
	挂钢筋网		t		
	人行踏步（宽度）		级		
	地下连续墙		m^2		
	钢筋		t		
	锚杆	直径、长度	根		

续表

序　号	项 目 名 称	项目主要特征	单位	工程量	备　　注
	钢筋桩		根		
	预应力锚索	单束长度、张拉吨位	束		
	吹填		m^3		
	石渣填筑		m^3		
	排水孔	直径、单根长度	m		
	固结灌浆		m		
3.3	施工围堰		项		
3.4	码头连接道路		km		
4	其他				
4.1	其他辅助设施	排水系统、锚地、装卸机械设备及安装工程、码头附属工程、仓库及堆场、管理房屋建筑、给水排水、消防、供电及照明、通信及导航设施	项		
4.2	货物过坝转运	转运距离、方式	t		如需建设相应工程，可参见类似工程项目计列
4.3	碍、断航时间	碍、断航客货运输量	天		

表 4.1.3-3　　　　施 工 供 电 工 程

序　号	项 目 名 称	项目主要特征	单位	工程量	备　　注
1	土建工程				
1.1	场地平整工程				
	土方明挖		m^3		
	石方明挖		m^3		
	土石方回填		m^3		
	基础换填		m^3		
	余方弃置		m^3		
	缺方内运		m^3		
	喷混凝土	强度等级	m^3		
	混凝土	强度等级	m^3		
	浆砌石		m^3		
	砖砌体		m^3		
	钢结构		t		
	锚杆	直径、长度	根		
	钢筋		t		
1.2	连接道路				参照交通工程列项
1.3	机房		m^2		参照建筑工程列项
1.4	配电间		m^2		参照建筑工程列项
1.5	值班房		m^2		参照建筑工程列项
1.6	库房		m^2		参照建筑工程列项
2	施工变电站				

续表

序　号	项 目 名 称	项目主要特征	单位	工程量	备　　注
2.1	架空线路				
	110（35）kV 架空线路	型号、规格	km		场外部分
	10 kV 架空线路	型号、规格	km		场外部分
2.2	电力变压器				
	电力变压器	型号、规格	台		110（35）/10 kV
	电力变压器	型号、规格	台		10/0.4 kV（站用变压器）
2.3	高压电器				
	断路器	型号、规格	台		
	隔离开关	型号、规格	台		
	接地开关	型号、规格	台		
	电流互感器	型号、规格	台		
	电磁式电压互感器	型号、规格	台		
	电容式电压互感器	型号、规格	台		
	避雷器	型号、规格	台		
	阻波器	型号、规格	台		
	高压负荷开关	型号、规格	台		
	高压熔断器	型号、规格	台		
2.4	高低压开关柜				
	高压开关柜	型号、规格	面		
	低压配电盘	型号、规格	面		
2.5	二次设备				
	蓄电池屏		面		
	直流配电屏		面		
	充放电屏		面		
	继电保护盘		面		
2.6	电缆				
	高压电缆	型号、规格	km		
	低压电缆	型号、规格	km		
	高压电缆终端头	型号、规格	三相套		
	低压电缆终端头	型号、规格	三相套		
	控制电缆	各种型号、规格	km		
	光缆	单模/多模	km		
2.7	一次拉线及其他安装工程				
	设备连接导线	型号、规格	m		
	穿墙套管	型号、规格	个		
	设备线夹	型号、规格	个		
	支柱绝缘子	型号、规格	个		
	绝缘子串	型号、规格	串		

续表

序　号	项 目 名 称	项目主要特征	单位	工程量	备　　注
	安装附件及材料等		t		
2.8	电缆桥架				
	钢制电缆桥架	型号、规格	t		
	电缆桥架立柱	型号、规格	t		
	预埋件、安装支架和保护网等		t		
	膨胀螺栓		套		
	电缆管		t		
2.9	防雷接地				
	避雷针		支		
	接地棒		支		
	接地线		km		
2.10	照明				
	照明配电箱	型号、规格	个		
	照明灯具	型号、规格	套		
	塑料电线	型号、规格	km		
	开关		个		
	插座		个		
	接线盒		套		
	照明电线保护管				
	镀锌钢管	公称直径	km		
	照明塑料管	公称直径	km		
	照明预埋件及安装支架		t		
	膨胀螺栓		套		
	其他		项		
2.11	消防设施		套		
2.12	通风空调		套		
2.13	工业电视		套		
3	输配电部分				
3.1	10kV 架空线路	型号、规格	km		场内部分
3.2	跌落式熔断器	型号、规格	只		
3.3	高压负荷开关	型号、规格	台		
3.4	高压开关	型号、规格	台		
3.5	避雷器	型号、规格	只		
3.6	电力变压器	型号、规格	台		10/0.4 kV
3.7	箱式变电站	型号、规格	台		

表 4.1.3-4　　施 工 供 水 工 程

序　号	项 目 名 称	项目主要特征	单位	工程量	备　　注
1	取水工程				
	土方开挖		m^3		
	石方开挖		m^3		
	土石方回填		m^3		

续表

序　号	项 目 名 称	项目主要特征	单位	工程量	备　　注
	喷混凝土	强度等级、厚度	m^2		
	挂钢筋网		t		
	锚杆	直径、长度	根		
	锚索	单束长度、张拉吨位	束		
	混凝土	强度等级	m^3		
	钢筋		t		
	浆砌石		m^3		
	砖砌体		m^3		
	帷幕灌浆		m		
	钢结构		t		
	预埋件		t		
	房屋建筑	结构型式、装修标准	m^2		
2	水处理厂				
	土方开挖		m^3		
	石方开挖		m^3		
	土石方回填		m^3		
	喷混凝土	强度等级、厚度	m^2		
	挂钢筋网		t		
	锚杆	直径、长度	根		
	锚索	单束长度、张拉吨位	束		
	混凝土	强度等级	m^3		
	钢筋		t		
	浆砌石		m^3		
	砖砌体		m^3		
	钢结构		t		
	预埋件		t		
	房屋建筑	结构型式、装修标准	m^2		
3	泵站及高位水池				
	土方开挖		m^3		
	石方开挖		m^3		
	土石方回填		m^3		
	喷混凝土	强度等级、厚度	m^2		
	挂钢筋网		t		
	锚杆	直径、长度	根		
	混凝土		m^3		
	钢筋		t		
	浆砌石		m^3		
	砖砌体		m^3		
	帷幕灌浆		m		
	钢结构		t		

续表

序　号	项 目 名 称	项目主要特征	单位	工程量	备　　注
	预埋件		t		
	房屋建筑	结构型式、装修标准	m^2		
4	输水管线				
	土方开挖		m^3		
	石方开挖		m^3		
	土石方回填		m^3		
	混凝土	强度等级	m^3		
	钢筋		t		
	浆砌石		m^3		
	砖砌体		m^3		
	钢管	材质、管径、壁厚	m		
	阀门	规格	个		
	管道件		t		
	钢结构		t		
	预埋件		t		
5	连接道路		km		参照交通工程计列

表 4.1.3-5　　　　施工供风系统工程

序　号	项 目 名 称	项目主要特征	单位	工程量	备　　注
1	土建工程				
	土方开挖		m^3		
	石方开挖		m^3		
	土（石）方回填		m^3		
	喷混凝土	强度等级、厚度	m^2		
	挂钢筋网		t		
	锚索	单束长度、张拉吨位	束		
	锚杆	直径、长度	根		
	混凝土	强度等级	m^3		
	钢筋		t		
	浆砌石		m^3		
	砖砌体		m^3		
2	金属结构				
	钢结构		t		
	预埋件		t		
3	房屋建筑				
	房屋建筑	说明结构类型及建筑标准	m^2		
4	供风主管	注明材质和管径	m		
5	连接道路		km		参照交通工程计列

表 4.1.3-6　　　　施工通信工程

序号	项目名称	项目主要特征	单位	工程量	备注
1	施工区有线通信				
	数字程控用户交换机	型号、规格及容量	台		
	维护管理终端	型号、规格	台		
	音频配线架	型号、容量	台		
	配线电缆	容量	km		
	通信电源（高频开关电源、蓄电池组及电力电缆等）		套		
2	架空通信线路				
	通信电缆	型号、规格	km		
	吊线	型号、规格	km		
	水泥杆	规格	根		
	金具等安装附件及材料等		kg		
3	施工区无线通信				
	固定台		个		

表 4.1.3-7　　　　施工管理信息系统工程

序号	项目名称	项目主要特征	单位	工程量	备注
1	软件系统开发		项		
2	硬件				按设备及主要材料型号、规格分项计列
3	培训		项		
4	其他				

表 4.1.3-8　　　　料场开采及防护工程

序号	项目名称	项目主要特征	单位	工程量	备注
1	土料场开采				
	覆盖层开挖		m^3		
	无用层剥除		m^3		
2	石料场开采				
2.1	覆盖层开挖		m^3		
2.2	无用层剥除		m^3		
2.3	弃料开挖		m^3		
2.4	料场边坡防护				
	截、排水沟		m		
	喷混凝土	强度等级、厚度	m^3		
	挂钢筋网		t		
	锚杆	直径、长度	根		
	锚杆束		根		
	锚索	单束长度、张拉吨位	束		
	截水沟				
	防护网		m^2		

续表

序　号	项 目 名 称	项目主要特征	单位	工程量	备　　注
3	天然砂砾料场开采				
3.1	覆盖层、无用层剥离				
	覆盖层开挖		m^3		
	无用层开挖		m^3		
3.2	防护堤				
	土方开挖		m^3		
	浆砌石		m^3		
	混凝土	强度等级	m^3		
3.3	备料场				
	土石回填		m^3		
	土方开挖		m^3		
	石方开挖		m^3		
	混凝土	强度等级	m^3		
	排水沟		m		
	浆砌石		m^3		

表 4.1.3-9　　砂石料生产系统工程

序　号	项 目 名 称	项目主要特征	单位	工程量	备　　注
1	相关土建工程				
1.1	砂石料运输（含竖井、斜井、隧洞）				
	土方明挖		m^3		
	石方明挖		m^3		
	石方洞挖		m^3		
	混凝土	强度等级	m^3		
	钢筋		t		
	钢结构		t		
1.2	半成品料仓、堆料场				
	土方开挖		m^3		
	石方开挖		m^3		
	混凝土	强度等级	m^3		
	钢筋		t		
2	加工系统土建工程				
	土方明挖		m^3		
	石方明挖		m^3		
	石方洞挖		m^3		
	石方井挖		m^3		
	土石方回填		m^3		
	场地平整		m^2		
	桩基础处理	类别	m		
	置换基础	材料类别	m^3		

续表

序　号	项 目 名 称	项目主要特征	单位	工程量	备　　注
	浆砌石		m^3		
	混凝土	强度等级	m^3		
	钢筋		t		
	喷混凝土	强度等级、厚度	m^3		
	锚杆	直径、长度	根		
	锚索	单束长度、张拉吨位	束		
	挂钢筋网	直径、间距	m^2		
	钢结构		t		
	房屋建筑	结构型式、装修标准	m^2		

表 4.1.3-10　　混凝土生产及浇筑系统工程

序　号	项 目 名 称	项目主要特征	单位	工程量	备　　注
1	混凝土生产系统土建工程				
	土方明挖		m^3		
	石方明挖		m^3		
	石方洞挖		m^3		
	石方井挖		m^3		
	土石方回填		m^3		
	场地平整		m^2		
	桩基础处理	类别	m		
	置换基础	材料类别	m^3		
	喷混凝土	强度等级、厚度	m^3		
	混凝土	强度等级	m^3		
	钢筋		t		
	锚杆	直径、长度	根		
	锚索	单束长度、张拉吨位	束		
	浆砌石		m^3		
	垫层混凝土	强度等级	m^3		
	砌砖		m^3		
	钢结构		t		
	房屋建筑	结构型式、装修标准	m^2		
2	混凝土浇筑系统工程				
2.1	缆机平台工程				
	土方明挖		m^3		
	石方明挖		m^3		
	石方洞挖		m^3		
	土石方填筑		m^3		
	喷混凝土	强度等级、厚度	m^3		
	锚杆	直径、长度	根		
	锚索	单束长度、张拉吨位	束		

续表

序　号	项 目 名 称	项目主要特征	单位	工程量	备　　注
	防护网		m^2		
	轨道基础锚索	单束长度、张拉吨位	束		
	挂钢筋网		m^2		
	混凝土	强度等级	m^3		
	钢筋		t		
	固结灌浆		m		
2.2	（大型）门、塔机工程				
2.2.1	基础				
	土方开挖		m^3		
	石方开挖		m^3		
	土石方填筑		m^3		
	混凝土	强度等级	m^3		
	钢筋		t		
2.2.2	栈桥				
	钢结构		t		
	混凝土	强度等级	m^3		
	钢轨	型号	t		
2.3	塔带机工程				
	土方开挖		m^3		
	石方开挖		m^3		
	土石方填筑		m^3		
	混凝土	强度等级	m^3		
	钢筋		t		
2.4	混凝土供料线工程				
	土方开挖		m^3		
	石方开挖		m^3		
	土石方填筑		m^3		
	喷混凝土	强度等级、厚度	m^3		
	锚杆	直径、长度	根		
	锚索	单束长度、张拉吨位	束		
	钢结构		t		
	混凝土	强度等级	m^3		
	钢筋		t		
3	混凝土温度控制措施				
3.1	混凝土施工保温措施				
	模板保温材料		m^2		
	仓面保温被		m^2		
	仓面喷雾	用水量	m^3		
3.2	通水冷却				
	冷却水管	管材、管径	m		
	冷却水通水量	分河水和制冷水	m^3		

表 4.1.3-11　　　　导 流 工 程

序 号	项 目 名 称	项目主要特征	计量单位	工程量	备 注
1	围堰工程				
1.1	截流工程				
	混凝土多面体	规格、尺寸	个		
	钢筋（铅丝）石笼		m^3		
	块石抛填		m^3		
	石渣抛填		m^3		
1.2	土石围堰				
	土方开挖		m^3		
	石方开挖		m^3		
	锚杆	直径、长度	根		
	插筋		根		
	锚筋束		根		
	预应力锚杆	直径、长度	根		
	预应力锚索	单束长度、张拉吨位	束		
	固结灌浆		m		
	帷幕灌浆		m		
	防渗墙		m^2		
	石渣填筑		m^3		
	过渡料填筑		m^3		
	垫层料填筑		m^3		
	反滤料填筑		m^3		
	防渗土料填筑		m^3		
	辅助防渗土料填筑		m^3		
	复合土工膜		m^2		
	防渗彩条布		m^2		
	喷混凝土	强度等级、厚度	m^3		
	堰面喷混凝土	强度等级、厚度	m^3		
	岸坡接头及盖帽混凝土	强度等级	m^3		
	堰面保护混凝土	强度等级	m^3		
	钢筋		t		
	块石护坡		m^3		
	浆砌石		m^3		
	钢筋（铅丝）石笼		m^3		
	袋装石渣护坡		m^3		
	预制混凝土块护面	强度等级	m^3		
1.3	混凝土（浆砌石）围堰				
	土方开挖		m^3		
	石方开挖		m^3		
	锚杆	直径、长度	根		
	插筋	直径、长度	根		

续表

序 号	项 目 名 称	项目主要特征	计量单位	工程量	备 注
	锚筋束	直径、长度	根		
	预应力锚杆	直径、长度	根		
	预应力锚索	单束长度、张拉吨位	束		
	固结灌浆		m		
	帷幕灌浆		m		
	喷混凝土	强度等级、厚度	m^3		
	常态混凝土	强度等级	m^3		
	碾压混凝土	强度等级	m^3		
	浆砌石		m^3		
	钢筋		t		
	止水带	型号	m		
1.4	草袋围堰				
	袋装石渣		m^3		
	袋装防渗土		m^3		
	复合土工膜		m^2		
	防渗彩条布		m^2		
1.5	其他围堰				
1.6	围堰拆除		m^3		
2	导流洞工程				
2.1	进出口边坡、引渠、闸室				洞内闸室可计入洞身
	土方开挖		m^3		
	石方开挖		m^3		
	土石方回填		m^3		
	锚杆	直径、长度	根		
	插筋	直径、长度	根		
	锚筋束	直径、长度	根		
	预应力锚杆	直径、长度	根		
	预应力锚索	单束长度、张拉吨位	束		
	钢纤维		t		
	固结灌浆		m		
	喷混凝土	强度等级、厚度	m^3		
	混凝土	强度等级	m^3		
	浆砌石		m^3		
	钢筋		t		
	止水带	型号	m		
2.2	洞身				
	石方洞挖		m^3		
	石方井挖		m^3		
	锚杆	直径、长度	根		

续表

序　号	项 目 名 称	项目主要特征	计量单位	工程量	备　　注
	插筋	直径、长度	根		
	锚筋束	直径、长度	根		
	预应力锚杆	直径、长度	根		
	固结灌浆		m		
	回填灌浆		m^2		
	喷混凝土	强度等级、厚度	m^3		
	混凝土	强度等级	m^3		
	钢筋		t		
	止水带	型号	m		
2.3	封堵				
	插筋		根		
	回填灌浆		m^2		
	接缝灌浆		m^2		
	混凝土	强度等级	m^3		
	钢筋		t		
	止水带	型号	m		
3	导流明渠				
	土方开挖		m^3		
	石方开挖		m^3		
	土石方回填		m^3		
	锚杆	直径、长度	根		
	插筋		根		
	锚筋束		根		
	预应力锚杆	直径、长度	根		
	预应力锚索	单束长度、张拉吨位	束		
	固结灌浆		m		
	帷幕灌浆		m		
	喷混凝土	强度等级、厚度	m^3		
	混凝土	强度等级	m^3		分碾压混凝土和常态混凝土
	钢筋		t		
	止水带	型号	t		
	浆砌石		m^3		
	钢筋石笼		m^3		
	干砌块石		m^3		
	复合土工膜		m^2		
	防渗彩条布		m^2		
4	导流底孔				结合坝体工程列项
4.1	闸室及尾坎				
	插筋		根		

续表

序　号	项 目 名 称	项目主要特征	计量单位	工程量	备　　注
	混凝土	强度等级	m^3		
	钢筋		t		
	止水带	型号	m		
4.2	孔身		t		
	混凝土	强度等级	m^3		
	钢板		t		
	钢筋		t		
4.3	封堵				
	混凝土	强度等级	m^3		
	钢筋		t		
	插筋		根		
	回填灌浆		m^2		
	接缝灌浆		m^2		
5	临时护岸工程		t		结合永久工程列项
	土方开挖		m^3		
	石方开挖		m^3		
	锚杆	直径、长度	根		
	插筋	直径、长度	根		
	锚筋束	直径、长度	根		
	喷混凝土	强度等级、厚度	m^3		
	混凝土	强度等级	m^3		
	浆砌石		m^3		
	钢筋石笼		m^3		
	铅丝石笼		m^3		
	块石护坡		m^3		
	钢筋		t		
	止水带	型号	m		
6	蓄水期下游供水				结合永久工程列项
	供水洞（孔）				
	土石方明挖		m^3		
	石方洞挖		m^3		
	锚杆	直径、长度	根		
	插筋	直径、长度	根		
	锚筋束	直径、长度	根		
	预应力锚杆	直径、长度	根		
	固结灌浆		m		
	回填灌浆		m^2		
	喷混凝土	强度等级、厚度	m^3		
	混凝土	强度等级	m^3		
	钢筋		t		

续表

序　号	项 目 名 称	项目主要特征	计量单位	工程量	备　　注
	止水带	型号	m		
7	金属结构设备及安装工程				参照 4.5 计列
8	施工初期排水	设备配置及排水量	项		
9	下闸蓄水措施	潜水检查、试探门检查	项		

表 4.1.3-12　　　　施工期安全监测工程

序　号	项 目 名 称	项目主要特征	单位	工程量	备　　注
	施工期安全监测工程				工程量清单项目见 4.7.3

表 4.1.3-13　　　　施工期水文测报工程

序　号	项 目 名 称	项目主要特征	单位	工程量	备　　注
	施工期水文工程				工程量清单项目见 4.7.5

表 4.1.3-14　　　　施工及建设管理房屋建筑工程

序　号	项 目 名 称	项目主要特征	单位	工程量	备　　注
	施工及建设管理房屋建筑工程				工程量清单项目见 4.7.2

表 4.1.3-15　　　　其 他 施 工 辅 助 工 程

序　号	项 目 名 称	项目主要特征	单位	工程量	备　　注
1	沟水处理工程				
1.1	挡水（拦渣）坝				
1.1.1	堆石坝				
	土方开挖		m^3		
	石方开挖		m^3		
	喷混凝土	强度等级、厚度	m^3		
	锚杆	直径、长度	根		
	土石方填筑		m^3		
	混凝土	强度等级	m^3		
	钢筋		t		
1.1.2	混凝土（碾压、常态）坝				
	土方开挖		m^3		
	石方开挖		m^3		
	喷混凝土	强度等级、厚度	m^3		
	锚杆	直径、长度	根		
	碾压混凝土	强度等级	m^3		
	常态混凝土	强度等级	m^3		
	钢筋		t		
1.2	泄水洞				
1.2.1	进、出口				

续表

序 号	项 目 名 称	项目主要特征	单位	工程量	备 注
	土方开挖		m^3		
	石方开挖		m^3		
	喷混凝土	强度等级、厚度	m^3		
	锚杆	直径、长度	根		
	锚索	单束长度、张拉吨位	束		
	挂钢筋网		m^2		
	混凝土	强度等级	m^3		
	钢筋		t		
1.2.2	隧洞				
	石方洞挖		m^3		
	喷混凝土	强度等级、厚度	m^3		
	锚杆	长度、直径	根		
	混凝土	强度等级	m^3		
	钢筋		t		
	回填灌浆		m^2		
	固结灌浆		m		
1.3	泄水渠				
	覆盖层开挖		m^3		
	石方开挖		m^3		
	混凝土	强度等级	m^3		
	浆砌石		m^3		
1.4	泄水涵管				
	土方开挖		m^3		
	石方开挖		m^3		
	混凝土	强度等级	m^3		
	钢筋		t		
	土石方回填		m^3		
2	渣场防护工程				
	截、排水沟		m		
	浆砌石		m^3		
	干砌石		m^3		
	钢筋石笼		m^3		
	混凝土	强度等级	m^3		
	钢筋		t		
3	地下洞室施工临时支护				结合永久工程列项
	喷混凝土	强度等级、厚度	m^3		
	锚杆	直径、长度	根		
	钢支撑	型号	t		
	管棚	直径	m		
	挂钢筋网	直径、间距	t		

续表

序 号	项 目 名 称	项目主要特征	单位	工程量	备 注
	超前固结灌浆		m		
4	土料皮带机运输线				
	土石方明挖		m^3		
	石方洞挖		m^3		
	喷混凝土	强度等级、厚度	m^3		
	锚杆	直径、长度	根		
	钢支撑	型号	t		
	挂网钢筋	直径、间距	t		
	混凝土	强度等级	m^3		
	钢结构	型号	t		
5	土料掺合场、坝体填筑料备料场				
	土石回填		m^3		
	土方开挖		m^3		
	石方开挖		m^3		
	喷混凝土	强度等级、厚度	m^3		
	锚杆	直径、长度	根		
	混凝土	强度等级	m^3		
	排水沟		m		
	浆砌石		m^3		
6	施工支洞及探洞封堵				
	混凝土	强度等级	m^3		
	砖砌体		m^3		
	回填灌浆		m^2		
	接缝灌浆		m^2		
7	现场生产性试验				
	土石坝心墙现场碾压试验		项		
	堆石坝堆石料现场碾压试验		项		
	沥青混凝土现场碾压试验		项		
	碾压混凝土现场碾压试验		项		
	固结灌浆试验		项		
	帷幕灌浆试验		项		
	防渗墙施工试验		项		
8	特种模板	材料、规格	m^2		
9	施工排水				
	水泵	设备配置、排水量	台·时		
	排水管路	材质、直径	m		
10	地下工程施工通风				
	风机		台时		
	排风散烟管道		m		
11	施工区封闭管理措施		项		

表 4.1.4　　招标设计和施工图设计阶段施工辅助工程工程量清单

表 4.1.4-1　　施 工 交 通 工 程

序　号	项 目 名 称	项目主要特征	单位	工程量	备　注
	施工交通工程				工程量清单项目见4.7.1

表 4.1.4-2　　施 工 期 通 航 工 程

序　号	项 目 名 称	项目主要特征	单位	工程量	备　注
1	明渠或缩窄河床通航				
1.1	明渠或缩窄河床				
	水下土方开挖		m^3		
	陆上土方开挖		m^3		
	水下石方开挖		m^3		
	陆上石方开挖		m^3		
	浆砌块石防护		m^3		
	干砌块石防护		m^3		
	钢筋石笼		m^3		
	钢丝石笼		m^3		
	混凝土	强度等级	m^3		
	喷混凝土	强度等级、厚度	m^3		
	挂钢筋网	钢筋直径、间排距	t		
	喷钢钎维混凝土		m^3		
	喷纤维混凝土		m^3		
	模袋混凝土		m^3		
	土工布滤层		m^2		
	钢筋		t		
	锚杆	型式、直径、长度	根		
	钢筋桩	型式、钢筋直径及根数、长度	根		
	预应力锚索	单束长度、张拉吨位	束		
	施工期航道清淤		m^3		
1.2	施工围堰				参照导流工程要求计列
1.3	助航设施				
	拖轮	型号	艘		
	绞滩设施		套		
	航道导标		座		
	消防救生船		艘		
	绞吸式挖泥船		艘		
1.4	房屋建筑				参照施工及建设管理房屋建筑工程要求计列
1.5	上/下游锚地				
	水下炸礁		m^3		

续表

序　号	项 目 名 称	项目主要特征	单位	工程量	备　　注
	陆上炸礁		m^3		
	水下覆盖层开挖		m^3		
	陆上覆盖层开挖		m^3		
	混凝土	强度等级	m^3		
	喷混凝土	强度等级、厚度	m^3		
	系船环		套		
	系船柱		套		
1.6	连接道路		km		参照施工交通工程要求计列
1.7	供电、照明				
	变压器		台		
	配电柜		台		
	灯杆		根		
	灯具		套		
	电力电缆		m		
	电缆架		t		
	电管沟预埋镀锌钢板		t		
	接电箱角钢		t		
	接线井及拖缆槽钢筋		t		
	电缆沟钢盖板制作、安装		t		
	拖缆槽钢板		t		
	拖缆槽管		m		
1.8	导航设施				
	锚地浮标		座		
1.9	消防		项		
1.10	环境保护		项		
2	临时船闸通航				
2.1	上/下游锚地及前港				
	水下覆盖层开挖		m^3		
	陆上覆盖层开挖		m^3		
	水下炸礁		m^3		
	陆上炸礁		m^3		
	抛石棱体		m^3		
	堤心石		m^3		
	浆砌块石挡土墙		m^3		
	浆砌块石		m^3		
	干砌块石		m^3		
	钢筋石笼		m^3		
	钢丝石笼		m^3		
	素混凝土垫层	强度等级	m^3		

续表

序　号	项 目 名 称	项目主要特征	单位	工程量	备　　注
	混凝土	强度等级	m^3		
	喷混凝土	强度等级、厚度	m^3		
	挂钢筋网		t		
	喷钢钎维混凝土		m^3		
	喷纤维混凝土		m^3		
	模袋混凝土	强度等级	m^3		
	土工布滤层		m^2		
	钢筋		t		
	锚杆	直径、长度	根		
	钢筋桩	直径、长度	根		
	预应力锚索	单束长度、张拉吨位	束		
	锚地清淤		m^3		
	系船环		套		
	系船柱		套		
2.2	上、下游口门区				
	水下覆盖层开挖		m^3		
	陆上覆盖层开挖		m^3		
	水下炸礁		m^3		
	陆上炸礁		m^3		
	浆砌块石防护		m^3		
	干砌块石防护		m^3		
	钢筋石笼		m^3		
	钢丝石笼		m^3		
	素混凝土垫层	强度等级	m^3		
	混凝土	强度等级	m^3		
	喷混凝土	强度等级、厚度	m^3		
	挂钢筋网		t		
	喷钢钎维混凝土		m^3		
	喷纤维混凝土		m^3		
	模袋混凝土	强度等级	m^3		
	土工布滤层		m^2		
	钢筋		t		
	锚杆	直径、长度	根		
	钢筋桩	直径、长度	根		
	预应力锚索	单束长度、张拉吨位	束		
	口门区清淤		m^3		
2.3	上、下游引航道				
	水下土方开挖		m^3		
	陆上土方开挖		m^3		
	水下石方开挖		m^3		

续表

序　号	项 目 名 称	项目主要特征	单位	工程量	备　　注
	陆上石方开挖		m^3		
	浆砌块石防护		m^3		
	干砌块石防护		m^3		
	钢筋石笼		m^3		
	混凝土	强度等级	m^3		
	喷混凝土	强度等级、厚度	m^3		
	挂钢筋网		t		
	喷钢钎维混凝土		m^3		
	喷纤维混凝土		m^3		
	钢筋		t		
	锚杆	直径、长度	根		
	钢筋桩	直径、长度	根		
	预应力锚索	单束长度、张拉吨位	束		
	帷幕灌浆		m		
	固结灌浆		m		
2.4	上、下闸首				
	土方开挖		m^3		
	石方开挖		m^3		
	混凝土	强度等级	m^3		
	异型模板		m^2		
	预制混凝土构件		m^3		
	温控措施		m^3		
	钢筋		t		
	锚杆	直径、长度	根		
	钢筋桩	直径、长度	根		
	预应力锚索	单束长度、张拉吨位	束		
	金属结构制作		t		
	金属结构安装		t		
	输水廊道蝶阀		个		
	爬梯		t/个		
	系船环		套		
	控制室		m^2		
	帷幕灌浆		m		
	固结灌浆		m		
	接触灌浆		m^2		
	温控措施		m^3		
	异型模板		m^2		
2.5	闸室				
	土方开挖		m^3		
	石方开挖		m^3		

续表

序　号	项 目 名 称	项目主要特征	单位	工程量	备　　注
	混凝土	强度等级	m^3		
	温控措施		m^3		
	异型模板		m^2		
	钢筋		t		
	预制混凝土构件		m^3		
	锚杆	直径、长度	根		
	钢筋桩	直径、长度	根		
	预应力锚索	单束长度、张拉吨位	束		
	系船环		套		
	爬梯		t		
	帷幕灌浆		m		
	固结灌浆		m		
	接触灌浆		m^2		
	控制室建筑面积		m^2		参照施工及建设管理房屋建筑工程要求计列
2.6	施工围堰				参照导流工程要求计列
2.7	连接道路				参照施工交通要求计列
2.8	供电及照明				
	变压器		台		
	配电柜		台		
	灯杆		根		
	灯具		套		
	电力电缆		m		
	电缆架		t		
	电管沟预埋镀锌钢板		t		
	接电箱角钢		t		
	接线井及拖缆槽钢筋		t		
	电缆沟钢盖板		件		
	拖缆槽钢板		t		
	拖缆槽管		m		
2.9	电器及控制设备		套		
2.10	消防				
	消防救生船		艘		
	消火栓		个		
	消防给水管		m		
2.11	通信设备				
	高音广播		套		
3	水、陆驳运过坝				

续表

序号	项目名称	项目主要特征	单位	工程量	备注
3.1	港池工程				
	水下炸礁		m^3		
	陆上炸礁		m^3		
	水下覆盖层开挖		m^3		
	陆上覆盖层开挖		m^3		
	浆砌块石防护		m^3		
	干砌块石防护		m^3		
	护坡混凝土	强度等级	m^3		
	喷素混凝土	强度等级	m^3		
	挂钢筋网		t		
	喷钢钎维混凝土		m^3		
	喷纤维混凝土		m^3		
	钢筋石笼		m^3		
	钢丝石笼		m^3		
	素混凝土垫层	强度等级	m^3		
	模袋混凝土	强度等级	m^3		
	土工布滤层		m^2		
	钢筋		t		
	锚杆	直径、长度	根		
	钢筋桩	直径、长度	根		
	预应力锚索	单束长度、张拉吨位	束		
	港池清淤		m^3		
3.2	码头工程				
	土方开挖		m^3		
	石方开挖		m^3		
	钻孔灌注桩		m		
	水下碎石垫层找平		m^3		
	水下护坡块体		m^3		
	抛石棱体		m^3		
	堤心石		m^3		
	片石垫层		m		
	土工布滤层		m^3		
	混合倒滤层		m^3		
	沉箱预制		m^3		
	沉箱钢筋		t		分级计列
	沉箱溜放 拖运 安放		个		
	沉箱内回填砂石		m^3		
	沉箱内回填混凝土	强度等级	m^3		
	沉箱间填混凝土	强度等级	m^3		
	沉箱间锁口桩		m/个		

续表

序　号	项 目 名 称	项目主要特征	单位	工程量	备　　注
	沉箱间锁口板		m^3		
	沉箱间填碎石		m^3		
	预制沉箱封顶混凝土板	规格尺寸	m^3		
	安装沉箱封顶混凝土板	规格尺寸	m^3		
	格形钢板桩		t		
	浆砌块石		m^3		
	浆砌条石		m^3		
	干砌块石		m^3		
	干砌混凝土块体		m^3		
	钢筋石笼		m^3		
	水下混凝土	强度等级	m^3		
	水上混凝土	强度等级	m^3		
	喷混凝土	强度等级、厚度	m^3		
	挂钢筋网		t		
	喷钢钎维混凝土	强度等级、厚度	m^3		
	喷纤维混凝土	强度等级、厚度	m^3		
	模袋混凝土	强度等级	m^3		
	人行踏步（宽度）		级		
	地下连续墙		m^2		
	钢筋		t		
	锚杆	直径、长度	根		
	钢筋桩	直径、长度	根		
	预应力锚索	单束长度、张拉吨位	束		
	吹填		m^3		
	墙后回填块石		m^3		
	级配碎石垫层		m^3		
	石渣填筑		m^3		
	排水孔	直径、单根长度	m		
	排水管	直径、单根长度	m		
	反滤料		m^3		
	固结灌浆		m		
3.3	施工临时围堰				参照导流工程要求计列
3.4	排水系统				
	土方开挖		m^3		
	石方开挖		m^3		
	混凝土	强度等级	m^3		
	浆砌石		m^3		
	砂浆面层		m^3		
	级配碎石垫层		m^3		

续表

序　号	项 目 名 称	项目主要特征	单位	工程量	备　　注
	钢筋混凝土预制管涵		m		
	钢筋混凝土预盖板		块		
3.5	码头附属工程				
	系船环		套		
	系船柱		套		
	鼓形橡胶护舷		套		
	D 型橡胶护舷		套		
	橡胶护梯		套		
	车挡制作、安装		kg		
	车挡埋件制作、预埋		kg		
	钢轨	轨重	m		
	栏杆		m		
	爬梯		t		
	预埋件		t		
3.6	锚地				
	水下炸礁		m^3		
	陆上炸礁		m^3		
	水下覆盖层开挖		m^3		
	陆上覆盖层开挖		m^3		
	混凝土	强度等级	m^3		
	系船环		套		
	系船柱		套		
	地牛		个		
3.7	生产辅助建筑物				
	仓库面积		m^2		
	堆场面积		m^2		
	围墙		m		
3.8	码头房屋建筑				参照施工及建设管理房屋建筑工程要求计列
3.9	码头连接道路				参照施工交通工程要求计列
3.10	装卸机械及设备				
	桥机		台		
	桅杆吊		台		
	门式起重机		台		
	浮吊趸船		艘		
	客运趸船		艘		
	轨道龙门起重机		台		
	汽车		辆		
	大客汽车		辆		

续表

序　号	项 目 名 称	项目主要特征	单位	工程量	备　　注
	单斗装载机		台		
	卷扬机		台		
	缆车		台		
	叉车		辆		
	带式输送机		台		
	汽车地衡		台		
	轮胎吊		台		
	气压输送泵		台		
	水泥、粉煤灰罐		个		
	绞吸式挖泥船		艘		
3.11	给水排水				
3.12	消防				
	消防救生船		艘		
	消防车		辆		
	消火栓		个		
	消防给水管		m		
	消防水池		座		
	干粉灭火器		个		
3.13	供电、照明				
	变压器		台		
	配电柜		台		
	灯杆		根		
	灯具		套		
	电力电缆		m		
	电缆架		t		
	电管沟预埋镀锌钢板		t		
	接电箱角钢		t		
	接线井及拖缆槽钢筋		t		
	电缆沟钢盖板制作、安装		t		
	拖缆槽钢板		t		
	拖缆槽管		m		
3.14	导航设备				
	锚地浮标		座		
	码头示位标		座		
3.15	环境保护				
4	其他				
4.1	货物过坝转运	转运距离、方式	t		如需建设相应工程，可参见类似工程项目计列
4.2	碍、断航时间	碍、断航客货运输量	天		

表 4.1.4-3　　施工供电工程

序　号	项目名称	项目主要特征	单位	工程量	备　注
1	土建工程				
1.1	场地平整工程				
	土方明挖		m^3		
	石方明挖		m^3		
	土石方回填		m^3		
	基础换填		m^3		
	余方弃置		m^3		
	缺方内运		m^3		
	喷混凝土	强度等级	m^3		
	混凝土	强度等级	m^3		
	浆砌石		m^3		
	砖砌体		m^3		
	钢结构		t		
	锚杆	直径、长度	根		
	钢筋		t		
1.2	连接道路				参照交通工程列项
1.3	机房		m^2		参照建筑工程列项
1.4	配电间		m^2		参照建筑工程列项
1.5	值班房		m^2		参照建筑工程列项
1.6	库房		m^2		参照建筑工程列项
2	施工变电站				
2.1	架空线路				
	110（35）kV 架空线路	型号、规格	km		场外部分
	10 kV 架空线路	型号、规格	km		场外部分
2.2	电力变压器				
	电力变压器	型号、规格	台		110（35）/10 kV
	电力变压器	型号、规格	台		10/0.4 kV（站用变压器）
2.3	高压电器				
	断路器	型号、规格	台		
	隔离开关	型号、规格	台		
	接地开关	型号、规格	台		
	电流互感器	型号、规格	台		
	电磁式电压互感器	型号、规格	台		
	电容式电压互感器	型号、规格	台		
	避雷器	型号、规格	台		
	阻波器	型号、规格	台		
	高压负荷开关	型号、规格	台		
	高压熔断器	型号、规格	台		
2.4	高低压开关柜				

续表

序　号	项 目 名 称	项目主要特征	单位	工程量	备　　注
	高压开关柜	型号、规格	面		
	低压配电盘	型号、规格	面		
2.5	二次设备				
	蓄电池屏		面		
	直流配电屏		面		
	充放电屏		面		
	继电保护盘		面		
2.6	电缆				
	高压电缆	型号、规格	km		
	低压电缆	型号、规格	km		
	高压电缆终端头	型号、规格	三相套		
	低压电缆终端头	型号、规格	三相套		
	控制电缆	各种型号、规格	km		
	光缆	单模/多模	km		
2.7	一次拉线及其他安装工程				
	设备连接导线	型号、规格	m		
	穿墙套管	型号、规格	个		
	设备线夹	型号、规格	个		
	支柱绝缘子	型号、规格	各		
	绝缘子串	型号、规格	串		
	安装附件及材料等		t		
2.8	电缆桥架				
	钢制电缆桥架	型号、规格	t		
	电缆桥架立柱	型号、规格	t		
	预埋件、安装支架和保护网等		t		
	膨胀螺栓		套		
	电缆管		t		
2.9	防雷接地				
	避雷针		支		
	接地棒		支		
	接地线		km		
2.10	照明				
	照明配电箱	型号、规格	个		
	照明灯具	型号、规格	套		
	塑料电线	型号、规格	km		
	开关		个		
	插座		个		
	接线盒		套		
	照明电线保护管		m		

续表

序　号	项 目 名 称	项目主要特征	单位	工程量	备　　注
	镀锌钢管	DN	km		
	照明塑料管	DN	km		
	照明预埋件及安装支架		t		
	膨胀螺栓		套		
	其他		项		
2.11	消防设施		套		
2.12	通风空调		套		
2.13	工业电视		套		
3	输配电部分				
3.1	10kV 架空线路	型号、规格	km		场内部分
3.2	跌落式熔断器	型号、规格	只		
3.3	高压负荷开关	型号、规格	台		
3.4	高压开关	型号、规格	台		
3.5	避雷器	型号、规格	只		
3.6	电力变压器	型号、规格	台		10/0.4 kV
3.7	箱式变电站	型号、规格	台		

表 4.1.4-4　　　　施工供水系统工程

序　号	项 目 名 称	项目主要特征	单位	工程量	备　　注
1	土建工程				
1.1	取水工程				
1.1.1	土石方工程				
	土方开挖		m^3		
	石方开挖		m^3		
	土（石）方回填		m^3		
1.1.2	支护工程				
	喷混凝土	强度等级、厚度	m^2		
	挂钢筋网		t		
	锚索	单束长度、张拉吨位	束		
	锚杆	直径、长度	根		
	排水孔	直径、单孔深度	m		
1.1.3	混凝土及钢筋工程				
	混凝土	强度等级	m^3		
	钢筋		t		
1.1.4	砌体工程				
	浆砌石		m^3		
	砖砌体		m^3		
	干砌块石		m^3		
	砂浆抹面		m^2		
1.1.5	钻孔灌浆				

续表

序　号	项　目　名　称	项目主要特征	单位	工程量	备　　注
	固结灌浆		m		
1.1.6	金属结构				
	钢结构		t		
	预埋件		t		
1.1.7	房屋建筑				参照施工及建设管理房屋建筑工程列项
1.2	水处理厂				
1.2.1	土石方工程				
	土方开挖		m^3		
	石方开挖		m^3		
	土（石）方回填		m^3		
1.2.2	支护工程				
	喷混凝土	强度等级、厚度	m^2		
	挂钢筋网		t		
	锚索	单束长度、张拉吨位	束		
	砂浆锚杆	直径、长度	根		
	排水孔	直径、单孔深度	m		
1.2.3	混凝土及钢筋工程				
	混凝土		m^3		
	钢筋		t		
1.2.4	砌体工程				
	浆砌石		m^3		
	砖砌体		m^3		
	干砌块石		m^3		
	防水砂浆抹面		m^2		
	砂浆抹面		m^2		
1.2.5	金属结构				
	钢结构		t		
	预埋件		t		
1.2.6	房屋建筑				参照施工及建设管理房屋建筑工程列项
1.3	泵站及高位水池				
1.3.1	土石方工程				
	土方开挖		m^3		
	石方开挖		m^3		
	土石方回填		m^3		
1.3.2	支护工程				
	喷混凝土	强度等级、厚度	m^2		
	挂钢筋网		t		
	锚索	单束长度、张拉吨位	束		

续表

序　号	项 目 名 称	项目主要特征	单位	工程量	备　　注
	锚杆	直径、长度	根		
	排水孔	直径、单根长度	m		
1.3.3	混凝土及钢筋工程				
	混凝土	强度等级	m^3		
	钢筋		t		
1.3.4	砌体工程				
	浆砌石		m^3		
	砖砌体		m^3		
	干砌块石		m^3		
	砂浆抹面		m^2		
	防水砂浆抹面		m^2		
1.3.5	金属结构				
	钢结构		t		
	预埋件		t		
1.3.6	房屋建筑				参照施工及建设管理房屋建筑工程列项
1.4	输水管线				
1.4.1	土石方工程				
	土方开挖		m^3		
	石方开挖		m^3		
	土（石）方回填		m^3		
1.4.2	混凝土及钢筋工程				
	混凝土	强度等级	m^3		
	钢筋		t		
1.4.3	砌体工程				
	浆砌石		m^3		
	砖砌体		m^3		
	砂浆抹面		m^2		
1.4.4	金属结构				
	钢结构		t		
	预埋件		t		
2	机电安装工程				
2.1	取水工程				
2.1.1	机械设备				
	水上水厂船		艘		
	离心泵	型号、规格	台		
	液下式排污泵	型号、规格	台		
	引水真空泵	型号、规格	台		
	潜水泵	型号、规格	台		
	管道泵	型号、规格	台		
	深井泵	型号、规格	台		

续表

序　号	项 目 名 称	项目主要特征	单位	工程量	备　　注
	通风机	型号、规格	台		
	起重机	型号、规格	台		
	螺杆启闭机		台		
	卷扬机		台		
	格筛		扇		
	格筛清污机		台		
	闸门		扇		
	闸阀	型号、规格	只		手动、电动
	蝶阀	型号、规格	只		手动、电动
	排气阀	型号、规格	只		
	水力控制阀	型号、规格	只		
	止回阀	型号、规格	只		
	底阀	型号、规格	只		
	减压阀	型号、规格	只		
	高强橡胶接头		只		
	流量计		只		
	压力表		只		
	水表		只		
	液位计		只		
	液位变送器		只		
2.1.2	电气设备				
	变压器	型号、规格	台		
	低压配电屏		面		
	动力配电箱		只		
	电力计量箱		只		
	启动控制柜		只		
	照明箱		只		
	架空输电线路		m		
	控制电缆		m		
	电力电缆		m		
	铜芯塑料线		m		
	电缆管		m		
	低压母线槽		m		
	电缆桥架		t		
	柱上真空断路器		只		
	隔离开关		只		
	熔断器		只		
	避雷器		组		
	基础型钢		t		
	接地扁钢角钢		t		
	灯具		套		

续表

序　号	项 目 名 称	项目主要特征	单位	工程量	备　　注
2.1.3	管路				
	钢管	材质、管径、壁厚	m		
	通风管		m		
	管道件		t		
2.1.4	自动控制				
	可编程控制模块		只		
	DP 模块		只		
	模拟量模块		只		
	触摸屏		面		
2.2	水处理厂				
2.2.1	机械设备				
	离心泵		台		
	液下式排污泵		台		
	引水真空泵		台		
	潜水泵		台		
	管道泵		台		
	起重机		台		
	原水净化装置		台		
	过滤装置		组		
	无阀滤池		台		
	一体化净水器		台		
	消毒装置		台		
	混凝剂投加装置		台		
	管道混合器		只		
	膜分离反渗透装置		台		
	刮（吸）泥机		台		
	闸门		扇		
	闸阀	型号、规格	只		手动、电动
	蝶阀	型号、规格	只		手动、电动
	排气阀	型号、规格	只		
	水力控制阀	型号、规格	只		
	止回阀	型号、规格	只		
	底阀	型号、规格	只		
	减压阀	型号、规格	只		
	高强橡胶接头		只		
	流量计		只		
	压力表		只		
	水表		只		
	液位计		只		
	液位变送器		只		
2.2.2	电气设备				

续表

序　号	项 目 名 称	项目主要特征	单位	工程量	备　　注
	变压器		台		
	低压配电屏		面		
	动力配电箱		只		
	电力计量箱		只		
	启动控制柜		只		
	照明箱		只		
	架空输电线路		m		
	控制电缆		m		
	电力电缆		m		
	铜芯塑料线		m		
	电缆管		m		
	低压母线槽		m		
	电缆桥架		t		
	防火材料		m		
	柱上真空断路器		只		
	隔离开关		只		
	熔断器		只		
	避雷器		组		
	基础型钢		t		
	接地扁钢角钢		t		
	灯具		套		
2.2.3	管路				
	钢管	材质、管径、壁厚	m		
	管道件		t		
2.2.4	自动控制				
	可编程控制模块		只		
	DP 模块		只		
	模拟量模块		只		
	触摸屏		面		
2.2.5	上位机系统				
	工业控制计算机		台		
	专业显示器		台		
	网络交换机		台		
	UPS 电源		台		
	光纤收发器		台		
	以太网线		m		
	单相电源避雷器		台		
	管理应用软件		套		
2.2.6	PLC 站				
	CPU		块		
	电源		个		

续表

序　号	项 目 名 称	项目主要特征	单位	工程量	备　　注
	以太网模块		块		
	数字量输入模块		块		
	数字量输出模块		块		
	模拟输入模块		块		
	模拟输出模块		块		
	导轨		个		
	柜体		台		
	单相电源避雷器		只		
2.2.7	检测仪器				
	余氯分析仪		只		
	高浊度仪		只		
	低浊度仪		只		
	水位传感器		只		
	超声波液位传感器		只		
	水流示流开关		只		
	智能电量采集装置		只		
	pH 计		套		
	压力变送器		只		
	液位变送器		只		
	电磁流量计		只		
2.3	泵站及水池				
2.3.1	机械设备				
	离心泵	型号、规格	台		
	液下式排污泵	型号、规格	台		
	引水真空泵	型号、规格	台		
	潜水泵	型号、规格	台		
	管道泵	型号、规格	台		
	起重机		台		
	卷扬机		台		
	过滤装置		组		
	无阀滤池		台		
	消毒装置		台		
	混凝剂投加装置		台		
	管道混合器		只		
	膜分离反渗透装置		台		
	闸阀	型号、规格	只		手动、电动
	蝶阀	型号、规格	只		手动、电动
	排气阀	型号、规格	只		
	水力控制阀	型号、规格	只		
	止回阀	型号、规格	只		
	底阀	型号、规格	只		

续表

序 号	项 目 名 称	项目主要特征	单位	工程量	备 注
	减压阀	型号、规格	只		
	高强橡胶接头		只		
	流量计		只		
	压力表		只		
	水表		只		
	液位计		只		
	液位变送器		只		
2.3.2	电气设备				
	变压器		台		
	低压配电屏		面		
	动力配电箱		只		
	电力计量箱		只		
	启动控制柜		只		
	照明箱		只		
	架空输电线路		m		
	控制电缆		m		
	电力电缆		m		
	铜芯塑料线		m		
	电缆管		m		
	PVC 管		m		
	低压母线槽		m		
	电缆桥架		t		
	柱上真空断路器		只		
	隔离开关		只		
	熔断器		只		
	避雷器		组		
	基础型钢		t		
	接地扁钢角钢		t		
	灯具		套		
2.3.3	管路				
	钢管	材质、管径、壁厚	m		
	管道件		t		
2.3.4	自动控制				
	可编程控制模块		只		
	DP 模块		只		
	模拟量模块		只		
	DP 头		只		
	触摸屏		面		
2.4	输水管线				
2.4.1	机械设备				
	排气阀	型号、规格	只		

续表

序　号	项 目 名 称	项目主要特征	单位	工程量	备　　注
	排气闸阀	型号、规格	只		
	泄水闸阀	型号、规格	只		
	止回阀	型号、规格	只		
	高强橡胶接头		只		
2.4.2	管路				
	钢管	材质、管径、壁厚	m		
	管道件		t		
3	其他项目				
	施工道路				参见施工交通工程列项
	取水口施工临时围堰				参见导流工程
	取水口施工临时导流				参见导流工程

表 4.1.4-5　　　　施工供风系统工程

序　号	项 目 名 称	项目主要特征	单位	工程量	备　　注
1	土建工程				
1.1	土石方工程				
	土方开挖		m^3		
	石方开挖		m^3		
	土（石）方回填		m^3		
1.2	混凝土及钢筋工程				
	混凝土	强度等级	m^3		
	钢筋		t		
1.3	砌体工程				
	浆砌石		m^3		
	砖砌体		m^3		
	干砌块石		m^3		
	砂浆抹面		m^2		
1.4	金属结构				
	钢结构		t		
	预埋件		t		
1.5	房屋建筑				参照施工及建设管理房屋建筑工程列项
2	机电安装工程				
2.1	机械设备				
	移动式供风站		套		
	空气压缩机		台		
	冷却器		台		
	储气罐		台		
	进气止回阀	型号、规格	台		
	闸阀	型号、规格	只		手动、电动

续表

序　号	项 目 名 称	项目主要特征	单位	工程量	备　　注
	手动调节阀	型号、规格	只		
	通气帽		件		
2.2	电气设备				
	变压器		台		
	低压配电屏		面		
	动力配电箱		只		
	电力计量箱		只		
	启动控制柜		只		
	照明箱		只		
	架空输电线路		m		
	控制电缆		m		
	电力电缆		m		
	铜芯塑料线		m		
	电缆管		m		
	低压母线槽		m		
	电缆桥架		t		
	防火材料		m		
	柱上真空断路器		只		
	隔离开关		只		
	熔断器		只		
	避雷器		组		
	基础型钢		t		
	接地扁钢角钢		t		
	灯具		套		
2.3	管路				
	输气管	材质、管径、壁厚	m		
	输水管		m		
	管道件		t		
3	其他项目				
	施工道路				参见施工交通工程列项

表 4.1.4-6　　　　施 工 通 信 工 程

序　号	项 目 名 称	项目主要特征	单位	工程量	备　　注
	施工通信工程				在可行性研究阶段的基础上细化

表 4.1.4-7　　　　施工管理信息系统工程

序　号	项 目 名 称	项目特征	单位	工程量	备　　注
1	软件系统				
1.1	概算管理				从设计、批复到调整全过程的管理

续表

序　号	项 目 名 称	项目特征	单位	工程量	备　　注
1.2	招投标管理				定额管理、单价管理、招投标文档管理、统计分析
1.3	合同管理				从签订到变更及支付全过程管理
1.4	计划管理				投资计划、施工计划等
1.5	投资控制管理				投资过程的动态控制：决算管理、非工程款管理、文件付款台账、合同付款台账、文件付款通知、合同付款通知
1.6	进度管理				进度计划、工程量月报、文档管理、统计查询
1.7	监理日志				砂石料系统日志、大坝填筑日志、面板浇筑日志、厂房浇筑日志、洞体浇筑日志、机电安装日志
1.8	设计管理				供图计划管理、设计变更管理、设计资料查询、查询统计
1.9	安全管理				安全法规体系、安全文档、安全活动、安全事故、防汛体系、统计查询
1.10	质量管理				质量法规体系、质量缺陷管理、质量验收管理、质量监测管理、安全监测管理、统计查询
1.11	材料管理				采购计划管理、入库管理、出库管理、库存管理、材料价格管理、材料调差、统计分析
1.12	机电设备管理				采购计划管理、采购合同管理、出入库管理、验收管理、安装日志管理、运行状况管理、统计分析
1.13	移民搬迁管理				移民计划、资金信息管理、文档管理、统计查询
1.14	索赔管理				
1.15	查询统计				
1.16	施工形象管理				计算工程量、三维形象显示、结构数字模型、管理施工数据、电子图库、规程规范库、科技成果库
1.17	文档管理				
1.18	系统管理				用户管理、权限管理、日志管理、编码管理、工作流管理
2	硬件及培训				
2.1	应用服务器	型号、类型	台		安装、调试
2.2	数据库服务器	型号、类型	台		安装、调试
2.3	施工管理信息系统安装		套		安装、调试
2.4	施工管理信息系统培训	人数、时间			培训

表 4.1.4-8　　料场开采及防护工程

序　号	项 目 名 称	项目主要特征	单位	工程量	备　　注
1	土料场开采				
	覆盖层、无用层开挖		m^3		
	弃料开挖		m^3		
2	石料场开采				
2.1	覆盖层				
	覆盖层、无用层开挖		m^3		
	石方开挖		m^3		

续表

序　号	项 目 名 称	项目主要特征	单位	工程量	备　　注
	弃料开挖		m^3		
2.2	料场边坡防护				
	截、排水沟	结构尺寸及材料性质	m		
	喷混凝土	强度等级、厚度	m^3		
	锚杆	直径、长度	根		
	锚杆束	直径、长度	根		
	锚索	单束长度、张拉吨位	束		
	挂钢筋网		t		
	防护网		m^2		
3	天然砂砾料场开采				
3.1	覆盖层、无用层剥离				
	覆盖层开挖		m^3		
	弃料开挖		m^3		
3.2	防护堤				
	土方开挖		m^3		
	浆砌石				
	混凝土	强度等级	m^3		
3.3	备料场				
	土石回填		m^3		
	土方开挖		m^3		
	石方开挖		m^3		
	混凝土	强度等级	m^3		
	排水沟		m		
	浆砌石		m^3		
4	施工临时设施				
	施工道路				参见施工交通工程列项

表 4.1.4-9　　　　　　　　　　砂 石 料 系 统 工 程

序　号	项 目 名 称	项目主要特征	单位	工程量	备　　注
1	相关土建工程				
1.1	砂石料运输（含竖井、斜井、隧洞）				
	土方明挖		m^3		
	石方明挖		m^3		
	石方洞挖		m^3		
	锚杆		根		
	混凝土	强度等级	m^3		
	钢筋		t		
	钢结构		t		
	挂钢筋网	直径、间距	t		

续表

序　号	项 目 名 称	项目主要特征	单位	工程量	备　　注
	喷混凝土	强度等级、厚度	m^3		
	排水孔	直径、单根长度	m		
	排水管	直径、单根长度	m		
1.2	半成品料仓、堆料场				
	土方开挖		m^3		
	石方开挖		m^3		
	混凝土	强度等级	m^3		
	钢筋		t		
	锚杆	直径、长度	根		
	挂钢筋网	直径、间距	t		
	喷混凝土	强度等级、厚度	m^3		
2	系统土建工程				
2.1	土石方工程		m^3		
	土方明挖		m^3		
	石方明挖		m^3		
	石方洞挖		m^3		
	石方井挖		m^3		
	土石方回填		m^3		
	场地平整		m^2		
2.2	边坡支护、防护				
	喷混凝土	强度等级、厚度	m^3		
	挂钢筋网	直径、间距	t		
	锚杆	直径、长度	根		
	锚筋桩	直径、长度	根		
	锚索	单束长度、张拉吨位	束		
	挡墙混凝土	强度等级	m^3		
	钢筋笼块石		m^3		
	铁丝网		m^2		
	柔性防护网		m^2		
	防护竹排		m		
	排水孔	直径、单根长度	m		
	排水管	直径	m		
	抗滑桩		m^3		
2.3	基础处理				
2.3.1	桩基础				
	挖孔桩	规格、尺寸	m		
	钻孔桩	规格、尺寸	m		
	预制桩	规格、尺寸	m		
2.3.2	置换基础				
	土方开挖		m^3		

续表

序 号	项 目 名 称	项目主要特征	单位	工程量	备 注
	土石方夯填		m^3		
	砂砾石置换		m^3		
	砂砾石夯填		m^3		
2.4	生产车间混凝土工程				
	基础碎石		m^3		
	基础锚杆		根		
	垫层混凝土	强度等级	m^3		
	结构混凝土	强度等级	m^3		
	钢筋		t		
2.5	场内砌体				
	浆砌石		m^3		
	干砌石		m^3		
	砌砖		m^3		
2.6	止水	型号			
	橡胶止水	型号	m		
	铜止水	型号	m		
2.7	钢结构				
	桁架等钢结构制作、安装		t		
	溜槽、漏斗		t		非标准件
	爬梯、翻梯、护栏		t		非标准件
	简易桥梁		t		
	简易平台		t		
	预埋件制作、安装		t		
	预埋固定件		t		
	预埋管线		t		
	预埋接地		t		
2.8	房屋建筑				
	办公、值班、试验室		m^2		
	修理间		m^2		
	变电室		m^2		
	材料库		m^2		
	锅炉房		m^2		
	空气压缩机房		m^2		
2.9	其他				
	防雨布	材料	m^2		
	彩色压型钢板		m^2		
	镀锌铁皮		m^2		
	彩钢夹心板		m^2		
	薄壁轻型钢制作、安装		t		
3	机电设备				

续表

序　号	项 目 名 称	项目主要特征	单位	工程量	备　　注
3.1	系统工艺设备				
3.1.1	破碎设备				
	旋回破碎机		台		
	颚式破碎机		台		
	圆锥破碎机		台		
	反击式破碎机		台		
	立轴式冲击破碎机		台		
	棒磨机		台		
	球磨机		台		
	其他类型破、磨设备		台		
3.1.2	筛分设备				
	重型圆振动筛分机		台		
	圆振动筛分机		台		
	直线振动筛分机		台		
	高频振动筛分机		台		
	其他类型筛分机				
3.1.3	给料设备				
	棒条式振动给料机		台		
	振动给料机		台		
	槽式给料机		台		
	电动弧门		台		
	气动弧门		台		
	其他类型给料机		台		
3.1.4	粗细骨料处理设备				
	洗石机		台		
	细砂回收装置		台		
	螺旋分级机		台		
3.1.5	胶带输送机设备				
	带式输送机	宽度、单条长度	m/条		按不同宽度分别统计
	可逆配仓胶带机	宽度、单条长度	m/条		按不同宽度分别统计
	卸料小车		台		
	除铁器		台		
3.1.6	称量设备				
	皮带秤		台		
	地衡		台		
3.2	系统环保设备				
	除尘器		台		
	风机		台		
	排气扇		台		
3.3	供热设备				

续表

序　号	项 目 名 称	项目主要特征	单位	工程量	备　注
	锅炉		台		
	锅炉辅机		套		
	锅炉给水泵		台		
	蒸汽泵		台		
	软水器		台		
	软水箱		个		
3.4	供水设备				
	水泵	型号	台		
	加药设备		台		
	卷扬机		台		
	管道静态混合器		台		
	高效絮凝沉淀器		台		
3.5	废水处理设备				
	高效快速澄清器		台		
	静态管式混合器		台		
	一体化加投装置		台		
	链条除砂机		台		
	污水提升泵		台		
3.6	电气设备				
	供电设备		台		
	控制设备		台		
4	器材				
4.1	供水、水处理、供热、锅炉房等器材				
	闸阀	DN、PN	个		
	蝶阀	DN、PN	个		
	截止阀	DN、PN	个		
	逆止阀	DN、PN	个		
	安全阀	DN、PN	个		
	快速排污阀		个		
	热动力式疏水器		个		
	无约束膨胀节		个		
	手动排气阀		个		
	压力表		套		
	室外消火栓		套		
	手提式干粉灭火器		套		
	无缝钢管		m		
	直缝卷焊钢管		m		
	普通水煤气管		m		
	镀锌钢管		m		

续表

序　号	项 目 名 称	项目主要特征	单位	工程量	备　　注
	管道支架		kg		
4.2	电气器材				
	高压电缆		m		
	低压电缆		m		
	照明配线		m		
	照明灯具		套		
	照明开关		只		
	电线管		m		
5	其他				
	施工道路				参照交通工程列项
	施工供电				参照交通工程列项
	施工供水				参照交通工程列项
	施工照明				参照交通工程列项
	施工通信				参照交通工程列项
	临时房屋建筑和公用设施				参照交通工程列项

表 4.1.4-10　　　　混凝土生产及浇筑系统工程

序　号	项 目 名 称	项目主要特征	单位	工程量	备　　注
1	混凝土生产系统土建工程				
	土方明挖		m^3		
	石方明挖		m^3		
	石方洞挖		m^3		
	石方井挖		m^3		
	土石方回填		m^3		
	场地平整		m^2		
	喷混凝土	强度等级、厚度	m^3		
	挂钢筋网		t		
	锚杆	直径、长度	根		
	锚筋桩	直径、长度	根		
	锚索	单束长度、张拉吨位	束		
	钢筋笼		m^3		
	铁丝网		m^2		
	柔性防护网		m^2		
	排水孔	直径、单根长度	m		
	排水管	直径、单根长度	m		
	抗滑桩	规格、尺寸	m^3		
	挖孔桩	规格、尺寸	m		
	钻孔桩	规格、尺寸	m		
	预制桩	规格、尺寸	m		

续表

序 号	项 目 名 称	项目主要特征	单位	工程量	备 注
	砂砾石置换		m^3		
	混凝土	强度等级	m^3		
	钢筋		t		
	浆砌石		m^3		
	干砌石		m^3		
	砌砖		m^3		
	橡胶止水	型号	m		
	铜止水	型号	m		
	桁架等钢结构制作安装		t		
	溜槽、漏斗		t		非标准件
	爬梯、翻梯、护栏		t		非标准件
	简易桥梁		t		
	简易平台		t		
	预埋件制作安装		t		
	预埋固定件		t		
	预埋管线		t		
	预埋接地		t		
	聚苯乙烯管套		m		
	聚氨酯发泡		m^3		
	铝箔玻璃纤维布		m^2		
	铝箔胶带		m^2		
	超细玻璃棉制品		m^3		
	夹心聚苯乙烯保温板		m^2		
	橡塑保温板		m^2		
	渡锌钢板		m^2		
	房屋建筑		m^2		
	变电室		m^2		
	锅炉房		m^2		
	空气压缩机房		m^2		
	外加剂间		m^2		
	制冷车间		m^2		
	防雨布	材料	m^2		
	彩色压型钢板		m^2		
	镀锌铁皮		m^2		
	彩钢夹心板		m^2		
	薄壁轻型钢制作安装		t		
2	机电设备				
2.1	系统工艺设备				
2.1.1	混凝土搅拌设备				

续表

序　号	项 目 名 称	项目主要特征	单位	工程量	备　　注
	混凝土搅拌楼		台		
	混凝土搅拌站		台		
2.1.2	二次筛分设备				
	圆振动筛分机		台		
	直线振动筛分机		台		
2.1.3	给料设备				
	振动给料机		台		
	槽式给料机		台		
	电动弧门		台		
	气动弧门		台		
2.1.4	粗细骨料处理设备				
	细砂回收装置		台		
	螺旋分级机		台		
2.1.5	胶带输送机设备				
	带式输送机	宽度、单条长度	m/条		按不同宽度分别统计
	可逆配仓胶带机	宽度	m/条		按不同宽度计列
	卸料小车		台		
	除铁器		台		
2.1.6	凝胶材料储运设备				
	胶凝材料罐		座		
	仓泵		台		
	袋式除尘器		台		
	料位指示器		台		
	螺旋输送机		台		
2.1.7	外加剂设备				
	化工流程泵		台		
	水泵		台		
	称量设备				
	皮带秤		台		
	地衡		台		
2.2	空气压缩机设备				
2.2.1	空气压缩机		台		
	液气分离器		台		
	冷干机		台		
	储气罐		台		
	离心泵		台		
	冷却塔		台		
	高效除油器		台		
2.3	供热设备				
	锅炉		台		

续表

序　号	项 目 名 称	项目主要特征	单位	工程量	备　　注
	锅炉辅机		套		
	锅炉给水泵		台		
	蒸汽泵		台		
	软水器		台		
	软水箱		个		
2.4	制冷设备				
	制冷压缩机		台		
	冷水机组		台		
	冷凝器		台		
	贮氨器		台		
	低压循环桶		台		
	氨泵		台		
	集油器		台		
	空气分离器		台		
	紧急泄氨器		台		
	离心泵		台		
	冷暖风机		台		
	离心风机		台		
	轴流风机		台		
	片冰机		台		
	冰库		台		
	螺旋机		台		
	空气冷却器		台		
	冷却塔		台		
	排气扇		台		
2.5	供水设备				
	水泵		台		
	加药设备		台		
	卷扬机		台		
	管道静态混合器		台		
	高效絮凝沉淀器		台		
2.6	废水处理设备				
	高效快速澄清器		台		
	静态管式混合器		台		
	一体化加投装置		台		
	链条除砂机		台		
	污水提升泵		台		
2.7	电气设备				
	供电设备		台		
	控制设备		台		

续表

序　号	项 目 名 称	项目主要特征	单位	工程量	备　　注
2.8	沥青混凝土生产设备				
	沥青加热设备		台		
	骨料烘干机		台		
	矿粉储罐		个		
	沥青拌和站		台		
3	器材				
3.1	供水、水处理、供热、锅炉房、压缩空气、制冷、胶凝材料等				
	闸阀	型号、规格	个		
	蝶阀	型号、规格	个		
	底阀	型号、规格	个		
	截止阀	型号、规格	个		
	逆止阀	型号、规格	个		
	安全阀	型号、规格	个		
	两路阀	型号、规格	个		
	排堵阀	型号、规格	个		
	减压阀	型号、规格	个		
	旁通阀	型号、规格	个		
	氨逆止阀		个		
	氨节流阀		个		
	氨截止阀		个		
	氨压力表		个		
	氨过滤器		个		
	流量信号器		个		
	压差控制器		个		
	快速排污阀		个		
	手动排气阀		个		
	无约束膨胀节		个		
	热动力式疏水器		个		
	压力表		套		
	室外消火栓		套		
	手提式干粉灭火器		套		
	无缝钢管		m		
	直缝卷焊钢管		m		
	普通水煤气管		m		
	镀锌钢管		m		
	管道支架		kg		
3.2	电气器材				
	高压电缆	电压、额定电流	m		

续表

序 号	项 目 名 称	项目主要特征	单位	工程量	备 注
	低压电缆	电压、额定电流	m		
	照明配线		m		
	照明灯具		套		
	电线管		m		
4	其他				
	施工交通				参照交通工程列项
	施工供电				参照交通工程列项
	施工供水				参照交通工程列项
	施工照明				参照交通工程列项
	施工通信				参照交通工程列项
	房屋建筑				参照交通工程列项
5	混凝土浇筑系统工程				
5.1	缆索起重机				
5.1.1	缆索起重机安拆				
	安装				
	调试及检测				
	拆卸				
5.1.2	缆机平台工程				
	土方明挖		m^3		
	石方明挖		m^3		
	石方洞挖		m^3		
	喷混凝土	强度等级、厚度	m^3		
	锚杆	直径、长度	根		
	边坡锚索	单束长度、张拉吨位	束		
	防护网		m^2		
	轨道基础锚索	单束长度、张拉吨位	束		
	挂钢筋网	直径、间距	m^2		
	混凝土	强度等级	m^3		
	钢筋		t		
	固结灌浆		m		
5.2	（大型）门、塔机				
5.2.1	设备安装、拆除		台		
5.2.2	基础				
	土石方填筑		m^3		
	混凝土	强度等级	m^3		
	钢筋		t		
5.2.3	栈桥				
	钢结构	钢材型号	t		
	混凝土	强度等级	m^3		
	钢轨		t		

续表

序 号	项 目 名 称	项目主要特征	单位	工程量	备 注
5.3	塔带机				
5.3.1	塔带机安装、拆除		台		
5.3.2	混凝土供料线安装、拆除				
5.3.3	塔带机基础				
	土方开挖		m^3		
	石方开挖		m^3		
	土石方填筑		m^3		
	混凝土	强度等级	m^3		
	钢筋		t		
5.4	混凝土供料线基础工程				
	土方开挖		m^3		
	石方开挖		m^3		
	喷混凝土	强度等级、厚度	m^3		
	锚杆	直径、长度	根		
	边坡锚索	单束长度、张拉吨位	束		
	钢结构	钢材型号	t		
	混凝土	强度等级	m^3		
	钢筋		t		
6	混凝土温度控制措施				
6.1	混凝土施工保温措施				
	凉棚		m^2		
	暖棚		m^2		
	保温板		m^2		
	保温被		m^2		
	喷雾	用水量	m^3		
6.2	通水冷却				
	冷却水管埋设		m		
	冷却水通水量		m^3		

表 4.1.4-11 导 流 工 程

序 号	项 目 名 称	项目主要特征	单位	工程量	备 注
1	围堰工程				
1.1	截流工程				
	混凝土多面体	规格尺寸	m^3		
	钢筋石笼		m^3		
	铅丝石笼		m^3		
	大块石抛填		m^3		
	块石抛填		m^3		
	石渣抛填		m^3		
	碎石土抛填		m^3		

续表

序　号	项 目 名 称	项目主要特征	单位	工程量	备　　注
1.2	土石围堰				
	土方开挖		m^3		
	石方开挖		m^3		
	锚杆	直径、长度	根		
	排水沟		m		
	固结灌浆钻孔		m		
	固结灌浆		t		
	帷幕灌浆钻孔		m		
	帷幕灌浆		t		
	防渗墙造孔		m		
	防渗墙混凝土浇筑		m^2		
	石渣填筑		m^3		
	过渡料填筑		m^3		
	垫层填筑		m^3		
	反滤料填筑		m^3		
	防渗土料填筑		m^3		
	复合土工膜		m^2		
	防渗彩条布		m^2		
	喷混凝土	强度等级、厚度	m^3		
	框格梁混凝土	强度等级	m^3		
	混凝土	强度等级	m^3		
	钢筋		t		
	止水带	型号	m		
	干砌块石		m^3		
	浆砌石		m^3		
	钢筋石笼		m^3		
	铅丝石笼		m^3		
	袋装石渣护坡		m^3		
	预制混凝土块		m^3		
1.3	混凝土（浆砌石）围堰				
	土方开挖		m^3		
	石方开挖		m^3		
	锚杆	直径、长度	根		
	锚筋束	直径、长度	根		
	预应力锚杆	直径、长度	根		
	预应力锚索	单束长度、张拉吨位	束		
	排水沟		m		
	固结灌浆钻孔		m		
	固结灌浆		t		
	帷幕灌浆钻孔		m		

续表

序　号	项 目 名 称	项目主要特征	单位	工程量	备　　注
	帷幕灌浆		t		
	喷混凝土	强度等级、厚度	m^3		
	框格梁混凝土	强度等级	m^3		
	混凝土	强度等级	m^3		
	碾压混凝土	强度等级	m^3		
	浆砌石		m^3		
	钢筋		t		
	挂钢筋网		t		
	止水带	型号	m		
1.4	草土围堰				
	袋装石渣		m^3		
	袋装土		m^3		
	复合土工膜		m^2		
	防渗彩条布		m^2		
1.5	混凝土面板围堰				
	土方开挖		m^3		
	石方开挖		m^3		
	插筋		根		
	锚杆	直径、长度	根		
	预应力锚杆	直径、长度	根		
	预应力锚索	单束长度、张拉吨位	束		
	石渣填筑		m^3		
	过渡料填筑		m^3		
	垫层填筑		m^3		
	固结灌浆钻孔		m		
	固结灌浆		t		
	帷幕灌浆钻孔		m		
	帷幕灌浆		t		
	喷混凝土	强度等级、厚度	m^3		
	面板混凝土	强度等级	m^3		
	钢筋		t		
	止水带	型号	m		
	排水沟	尺寸	m		
1.6	其他围堰				
1.7	围堰拆除		m^3		
2	导流洞工程				
2.1	进出口引渠及边坡				
	土方开挖		m^3		
	石方开挖		m^3		
	土石方回填		m^3		

续表

序号	项目名称	项目主要特征	单位	工程量	备注
	锚杆	直径、长度	根		
	插筋	直径、长度	根		
	锚筋束	直径、长度	根		
	预应力锚杆	直径、长度	根		
	预应力锚索	单束长度、张拉吨位	束		
	排水孔	直径、单根长度	m		
	排水沟		m		
	固结灌浆钻孔		m		
	固结灌浆		t		
	喷混凝土	强度等级、厚度	m^3		
	框格梁混凝土	强度等级	m^3		
	底板混凝土	强度等级	m^3		
	边顶混凝土	强度等级	m^3		
	浆砌石		m^3		
	钢筋（铅丝）石笼		m^3		
	钢筋		t		
	挂钢筋网		t		
	止水带	型号	m		
2.2	闸室				
	土方开挖		m^3		
	石方开挖		m^3		
	土石方回填		m^3		
	锚杆	直径、长度	根		
	插筋	直径、长度	根		
	锚筋束	直径、长度	根		
	预应力锚杆	直径、长度	根		
	预应力锚索	单束长度、张拉吨位	束		
	钢支撑	钢材型号	t		
	排水孔	直径、单根长度	m		
	固结灌浆钻孔		m		
	固结灌浆		t		
	喷混凝土	强度等级、厚度	m^3		
	框格梁混凝土	强度等级	m^3		
	底板混凝土	强度等级	m^3		
	边顶混凝土	强度等级	m^3		
	闸室混凝土	强度等级	m^3		一、二期分别计列
	排架混凝土	强度等级	m^3		
	二期混凝土	强度等级	m^3		
	回填混凝土		m^3		
	浆砌石		m^3		

续表

序 号	项 目 名 称	项目主要特征	单位	工程量	备 注
	钢筋（铅丝）石笼		m^3		
	钢筋		t		
	挂钢筋网		t		
	止水带	型号	m		
2.3	洞身				
	石方洞挖		m^3		
	锚杆	直径、长度	根		
	超前锚杆	直径、长度	根		
	插筋	直径、长度	根		
	管棚	直径、长度	根		
	锚筋束	直径、长度	根		
	预应力锚杆	直径、长度	根		
	钢支撑	钢材型号	t		
	钢格栅		t		
	排水孔	直径、单根长度	m		
	固结灌浆钻孔		m		
	固结灌浆		t		
	回填灌浆		m^2		
	帷幕灌浆钻孔		m		
	帷幕灌浆		t		
	喷混凝土	强度等级、厚度	m^3		
	底板混凝土	强度等级	m^3		
	边顶拱混凝土	强度等级	m^3		
	回填混凝土	强度等级	m^3		
	钢筋		t		
	挂钢筋网		t		
	止水铜片	型号	m		
	止水带	型号	m		
2.4	封堵				
	插筋		根		
	回填灌浆		m^2		
	接缝灌浆		m^2		
	混凝土	强度等级	m^3		
	钢筋		t		
	冷却水管		m		
	止水铜片	型号	m		
	止水带	型号	m		
	排水管	直径、长度	m		
3	导流明渠				
	土方开挖		m^3		

续表

序　号	项 目 名 称	项目主要特征	单位	工程量	备　　注
	石方开挖		m^3		
	土石方回填		m^3		
	锚杆	直径、长度	根		
	插筋	直径、长度	根		
	锚筋束	直径、长度	根		
	预应力锚杆	直径、长度	根		
	预应力锚索	单束长度、张拉吨位	束		
	排水孔	直径、单根长度	m		
	排水沟		m		
	固结灌浆钻孔		m		
	固结灌浆		t		
	喷混凝土	强度等级、厚度	m^3		
	框格梁混凝土	强度等级	m^3		
	混凝土	强度等级	m^3		
	钢筋		t		
	挂钢筋网	直径、间距	t		
	止水铜片	型号	m		
	止水带	型号	m		
	冷却水管	直径、长度	m		
	浆砌石		m^3		
	钢筋（铅丝）石笼		m^3		
	干砌块石		m^3		
4	导流底孔				结合主体工程列项
4.1	闸室及尾坎				
	闸墩混凝土	强度等级	m^3		
	尾坎混凝土	强度等级	m^3		
	排架混凝土	强度等级	m^3		
	二期混凝土	强度等级	m^3		
	钢筋		t		
	插筋		根		
	止水铜片	型号	m		
	止水带	型号	m		
4.2	底孔		t		
	混凝土	强度等级	m^3		
	钢衬		t		
	钢筋		t		
	接触灌浆		m^2		
	止水铜片	型号	m		
4.3	封堵				
	混凝土	强度等级	m^3		

续表

序　号	项 目 名 称	项目主要特征	单位	工程量	备　　注
	钢筋		t		
	插筋		根		
	止水铜片	型号	m		
	回填灌浆		m^2		
	接缝灌浆		m^2		
	排水管	直径、单根长度	m		
5	临时护岸工程				结合主体工程列项
	土方开挖		m^3		
	石方开挖		m^3		
	锚杆	直径、长度	根		
	锚筋束	直径、长度	根		
	排水孔	直径、单根长度	m		
	喷混凝土	强度等级、厚度	m^3		
	混凝土	强度等级	m^3		
	浆砌石		m^3		
	钢筋石笼		m^3		
	铅丝石笼		m^3		
	块石护坡		m^3		
	钢筋		t		
	挂钢筋网		t		
	止水带	型号	m		
6	施工排水				
	排水沟、排水井		m		
	水泵		台		
7	安全与度汛				
8	蓄水期下游供水				结合永久工程列项
	供水洞（孔）				
	土石方明挖		m^3		
	石方洞挖		m^3		
	锚杆	直径、长度	根		
	插筋	直径、长度	根		
	锚筋束	直径、长度	根		
	预应力锚杆	直径、长度	根		
	固结灌浆		m		
	回填灌浆		m^2		
	喷混凝土	强度等级、厚度	m^3		
	混凝土	强度等级	m^3		
	钢筋		t		
	止水带	型号	m		
9	金属结构设备及安装工程				参照 4.5 计列

续表

序　号	项 目 名 称	项目主要特征	单位	工程量	备　　注
10	施工初期排水	设备配置及排水量			
11	下闸蓄水措施	潜水检查、试探门检查			

表 4.1.4-12　　施工期安全监测工程

序　号	项 目 名 称	项目主要特征	单位	工程量	备　　注
	施工期安全监测工程				工程量清单项目见4.7.3

表 4.1.4-13　　施工期水文测报工程

序　号	项 目 名 称	项目主要特征	单位	工程量	备　　注
	施工期水文测报工程				工程量清单项目见4.7.5

表 4.1.4-14　　施工及建设管理房屋建筑工程

序　号	项 目 名 称	项目主要特征	单位	工程量	备　　注
	施工及建设管理房屋建筑工程				工程量清单项目见4.7.2

表 4.1.4-15　　其他施工辅助工程

序　号	项 目 名 称	项目主要特征	单位	工程量	备　　注
1	沟水处理工程				
1.1	挡水（拦渣）坝				
1.1.1	堆石坝				
	土方开挖		m^3		
	石方开挖		m^3		
	喷混凝土	强度等级、厚度	m^3		
	锚杆	直径、长度	根		
	土石方填筑		m^3		
	混凝土	强度等级	m^3		
	钢筋		t		
1.1.2	混凝土坝				
	土方开挖		m^3		
	石方开挖		m^3		
	喷混凝土	强度等级、厚度	m^3		
	锚杆	直径、长度	根		
	碾压混凝土	强度等级	m^3		
	混凝土	强度等级	m^3		
	钢筋		t		
1.2	泄水洞				
1.2.1	进出口				
	土方开挖		m^3		
	石方开挖		m^3		

续表

序 号	项 目 名 称	项目主要特征	单位	工程量	备 注
	喷混凝土	强度等级、厚度	m^3		
	锚杆	直径、长度	根		
	锚索	单束长度、张拉吨位	束		
	钢筋网	直径、间距	m^2		
	混凝土	强度等级	m^3		
	钢筋		t		
1.2.2	洞身				
	石方洞挖		m^3		
	喷混凝土	强度等级、厚度	m^3		
	锚杆	直径、长度	根		
	混凝土	强度等级	m^3		
	钢筋		t		
	回填灌浆		m^2		
	固结灌浆		m		
1.3	泄水渠				
	土方开挖		m^3		
	石方开挖		m^3		
	混凝土	强度等级	m^3		
	浆砌石		m^3		
1.4	泄水涵管				
	土方开挖		m^3		
	石方开挖		m^3		
	混凝土	强度等级	m^3		
	钢筋		t		
	土石方回填		m^3		
2	渣场防护与处理				
	截、排水沟		m		
	浆砌石		m^3		
	干砌石		m^3		
	钢筋石笼		m^3		
	混凝土	强度等级	m^3		
	钢筋		t		
3	施工支洞及探洞封堵				
	混凝土	强度等级	m^3		
	砖砌体		m^3		
	回填灌浆		m^2		
	接缝灌浆		m^2		
4	地下洞室施工临时支护				
	喷混凝土	强度等级、厚度	m^3		
	锚杆	直径、长度	根		

续表

序　号	项 目 名 称	项目主要特征	单位	工程量	备　注
	钢支撑	钢材型号	t		
	管棚	直径、单根长度	m		
	挂网钢筋	直径、间距	t		
	超前固结灌浆		m		
5	土料皮带机运输线				
	土石方明挖		m^3		
	石方洞挖		m^3		
	喷混凝土	强度等级、厚度	m^3		
	锚杆	直径、长度	根		
	挂网钢筋	直径、间距	t		
	混凝土	强度等级	m^3		
	钢结构	钢材型号	m^3		
6	土料掺和场、坝体填筑料备料场				
	土石回填		m^3		
	土方开挖		m^3		
	石方开挖		m^3		
	混凝土	强度等级	m^3		
	排水沟		m		
	浆砌石		m^3		
7	现场生产性试验				
	土石坝心墙现场碾压试验		项		
	堆石坝堆石料现场碾压试验		项		
	沥青混凝土现场碾压试验		项		
	碾压混凝土现场碾压试验		项		
	固结灌浆试验		项		
	帷幕灌浆试验		项		
	防渗墙施工试验		项		
8	特种模板				
9	施工排水				
9.1	施工场地排水工程				
	土石方开挖		m^3		
	混凝土	强度等级	m^3		
	钢筋		t		
	浆砌石		m^3		
9.2	地下工程施工排水				
	水泵	型号、数量	台•时		
	排水管路		m		
10	地下施工通风				
	风机		台		

续表

序　号	项 目 名 称	项目主要特征	单位	工程量	备　　注
	排风散烟管道		m		
10.3	通风设施运行				
11	施工场地整理				
12	施工区封闭管理				

4.2 建 筑 工 程

4.2.1 挡（蓄）水建筑物

1 范围

1）挡（蓄）水建筑物包括拦河挡（蓄）水的各类坝（闸）及坝基处理工程。

2）坝基防渗、发电进水口坝段、泄水坝段等都属于本项范围。

3）挡（蓄）水建筑物开挖范围内的边坡开挖工程量计入本项范围，大型边坡支护处理工程量计入边坡工程。

2 计算要求

1）挡（蓄）水建筑物应按不同坝型分别计算分项工程量。

2）挡（蓄）水建筑物与其他建筑物的开挖边线有重叠时应明确划分界线，并加以说明。

3）阶段要求：

（1）规划和预可行性研究阶段：应提出包括渗控工程在内的挡（蓄）水建筑物的分项工程量。

（2）可行性研究阶段：混凝土（闸）坝应分别提出非溢流坝段、泄水坝段、进水口坝段、渗控工程等分项工程量。土（石）坝应分别提出挡水坝段、坝身泄水建筑物、渗控工程等分项工程量。

（3）招标设计和施工图设计阶段：混凝土（闸）坝应分非溢流坝段、泄水坝段、进水口坝段、渗控工程、坝顶结构、基础处理等分别提出分项工程量。土（石）坝应分挡水坝段、坝身泄水建筑物、渗控工程、坝顶结构、基础处理等分别提出分项工程量。

4）工程主要特征：

（1）单项工程：应给出单位工程组成及坝型，各坝型的最大坝高、最大坝顶长度等。

（2）单位工程：应给出分部工程组成，相应坝型的坝高、坝长，上（下）游坝坡等控制性尺寸。

（3）分部工程：应分坝段给出坝顶高程、最大坝高、建基面高程、坝顶（底）宽度、坝顶长度、河谷宽高比，拱坝还应说明顶拱弧形长度、中心角和厚高比，重力坝还应说明上下游坡比，面板堆石坝还应说明轮廓上下游坡比及面板厚度和分块宽度等，心墙坝还应说明坝壳上下游坡比、心墙断面尺寸等。渗控工程应给出渗控标准、帷幕灌浆设计间排距、最大孔深等。坝顶结构应给出防浪墙长度、高度、断面尺寸等。基础处理应给出基础处理范围、主要措施及其他主要设计参数。

5）各设计阶段挡（蓄）水建筑物的典型工程量清单见表 4.2.1～表 4.2.4。

4.2.2 泄水、消能建筑物

1 范围

1）包括宣泄洪水的岸坡溢洪道、泄洪洞、冲沙孔（洞）、放空（孔）洞等建筑物和进出水口边坡、溢洪道沿线边坡及岸坡和坝后泄水设施之后的消能防冲建筑物等。

2）消能防冲建筑物可分消能工（水垫塘、消力池）、辅助消能工（消力墩、消力齿、二道坝）、海漫、防冲槽、预挖及岸坡保护等计列。拱坝的水垫塘混凝土护坡墙顶高程以上的泄洪雾化区的处理工程量应计入边坡工程。

3）各种泄水消能防冲建筑物下游的边坡防护和河道防护工程量计入边坡工程中。

4）若泄洪方式采取厂顶溢流，其工程量计入发电建筑物。

2 计算要求

1）阶段要求：

（1）规划阶段：宜提出泄水、消能防冲建筑物分项工程量。

（2）预可行性研究阶段：对溢洪道，宜分引水渠、控制段、泄槽段、出口段分部列出分项工程量。对泄洪洞、冲沙孔（洞）、放空（孔）洞等地下洞室，宜按进口段、有压段、控制段、无压段、出口段分部列出分项工程量。对各种消能防冲建筑物，应提出枢纽工程消能防冲建筑物的分项工程量。

（3）其他各设计阶段：对溢洪道，应按引水渠、控制段、泄槽段、出口段分部列出分项工程量。对泄洪洞、冲沙孔（洞）、放空（孔）洞等地下洞室，应按进口段、有压段、控制段、无压段、出口段分部列出分项工程量。其他辅助洞室宜分部位列出分项工程量。对各种消能防冲建筑物，可行性研究阶段应按坝身泄水、溢洪道、泄洪洞等分别提出分项工程量。招标和施工图设计阶段，对于挑流消能防冲建筑物，应分水垫塘、防冲（淘）墙等分别提出分项工程量。对底流消能防冲建筑物应按消力池、海漫、防冲槽分别计算分项工程量。

2）工程主要特征：

（1）单项工程：应给出单位工程组成及型式，最大泄量、最高水位差及泄洪能量，布置位置等。

（2）单位工程：应给出分部工程组成及名称，单项建筑物最大泄量、最高水位差及泄洪能量，控制尺寸。

（3）分部工程：对溢洪道，应给出进水口平面尺寸、孔口尺寸、堰顶高程、闸墩厚度及宽度等参数。对泄洪洞、冲沙孔（洞）、放空（孔）洞等地下洞室，应给出洞线长度、孔口尺寸、洞室控制尺寸、进口底板高程、闸墩厚度、宽度等参数。对于消能防冲建筑物，应给出消能方式、消力池（水垫塘）的深度和长度、海漫长度和混凝土厚度、防淘墙的厚度和深度。

3）各阶段泄水建筑物的典型工程量清单见表 4.2.1～表 4.2.4。

4.2.3 输水建筑物

1 范围

1）水电站输水建筑物主要包括渠首建筑物、引水渠、前池、调压池、进（出）水口（含闸门室）、压力隧洞、上（下）游调压室、压力管道、尾水闸门室和出（进）水口等建筑物。

2）对于坝后式电站的进水口和管道结构混凝土（钢筋混凝土）以外的坝体及坝基工程量计入挡水建筑物。

2 计算要求

1）阶段要求：

（1）规划阶段：宜提出分项工程量。

（2）预可行性研究阶段：宜按渠首建筑物、引水渠、前池、调压池、进（出）水口、压力隧洞、调压室、压力管道、尾水洞、尾水闸门室等分部列出分项工程量。

（3）其他各阶段：应按渠首建筑物、引水渠、前池、调压池、进（出）水口、压力隧洞、调压室、压力管道、尾水洞、尾水闸门室等分部列出分项工程量。

2）工程主要特征：

（1）单项工程：应给出分部工程组成及名称，最大引用流量，布置位置等。

（2）分部工程：应给出主要结构控制尺寸，进（出）水口应给出进（出）水口型式、平面轮廓尺寸、高度、底板高程、孔数、闸门和拦污栅尺寸等参数；引水隧洞和调压室应给出型式、直径或断面尺寸、长度或高度、支护方式、衬砌厚度及围岩质量等级等参数。

3）各设计阶段输水建筑物的典型工程量清单见表 4.2.1～表 4.2.4。

4.2.4 发电建筑物

1 范围

1）发电建筑物分为地面发电工程及地下发电工程等。

2）河床式厂房应包括主副厂房坝段、安装间、尾水渠，其与溢流坝段的分界为导墙，导墙的工程量计入溢流坝段；与非溢流坝段的分界为厂房外墙，其工程量计入厂房；靠岸侧尾水渠的侧墙及开挖等计入发电厂房。

3）坝后式和岸边式厂房包括主副厂房、安装间、尾水渠。坝后式厂房与坝体的分界线为厂坝结构缝或主厂房上游边墙的轮廓线；尾水渠包括左右侧边墙或护坡。岸边式厂房与输水系统的分界为主厂房上游边墙的外轮廓。

4）地下发电工程主要由地下主副厂房、安装间、球阀廊道、通风洞、排水廊道等洞室组成，其与引水系统的分界为主厂房上游边墙的开挖面、与尾水系统的分界为尾水管末端。

2 计算要求

1）阶段要求：

（1）规划阶段：宜提出发电建筑物的分项工程量。

（2）预可行性研究阶段：宜按建筑物分部列出分项工程量。

（3）其他各设计阶段：应按建筑物分部列出分项工程量。

2）工程主要特征：

（1）单项工程：应给出单位工程组成及名称，装机容量，布置位置等。

（2）单位工程：应给出分部工程组成及名称，装机容量，控制性尺寸等。

（3）分部工程：应给出发电建筑物的型式、平面轮廓尺寸、建基面高程、发电机层高程、发电厂房高度、机组段和安装间的长度及宽度等参数。对于地下主副厂房、通风洞、排水廊道等洞室应给出断面型式、断面尺寸、长度和支护类型等参数。

3）各阶段发电建筑物的典型工程量清单见表 4.2.1～表 4.2.4。

4.2.5 升压变电建筑物

1 范围

1）升压变电建筑物分为：地面变电站、地下变电站。升压变电建筑物工程量计算包括地面变电站、地下变电站、母线洞、通风洞、出线洞（井）、出线场建筑物等。

2）升压变电建筑物与发电建筑物的分界：一般地面变电站、出线场建筑物相对较为独立；地下变电站洞室均以其自身开挖轮廓线为界。

2 计算要求

1）阶段要求：

（1）规划阶段：宜提出升压变电建筑物的分项工程量。

（2）预可行性研究阶段：宜按地面变电站、地下变电站、母线洞、出线洞（井）、出线场等分部列出分项工程量。

（3）其他各阶段：应按地面变电站、地下变电站、母线洞、出线洞（井）、出线场等分部列出分项工程量。

2）工程主要特征：

（1）单项工程：应给出单位工程组成及名称，升压变电容量，布置位置等。

（2）单位工程：应给出分部工程组成及名称，升压变电容量，控制性尺寸等。

（3）分部工程：对地面变电站、出线场建筑物，应给出建筑物的型式、平面轮廓尺寸、建基面高程等参数。对地下变电站、母线洞、出线洞（井）、至地下变电站的交通洞和通风洞等建筑物，应给出各洞室的断面型式、尺寸、长度和支护类型等参数。

3）各阶段升压变电建筑物的典型工程量清单见表 4.2.1～表 4.2.4。

4.2.6 航运过坝建筑物

1 范围

航运过坝建筑物包括上游引航道、船闸（升船机）上下游闸首及升船结构、下游引航道及河道整治等。船闸与溢流坝、泄水闸、电站等建筑物之间的界限以隔流堤或隔流墙为界，隔流堤或隔流墙的工程量计入船闸工程量中。

2 计算要求

1）阶段要求：

（1）规划阶段：宜匡算航运过坝建筑物的分项工程量。

（2）预可行性研究阶段：宜按上游引航道、船闸（升船机）上下闸首及升船结构、下游引航道及河道整治等分部估算分项工程量。

（3）其他各设计阶段：应按上游引航道、船闸（升船机）上下闸首及升船结构、下游引航道及河道整治等分部计算分项工程量。

2）工程主要特征：

（1）单项工程：应给出单位工程组成及名称，过坝容量，布置位置等。

（2）单位工程：应给出分部工程组成及名称，过坝容量，控制性尺寸等。

（3）分部工程：主要结构断面型式、尺寸、长度、建基面高程等参数。

3）各阶段航运过坝建筑物的典型工程量清单见表 4.2.1～表 4.2.4。

4.2.7 边坡工程

1 范围

边坡工程主要包括枢纽建筑物高边坡，对水工建筑物安全有影响的近坝岸坡及泥石流治理，以及受泄洪雾化、冲刷及和发电尾水影响的下游河道和岸坡防护工程。

2 计算要求

1）阶段要求：

（1）规划阶段：宜提出边坡工程的分项工程量。

（2）其他设计阶段：应分部位列出分项工程量。对规模较大的堆积体、滑坡体、高边坡、泥石流治理等，宜分别提出边坡处理工程量。

2）工程主要特征：

（1）单项工程：应给出单位工程组成及名称，位置等。

（2）单位工程：应给出边坡范围、最大高度、长度或厚度、方量、主要支护、加固措施。

3）各阶段边坡工程典型工程量清单见表 4.2.1～表 4.2.4。

4.2.8 交通工程

交通工程工程量清单编制见 4.7.1。

4.2.9 房屋建筑工程

工程量清单项目见 4.7.2。

4.2.10 安全监测工程

工程量清单项目见 4.7.3。

4.2.11　建筑工程主要特征参考表（包括安全监测建筑工程）

序　号	分 项 工 程	项 目 主 要 特 征
1	土石方明挖	最大开挖宽度、平均厚度，建基面高程，土的种类，岩性和级别，土石方比例等
2	石方洞挖	开挖断面型式，洞径或断面面积、长度等，岩性和级别
3	喷混凝土	部位，厚度，强度等级
4	锚杆（束）、锚筋（桩）	部位，长度、直径、入岩长度、外露长度，材质
5	预应力锚索	主要部位，类型，吨位、长度、钢绞线根数
6	固结灌浆	主要部位，间、排距，孔深
7	帷幕灌浆	间、排距，孔深，防渗面积，最大灌浆压力，总进尺
8	接缝灌浆、回填灌浆	部位、范围
9	地下连续墙	深度、长度、厚度
10	土石方填筑	典型断面尺寸，填筑材料岩性，密实度
11	混凝土、砌体	部位，典型断面尺寸，强度、抗渗和抗冻等级，级配
12	钢筋、钢材	含钢量，种类、规格、材质、直径
13	止水、止浆、填缝材料	材质、型式、规格
14	土工合成材料	材质、主要性能指标，铺设方式
15	排水孔、排水管	孔径、孔深，材质
16	强夯	落锤质量、落距、击实功能
17	灌注桩	桩径、桩长，根数

表 4.2.1　　　　　　　　　　规划阶段建筑工程工程量清单

序　号	项　目　名　称	项目主要特征	单位	工程量	备　　注
1	挡（蓄）水建筑物（含坝身泄水、进水口坝段、渗控工程）	（单项工程主要特征）			
1.1	土石方明挖		m^3		
1.2	石方洞挖		m^3		
1.3	喷混凝土		m^3		
1.4	锚杆（锚筋、锚杆束、锚筋桩）		根		
1.5	预应力锚索		束		
1.6	固结灌浆		m		
1.7	帷幕灌浆		m		
1.8	地下连续墙造孔		m^2		
1.9	地下连续墙混凝土		m^3		
1.10	高压喷射灌浆		m		
1.11	钢筋混凝土预制桩		根		
1.12	钢筋混凝土沉井		m^3		
1.13	钢沉井		t		
1.14	混凝土灌注桩		m		
1.15	土石方填筑		m^3		
1.16	土工合成材料		m^2		
1.17	混凝土		m^3		
1.18	钢筋		t		
1.19	钢材		t		
1.20	沥青混凝土		m^3		
1.21	浆砌石		m^3		
1.22	其他				
2	泄水、消能建筑物	（单项工程主要特征）			
2.1	土石方明挖		m^3		
2.2	石方洞挖		m^3		
2.3	喷混凝土		m^3		
2.4	锚杆（锚杆束、锚筋桩）		根		
2.5	预应力锚索		束		
2.6	帷幕灌浆		m		
2.7	固结灌浆		m		
2.8	回填灌浆		m^2		
2.9	土石方填筑		m^3		
2.10	混凝土		m^3		
2.11	钢筋		t		
2.12	钢材		t		

续表

序　号	项　目　名　称	项目主要特征	单位	工程量	备　　注
2.13	砌体工程		m^3		
2.14	其他	（单项工程主要特征）			
3	输水建筑物				
3.1	土石方明挖		m^3		
3.2	石方洞挖		m^3		
3.3	喷混凝土		m^3		
3.4	锚杆（锚杆束、锚筋桩）		根		
3.5	预应力锚索		束		
3.6	接触灌浆		m^2		
3.7	固结灌浆		m		
3.8	回填灌浆		m^2		
3.9	土石方填筑		m^3		
3.10	混凝土		m^3		
3.11	钢筋		t		
3.12	钢材		t		
3.13	砌体工程		m^3		
3.14	其他				
4	发电建筑物	（单项工程主要特征）			
4.1	土石方明挖		m^3		
4.2	石方洞挖		m^3		
4.3	喷混凝土		m^3		
4.4	锚杆（锚杆束、锚筋、锚筋桩）		根		
4.5	预应力锚索		束		
4.6	帷幕灌浆		m		
4.7	固结灌浆		m		
4.8	回填灌浆		m^2		
4.9	土石方填筑		m^3		
4.10	混凝土		m^3		
4.11	钢筋		t		
4.12	钢材		t		
4.13	砌体工程		m^3		
4.14	其他	（单项工程主要特征）			
5	升压变电建筑物				
5.1	土石方明挖		m^3		
5.2	石方洞挖		m^3		
5.3	喷混凝土		m^3		
5.4	锚杆（锚杆束、锚筋桩）		根		
5.5	预应力锚索		束		

续表

序　号	项　目　名　称	项目主要特征	单位	工程量	备　　注
5.6	固结灌浆		m		
5.7	回填灌浆		m^2		
5.8	土石方填筑		m^3		
5.9	混凝土		m^3		
5.10	钢筋		t		
5.11	钢材		t		
5.12	砌体工程		m^3		
5.13	其他				
6	航运过坝建筑物	（单项工程主要特征）			
6.1	土石方明挖		m^3		
6.2	石方洞挖		m^3		
6.3	喷混凝土		m^3		
6.4	锚杆（锚杆束、锚筋桩）		根		
6.5	预应力锚索		束		
6.6	帷幕灌浆		m		
6.7	固结灌浆		m		
6.8	回填灌浆		m^2		
6.9	土石方填筑		m^3		
6.10	混凝土		m^3		
6.11	钢筋		t		
6.12	钢材		t		
6.13	砌体工程		m^3		
6.14	其他				
7	边坡工程	（单项工程主要特征）			
7.1	土石方明挖		m^3		
7.2	石方洞挖		m^3		
7.3	喷混凝土		m^3		
7.4	锚杆（锚杆束、锚筋桩）		根		
7.5	预应力锚索		束		
7.6	土石方填筑		m^3		
7.7	混凝土		m^3		
7.8	钢筋		t		
7.9	砌体工程		m^3		
7.10	其他	（单项工程主要特征）			
8	交通工程				参见 4.7.1
9	房屋建筑工程				参见 4.7.2

注　可根据建筑物实际情况和本阶段工程量计算要求，增减分项工程的项目。

表 4.2.2 预可行性研究阶段建筑工程工程量清单

序 号	项 目 名 称	项目主要特征	单位	工程量	备 注
1	挡（蓄）水建筑物	（单项工程主要特征）			
1.1	混凝土坝（闸）（含坝身泄水、进水口坝段）				
（1）	土方明挖		m^3		
（2）	石方明挖		m^3		
（3）	石方洞挖		m^3		
（4）	喷混凝土		m^3		
（5）	锚杆（束）		根		
（6）	预应力锚索		束		
（7）	排水孔（管）		m		
（8）	钻灌浆孔		m		
（9）	固结灌浆		m		
（10）	帷幕灌浆		m		
（11）	接触灌浆		m^2		
（12）	接缝灌浆		m^2		
（13）	回填灌浆		m^2		
（14）	地下连续墙造孔		m^2		
（15）	地下连续墙混凝土		m^3		
（16）	混凝土灌注桩		m		
（17）	土方填筑		m^3		
（18）	石方填筑		m^3		
（19）	常态混凝土		m^3		
（20）	碾压混凝土		m^3		
（21）	钢筋		t		
（22）	钢材		t		
（23）	止水、止浆材料		m		
（24）	填缝材料		m^3		
（25）	浆砌石		m^3		
（26）	其他				
1.2	土（石）坝				
（1）	土方明挖		m^3		
（2）	石方明挖		m^3		
（3）	石方洞挖		m^3		
（4）	喷混凝土		m^3		
（5）	锚杆		根		
（6）	预应力锚索		束		
（7）	排水孔（管）		m		

续表

序号	项目名称	项目主要特征	单位	工程量	备注
(8)	钻灌浆孔		m		
(9)	固结灌浆		m		
(10)	帷幕灌浆		m		
(11)	接触灌浆		m^2		
(12)	接缝灌浆		m^2		
(13)	回填灌浆		m		
(14)	地下连续墙造孔		m^2		
(15)	地下连续墙混凝土		m^3		
(16)	混凝土灌注桩		m		
(17)	土料填筑		m^3		
(18)	反滤料（垫层料）填筑		m^3		
(19)	过渡料回填		m^3		
(20)	堆石料填筑		m^3		
(21)	砂砾料填筑		m^3		
(22)	土工合成材料		m^2		
(23)	搭接辅助材料		t		
(24)	常态混凝土		m^3		
(25)	钢筋		t		
(26)	止水、止浆材料		m		
(27)	填缝材料		m^2或m^3		
(28)	沥青混凝土		m^3		
(29)	浆砌石		m^3		
(30)	其他				
2	泄水、消能建筑物	（单项工程主要特征）			
2.1	溢洪道				宜分部列出工程量
(1)	土方明挖		m^3		
(2)	石方明挖		m^3		
(3)	石方洞挖		m^3		
(4)	喷混凝土		m^3		
(5)	锚杆		根		
(6)	预应力锚索		束		
(7)	排水孔		m		
(8)	固结灌浆		m		
(9)	帷幕灌浆		m		
(10)	回填灌浆		m^2		
(11)	接触灌浆		m^2		
(12)	地下连续墙造孔		m^2		

续表

序　号	项　目　名　称	项目主要特征	单位	工程量	备　　注
（13）	地下连续墙混凝土		m^3		
（14）	混凝土灌注桩		m		
（15）	土石方填筑		m^3		
（16）	混凝土		m^3		
（17）	钢筋		t		
（18）	钢材		t		
（19）	止水		m		
（20）	浆砌石		m^3		
（21）	其他				
2.2	泄洪洞				宜分部列出工程量
下一级项目设置可参考 2.1 节溢洪道					
2.3	消能防冲建筑物				
（1）	土方明挖		m^3		
（2）	石方明挖		m^3		
（3）	喷混凝土		m^3		
（4）	挂网钢筋		t		
（5）	锚杆（锚筋）		根		
（6）	预应力锚索		束		
（7）	排水孔		m		
（8）	固结灌浆		m		
（9）	帷幕灌浆		m		
（10）	混凝土		m^3		
（11）	钢筋		t		
（12）	钢材		t		
（13）	止水		m		
（14）	浆砌石		m^3		
（15）	其他				
3	输水建筑物				宜分部列出工程量
（1）	土方明挖		m^3		
（2）	石方明挖		m^3		
（3）	石方洞挖		m^3		
（4）	喷混凝土		m^3		
（5）	挂网钢筋		t		
（6）	锚杆		根		
（7）	预应力锚索		束		
（8）	排水孔		m		
（9）	固结灌浆		m		

续表

序 号	项 目 名 称	项目主要特征	单位	工程量	备 注
（10）	帷幕灌浆		m		
（11）	回填灌浆		m^2		
（12）	接触灌浆		m^2		
（13）	土石方填筑		m^3		
（14）	混凝土		m^3		
（15）	钢筋		t		
（16）	钢材		t		
（17）	钢管防腐		m^2		
（18）	止水		m		
（19）	浆砌石		m^3		
（20）	其他				
4	发电厂房	（单项工程主要特征）			
4.1	地面发电工程				宜分部列出工程量
（1）	土方明挖		m^3		
（2）	石方明挖		m^3		
（3）	石方洞挖		m^3		
（4）	喷混凝土		m^3		
（5）	挂网钢筋		t		
（6）	锚杆		根		
（7）	预应力锚索		束		
（8）	排水孔		m		
（9）	固结灌浆		m		
（10）	帷幕灌浆		m		
（11）	回填灌浆		m^2		
（12）	地下连续墙造孔		m^2		
（13）	地下连续墙混凝土		m^3		
（14）	土石方填筑		m^3		
（15）	混凝土		m^3		
（16）	钢筋		t		
（17）	钢材		t		
（18）	止水		m		
（19）	砖砌体		m^3		
（20）	轻质砌体		m^3		
（21）	浆砌石		m^3		
（22）	其他				
4.2	地下发电工程				宜分部列出工程量
（1）	土方明挖		m^3		

续表

序　号	项　目　名　称	项目主要特征	单位	工程量	备　　注
（2）	石方明挖		m^3		
（3）	石方洞挖		m^3		
（4）	喷混凝土		m^3		
（5）	挂网钢筋		t		
（6）	锚杆		根		
（7）	预应力锚索		束		
（8）	排水孔		m		
（9）	固结灌浆		m		
（10）	帷幕灌浆		m		
（11）	回填灌浆		m^2		
（12）	土石方填筑		m^3		
（13）	混凝土		m^3		
（14）	钢筋		t		
（15）	钢材		t		
（16）	止水		m		
（17）	砖砌体		m^3		
（18）	轻质砌体		m^3		
（19）	浆砌石		m^3		
（20）	其他				
5	升压变电建筑物	（单项工程主要特征）			
5.1	地面变电站				宜分部列出工程量
（1）	土方明挖		m^3		
（2）	石方明挖		m^3		
（3）	喷混凝土		m^3		
（4）	锚杆		根		
（5）	预应力锚索		束		
（6）	排水孔		m		
（7）	固结灌浆		m		
（8）	强夯		m^2		
（9）	高压喷射灌浆		m		
（10）	钢筋		t		
（11）	钢材		t		
（12）	止水		m		
（13）	砖砌体		m^3		
（14）	轻质砌体		m^3		
（15）	浆砌石		m^3		
（16）	其他				

续表

序　号	项　目　名　称	项目主要特征	单位	工程量	备　　注
5.2	地下变电站				宜分部列出工程量
（1）	土方明挖		m^3		
（2）	石方明挖		m^3		
（3）	石方洞挖		m^3		
（4）	喷混凝土		m^3		
（5）	锚杆		根		
（6）	预应力锚索		束		
（7）	排水孔		m		
（8）	固结灌浆		m		
（9）	回填灌浆		m^2		
（10）	土石方填筑		m^3		
（11）	混凝土		m^3		
（12）	钢筋		t		
（13）	钢材		t		
（14）	止水		m		
（15）	砖砌体		m^3		
（16）	轻质砌体		m^3		
（17）	浆砌石		m^3		
（18）	其他				
6	航运过坝建筑物				宜分部列出工程量
（1）	土方明挖		m^3		
（2）	石方明挖		m^3		
（3）	石方洞挖		m^3		
（4）	喷混凝土		m^3		
（5）	锚杆		根		
（6）	预应力锚索		束		
（7）	排水孔		m		
（8）	固结灌浆		m		
（9）	帷幕灌浆		m		
（10）	回填灌浆		m^2		
（11）	接触灌浆		m^2		
（12）	地下连续墙造孔		m^2		
（13）	地下连续墙混凝土		m^3		
（14）	混凝土灌注桩		m		
（15）	土石方填筑		m^3		
（16）	混凝土		m^3		
（17）	钢筋		t		

续表

序　号	项　目　名　称	项目主要特征	单位	工程量	备　　注
（18）	钢材		t		
（19）	止水		m		
（20）	浆砌石		m^3		
（21）	其他				
7	边坡工程				宜分部列出工程量
（1）	土方明挖		m^3		
（2）	石方明挖		m^3		
（3）	石方洞挖		m^3		
（4）	喷混凝土		m^3		
（5）	锚杆		根		
（6）	预应力锚索		束		
（7）	排水孔		m		
（8）	土石方填筑		m^3		
（9）	混凝土		m^3		
（10）	钢筋		t		
（11）	浆砌石		m^3		
（12）	其他				
8	交通工程				参见 4.7.1
9	房屋建筑工程				参见 4.7.2

注　可根据建筑物实际情况和本阶段工程量计算要求，增减分项工程的项目。

表 4.2.3　　　　　　　可行性研究阶段建筑工程工程量清单

序　号	项　目　名　称	项目主要特征	单位	工程量	备　　注
1	挡（蓄）水建筑物				
1.1	混凝土坝（闸）				
1.1.1	非溢流坝段				
（1）	土方明挖		m^3		
（2）	石方明挖		m^3		
（3）	石方洞挖		m^3		
（4）	喷混凝土		m^3		
（5）	挂网钢筋		t		
（6）	锚杆		根		
（7）	预应力锚索		束		
（8）	固结灌浆		m		
（9）	接触灌浆		m^2		
（10）	接缝灌浆		m^2		
（11）	回填灌浆		m^2		
（12）	混凝土灌注桩		m		
（13）	土方填筑		m^3		
（14）	石方填筑		m^3		
（15）	常态混凝土		m^3		
（16）	碾压混凝土		m^3		
（17）	钢筋		t		
（18）	钢材		t		
（19）	止水、止浆材料		m		
（20）	填缝材料		m^3		
（21）	砌石		m^3		
（22）	其他				
1.1.2	泄水坝段				
下一级项目设置可参考 1.1.1 节非溢流坝段					
1.1.3	进水口坝段				
下一级项目设置可参考 1.1.1 节非溢流坝段					
1.1.4	渗控工程				
（1）	土方明挖		m^3		
（2）	石方明挖		m^3		
（3）	石方洞挖		m^3		
（4）	喷混凝土		m^3		
（5）	挂网钢筋		t		
（6）	锚杆		根		

续表

序　号	项　目　名　称	项目主要特征	单位	工程量	备　　注
（7）	预应力锚索		束		
（8）	固结灌浆		m		灌浆隧洞等
（9）	帷幕灌浆		m		
（10）	钻灌浆孔		m		
（11）	排水孔（管）		m		
（12）	地下连续墙造孔		m^2		
（13）	地下连续墙混凝土		m^3		
（14）	常态混凝土		m^3		
（15）	钢筋		t		
（16）	止水、止浆材料		m		
（17）	其他				
1.2	土（石）坝				
1.2.1	挡水坝				
（1）	土方明挖		m^3		
（2）	石方明挖		m^3		
（3）	石方洞挖		m^3		
（4）	喷混凝土		m^3		
（5）	挂网钢筋		t		
（6）	锚杆（束）		根		
（7）	预应力锚索		束		
（8）	固结灌浆		m		
（9）	接触灌浆		m^2		
（10）	接缝灌浆		m^2		
（11）	回填灌浆		m		
（12）	混凝土灌注桩		m		
（13）	土料填筑		m^3		
（14）	砂砾料填筑		m^3		
（15）	过渡料回填		m^3		
（16）	反滤料（垫层料）填筑		m^3		
（17）	土工合成材料		m^2		
（18）	常态混凝土		m^3		
（19）	钢筋		t		
（20）	止水、止浆材料		m		
（21）	填缝材料		m^2或m^3		
（22）	沥青混凝土		m^3		
（23）	砌石		m^3		
（24）	其他				

续表

序　号	项　目　名　称	项目主要特征	单位	工程量	备　　注
1.2.2	坝身泄水建筑物				
下一级项目设置可参考 1.2.1 节挡水坝段					
1.2.3	渗控工程				
下一级项目设置可参考 1.1.4 节渗控工程					
2	泄水建筑物				
2.1	溢洪道				
2.1.1	引水渠				
（1）	土方明挖		m^3		
（2）	石方明挖		m^3		
（3）	石方洞挖		m^3		
（4）	喷混凝土		m^3		
（5）	挂网钢筋		t		
（6）	锚杆		根		
（7）	预应力锚索		束		
（8）	排水孔		m		
（9）	固结灌浆		m		
（10）	回填灌浆		m^2		
（11）	接触灌浆		m^2		
（12）	地下连续墙钻孔		m^2		
（13）	地下连续墙混凝土		m^3		
（14）	混凝土灌注桩		m		
（15）	土石方填筑		m^3		
（16）	混凝土		m^3		
（17）	钢筋		t		
（18）	钢材		t		
（19）	止水		m		
（20）	浆砌石		m^3		
（21）	其他				
2.1.2	控制段				
以下项目设置可参考 2.1.1 节引水渠					
2.1.3	泄槽段				
以下项目设置可参考 2.1.1 节引水渠					
2.1.4	出口段				
以下项目设置可参考 2.1.1 节引水渠					
2.2	泄洪洞				
2.2.1	进口段				
以下项目设置可参考 2.1.1 节引水渠					

续表

序　号	项　目　名　称	项目主要特征	单位	工程量	备　　注
2.2.2	有压段				
以下项目设置可参考 2.1.1 节引水渠					
2.2.3	控制段				
以下项目设置可参考 2.1.1 节引水渠					
2.2.4	无压段				
以下项目设置可参考 2.1.1 节引水渠					
2.2.5	出口段				
以下项目设置可参考 2.1.1 节引水渠					
2.3	冲沙孔（洞）				
以下项目设置可参考 2.2 节泄洪洞					
2.4	放空（孔）洞				
以下项目设置可参考 2.2 节泄洪洞					
2.5	消能防冲建筑物				应按坝身泄水、溢洪道、泄洪洞等分列
以下项目设置可参考 2.1.1 节引水渠					
3	输水建筑物				
3.1	进（出）水口				
（1）	土方明挖		m^3		
（2）	石方明挖		m^3		
（3）	石方洞挖		m^3		
（4）	喷混凝土		m^3		
（5）	锚杆		根		
（6）	预应力锚索		束		
（7）	排水孔		m		
（8）	固结灌浆		m		
（9）	回填灌浆		m^2		
（10）	接触灌浆		m^2		
（11）	混凝土灌注桩		m		
（12）	土石方填筑		m^3		
（13）	混凝土		m^3		
（14）	钢筋		t		
（15）	钢材		t		
（16）	止水		m		
（17）	浆砌石		m^3		
（18）	其他				
3.2	引水隧洞				
（1）	石方洞挖		m^3		

续表

序　号	项　目　名　称	项目主要特征	单位	工程量	备　　注
（2）	喷混凝土		m^3		
（3）	锚杆		根		
（4）	预应力锚索		束		
（5）	排水孔		m		
（6）	固结灌浆		m		
（7）	回填灌浆		m^2		
（8）	接触灌浆		m^2		
（9）	混凝土		m^3		
（10）	钢筋		t		
（11）	钢材		t		
（12）	止水		m		
（13）	其他				
3.3	调压室				
以下项目设置可参考 3.2 节引水隧洞					
3.4	压力管道				
（1）	压力钢管		t		
（2）	钢管防腐		m^2		
以下项目设置可参考 3.2 节引水隧洞					
3.5	尾水洞				
以下项目设置可参考 3.2 节引水隧洞					
3.6	尾水闸门室				
以下项目设置可参考 3.2 节引水隧洞					
3.7	其他				
4	发电厂房				
4.1	地面发电建筑物				
4.1.1	地面主厂房				
（1）	土方明挖		m^3		
（2）	石方明挖		m^3		
（3）	石方洞挖		m^3		
（4）	喷混凝土		m^3		
（5）	挂网钢筋		t		
（6）	锚杆		根		
（7）	预应力锚索		束		
（8）	排水孔		m		
（9）	固结灌浆		m		
（10）	帷幕灌浆		m		
（11）	回填灌浆		m^2		

续表

序　号	项　目　名　称	项目主要特征	单位	工程量	备　　注
（12）	地下连续墙造孔		m^2		
（13）	地下连续墙混凝土		m^3		
（14）	混凝土灌注桩		m		
（15）	土石方填筑		m^3		
（16）	混凝土		m^3		
（17）	钢筋		t		
（18）	钢材		t		
（19）	止水		m		
（20）	砖砌体		m^3		
（21）	轻质砌体		m^3		
（22）	浆砌石		m^3		
（23）	屋面结构		m^2		
（24）	结构装饰		m^2		
（25）	其他				
4.1.2	副厂房				
以下项目设置可参考 4.1.1 节地面主厂房					
4.1.3	安装间				
以下项目设置可参考 4.1.1 节地面主厂房					
4.1.4	尾水渠				
以下项目设置可参考 4.1.1 节地面主厂房					
4.2	地下发电建筑物				
4.2.1	地下主厂房				
（1）	土方明挖		m^3		
（2）	石方明挖		m^3		
（3）	石方洞挖		m^3		
（4）	喷混凝土		m^3		
（5）	锚杆		根		
（6）	预应力锚索		束		
（7）	排水孔		m		
（8）	固结灌浆		m		
（9）	帷幕灌浆		m		
（10）	回填灌浆		m^2		
（11）	土石方填筑		m^3		
（12）	混凝土		m^3		
（13）	钢筋		t		
（14）	钢材		t		
（15）	止水		m		

续表

序　号	项　目　名　称	项目主要特征	单位	工程量	备　　注
（16）	砖砌体		m^3		
（17）	轻质砌体		m^3		
（18）	浆砌石		m^3		
（19）	屋顶结构		m^2		
（20）	其他				
4.2.2	地下副厂房				
以下项目设置可参考 4.2.1 节地下主厂房					
4.2.3	安装间				
以下项目设置可参考 4.2.1 节地下主厂房					
4.2.4	主变洞				
以下项目设置可参考 4.2.1 节地下主厂房					
4.2.5	通风洞				
以下项目设置可参考 4.2.1 节地下主厂房					
4.2.6	渗控工程				
以下项目设置可参考 1.1.4 节渗控工程					
5	升压变电建筑物				
5.1	地面变电站				
5.1.1	地面变电站				
（1）	土方明挖		m^3		
（2）	石方明挖		m^3		
（3）	喷混凝土		m^3		
（4）	挂网钢筋		t		
（5）	锚杆		根		
（6）	预应力锚索		束		
（7）	排水孔		m		
（8）	固结灌浆		m		
（9）	土石方填筑		m^3		
（10）	混凝土		m^3		
（11）	钢筋		t		
（12）	钢材及钢构架		t		
（13）	止水		m		
（14）	砖砌体		m^3		
（15）	轻质砌体		m^3		
（16）	浆砌石		m^3		
（17）	屋面结构		m^2		
（18）	其他				
5.1.2	出线场				

续表

序 号	项 目 名 称	项目主要特征	单位	工程量	备 注
以下项目设置可参考 5.1.1 节地面变电站					
5.2	地下变电站				
5.2.1	主变洞				
（1）	土方明挖		m^3		
（2）	石方明挖		m^3		
（3）	石方洞挖		m^3		
（4）	喷混凝土		m^3		
（5）	挂网钢筋		t		
（6）	锚杆		根		
（7）	预应力锚索		束		
（8）	排水孔		m		
（9）	固结灌浆		m		
（10）	回填灌浆		m^2		
（11）	土石方填筑		m^3		
（12）	混凝土		m^3		
（13）	钢筋		t		
（14）	钢材		t		
（15）	止水		m		
（16）	砖砌体		m^3		
（17）	轻质砌体		m^3		
（18）	浆砌石		m^3		
（19）	其他				
5.2.2	母线洞				
以下项目设置可参考 5.2.1 节主变洞					
5.2.3	出线洞（竖井）				
以下项目设置可参考 5.2.1 节主变洞					
6	航运过坝建筑物				
6.1	船闸（升船机）				
6.1.1	上游引航道				
（1）	土方明挖		m^3		
（2）	石方明挖		m^3		
（3）	石方洞挖		m^3		
（4）	喷混凝土		m^3		
（5）	锚杆		根		
（6）	预应力锚索		束		
（7）	排水孔		m		
（8）	固结灌浆		m		
（9）	帷幕灌浆		m		
（10）	回填灌浆		m^2		
（11）	接触灌浆		m^2		

续表

序　号	项　目　名　称	项目主要特征	单位	工程量	备　　注
（12）	地下连续墙造孔		m^2		
（13）	地下连续墙混凝土		m^3		
（14）	混凝土灌注桩		m		
（15）	土石方填筑		m^3		
（16）	混凝土		m^3		
（17）	钢筋		t		
（18）	钢材		t		
（19）	止水		m		
（20）	浆砌石		m^3		
（21）	其他				
6.1.2	船闸（升船机）主体				
以下项目设置可参考 6.1 节上引航道					
6.1.3	下游引航道				
以下项目设置可参考 6.1 节上引航道					
6.1.4	航道整治工程				
以下项目设置可参考 6.1 节上引航道					
7	边坡工程				
7.1	边坡处理				
（1）	土方明挖		m^3		
（2）	石方明挖		m^3		
（3）	石方洞挖		m^3		
（4）	喷混凝土		m^3		
（5）	锚杆		根		
（6）	预应力锚索		束		
（7）	柔性防护网		m^2		
（8）	排水孔		m		
（9）	土石方填筑		m^3		
（10）	混凝土		m^3		
（11）	混凝土网格		m		
（12）	钢筋		t		
（13）	浆砌石		m^3		
（14）	其他				
7.2	近坝岸坡				
以下项目设置可参考 7.1 节边坡处理					
7.3	泥石流治理				
以下项目设置可参考 7.1 节边坡处理					
8	交通工程				参见 4.7.1
9	房屋建筑				参见 4.7.2

注　可根据建筑物实际情况和本阶段工程量计算要求，增减分项工程的项目。

表 4.2.4　　　　　招标设计和施工图设计阶段建筑工程工程量清单

序　号	项　目　名　称	项目主要特征	单位	工程量	备　注
1	挡（蓄）水建筑物				
1.1	混凝土坝（闸）				
1.1.1	非溢流坝段				
1）	土石方开挖				
（1）	土方明挖（按一般土方、沟槽、挖柱坑等分列）		m^3		
（2）	石方明挖（按一般石方、沟槽、石坑等分列）		m^3		
（3）	土方洞挖（按平洞、斜井、竖井开挖分列）		m^3		
（4）	石方洞挖（按平洞、洞室、斜井和竖井等洞室开挖分列）		m^3		
2）	支护、锚固及排水				
（1）	喷混凝土		m^3		
（2）	锚杆		根		
（3）	预应力锚索		根		
（4）	排水孔（管）		m		
（5）	挂网钢筋		t		
3）	钻孔及灌浆				
（1）	接触灌浆		m^2		
（2）	接缝灌浆		m^2		
（3）	钻灌浆孔		m		
（4）	回填灌浆		m^2		
4）	土石方填筑				
（1）	土方回填		m^3		
（2）	石方回填		m^3		
（3）	土工合成材料		m^2		
（4）	搭接辅助材料		t		
5）	混凝土及钢筋、钢材				
（1）	常态混凝土		m^3		
（2）	碾压混凝土		m^3		
（3）	钢筋		t		
（4）	钢材		t		
（5）	铜止水		m		
（6）	橡胶止水带		m		
（7）	填缝材料		m^2或m^3		
6）	沥青混凝土				
（1）	防渗层		m^3		
（2）	整平胶结层		m^3		

续表

序 号	项 目 名 称	项目主要特征	单位	工程量	备 注
（3）	加厚层沥青混凝土		m^3		
（4）	封闭层		m^2		
（5）	沥青混凝土防渗心墙		m^3		
7）	砌体				
（1）	砌石		m^3		
（2）	砌砖		m^3		
（3）	加筋材料		t		
（4）	混凝土砌		m^3		
8）	其他				
1.1.2	泄水坝段				
以下项目设置可参考 1.1.1 节非溢流坝段					
1.1.3	进水口坝段				
以下项目设置可参考 1.1.1 节非溢流坝段					
1.1.4	渗控工程				
（1）	土方明挖		m^3		
（2）	石方明挖		m^3		
（3）	石方洞挖		m^3		
（4）	喷混凝土		m^3		
（5）	挂网钢筋		t		
（6）	锚杆		根		
（7）	预应力锚索		根		
（8）	固结灌浆		m 或 t		灌浆隧洞等
（9）	地下连续墙造孔		m^2		
（10）	地下连续墙混凝土		m^3		
（11）	帷幕灌浆		m 或 t		
（12）	钻灌浆孔		m		
（13）	排水孔（管）		m		
（14）	常态混凝土		m^3		
（15）	钢筋		t		
（16）	止水、止浆材料		m		
（17）	其他				
1.1.5	坝顶结构				
（1）	防浪墙混凝土		m^3		
（2）	路面、人行道混凝土		m^3		
（3）	沥青混凝土		m^3		
（4）	排水管		m		
（5）	其他				
以下项目设置可参考 1.1.1 节非溢流坝段					

续表

序　号	项　目　名　称	项目主要特征	单位	工程量	备　注
1.1.6	基础处理				
（1）	土方明挖		m^3		
（2）	石方明挖		m^3		
（3）	混凝土		m^3		
（4）	高压喷射灌浆		m		
（5）	钢筋混凝土预制桩		根		
（6）	混凝土灌注桩		m		
（7）	振冲桩		m		
（8）	钢筋混凝土沉井		m^3		
（9）	钢沉井		t		
（10）	搅拌桩		m^3		
（11）	强夯		m^2		
（12）	固结灌浆		m 或 t		
（13）	其他				
1.2	土（石）坝				
1.2.1	挡水坝				
1）	土石方开挖				
（1）	土方明挖（按一般土方、沟槽、柱坑等分列）		m^3		
（2）	石方明挖（按一般石方、沟槽、石坑等分列）		m^3		
（3）	土方洞挖（按平洞、斜井、竖井开挖分列）		m^3		
（4）	石方洞挖（按平洞、洞室、斜井和竖井等洞室开挖分列）		m^3		
2）	支护、锚固及排水				
（1）	喷混凝土		m^3		
（2）	锚杆		根		
（3）	预应力锚索		根		
（4）	排水孔（管）		m		
（5）	挂网钢筋		t		
3）	钻孔和灌浆				
（1）	钻灌浆孔		m		
（2）	回填灌浆		m^2		
（3）	其他				
4）	土石方填筑				
（1）	土料填筑		m^3		
（2）	反滤料填筑		m^3		
（3）	垫层料填筑				

续表

序　号	项　目　名　称	项目主要特征	单位	工程量	备　注
（4）	过渡料填筑		m^3		
（5）	上游堆石料填筑		m^3		
（6）	下游堆石料填筑		m^3		
（7）	土工合成材料		m^2		
（8）	搭接辅助材料		t		
（9）	一般土石方填筑		m^3		
5）	混凝土及钢筋、钢材				
（1）	常态混凝土		m^3		
（2）	钢筋		t		
（3）	止水、止浆材料		m		
（4）	填缝材料		m^3		
6）	沥青混凝土				
（1）	面板防渗层		m^3		
（2）	整平胶结层		m^3		
（3）	加厚层沥青混凝土		m^3		
（4）	封闭层		m^2		
（5）	沥青混凝土防渗心墙		m^3		
7）	砌体				
（1）	干砌石		m^3		
（2）	浆砌石		m^3		
（3）	砌砖		m^3		
（4）	加筋材料		t		
（5）	混凝土砌		m^3		
1.2.2	坝身泄水建筑物				
以下项目设置可参考 1.2.1 节挡水坝段					
1.2.3	渗控工程				
以下项目设置可参考 1.1.4 节渗控工程					
1.2.4	坝顶结构				
以下项目设置可参考 1.1.5 节坝顶结构					
1.2.5	基础处理				
以下项目设置可参考 1.1.6 节基础处理					
2	泄水、消能建筑物				
2.1	溢洪道				
2.1.1	引水渠				
1）	土石方开挖				
（1）	土方明挖（应按一般土方、沟槽、柱坑等分列）		m^3		
（2）	石方明挖（应按一般石方、沟槽、石坑等分列）		m^3		

续表

序　号	项　目　名　称	项目主要特征	单位	工程量	备　注
（3）	土方洞挖（应按平洞、斜井、竖井开挖分列）		m^3		
（4）	石方洞挖（按平洞、洞室、斜井和竖井等洞室开挖分列）		m^3		
2）	支护、锚固及排水工程				
（1）	喷混凝土		m^2		
（2）	锚杆		根		
（3）	预应力锚索（杆）		根		
（4）	排水孔（管）		m		
（5）	其他				
3）	钻孔和灌浆工程				
（1）	钻灌浆孔		m		
（2）	固结灌浆		m 或 t		
（3）	帷幕灌浆		m 或 t		
（4）	回填灌浆		m^2		
（5）	接触灌浆		m^2		
（6）	其他				
4）	地下连续墙工程				
（1）	地下连续墙造孔		m^2		
（2）	地下连续墙混凝土		m^3		
（3）	高压喷射灌浆		m		
（4）	其他				
5）	地基加固工程				
（1）	钢筋混凝土预制桩		根		
（2）	混凝土灌注桩		m		
（3）	振冲桩		m		
（4）	钢筋混凝土沉井		m^3		
（5）	钢沉井		t		
（6）	搅拌桩		m^3		
（7）	强夯		m^2		
（8）	其他				
6）	土石方填筑工程				
（1）	一般土石方填筑		m^3		
7）	混凝土和钢筋、钢材工程				
（1）	混凝土		m^3		
（2）	钢筋		t		
（3）	钢材		t		
（4）	铜止水		m		
（5）	橡胶止水带		m		

续表

序　号	项　目　名　称	项目主要特征	单位	工程量	备　注
（6）	填缝材料		m^2或m^3		
（7）	其他				
8）	砌体工程				
（1）	砌石		m^3		
（2）	砌砖		m^3		
（3）	轻质砌体		m^3		
（4）	加筋材料		t		
（5）	混凝土砌		m^3		
（6）	其他				
9）	不良地质处理				
（1）	土石方开挖		m^3		
（2）	钢筋混凝土预制桩		根		
（3）	混凝土灌注桩		m		
（4）	回填混凝土		m^3		
（5）	插筋		根		
（6）	回填灌浆		m^2		
（7）	其他				
2.1.2	控制段				
以下项目设置可参考 2.1.1 节引水渠					
2.1.3	泄槽段				
以下项目设置可参考 2.1.1 节引水渠					
2.1.4	出口段				
以下项目设置可参考 2.1.1 节引水渠					
2.2	泄洪洞				
2.2.1	进口段				
以下项目设置可参考 2.1.1 节引水渠					
2.2.2	有压段				
以下项目设置可参考 2.1.1 节引水渠					
2.2.3	控制段				
以下项目设置可参考 2.1.1 节引水渠					
2.2.4	无压段				
以下项目设置可参考 2.1.1 节引水渠					
2.2.5	出口段				
以下项目设置可参考 2.1.1 节引水渠					
2.3	冲沙孔（洞）				
以下项目设置可参考 2.2 节泄洪洞					
2.4	放空（孔）洞				
以下项目设置可参考 2.2 节泄洪洞					

续表

序　号	项　目　名　称	项目主要特征	单位	工程量	备　注
2.5	消能防冲建筑物				
2.5.1	水垫塘				
以下项目设置可参考 2.1.1 节引水渠					
2.5.2	消力池				
以下项目设置可参考 2.1.1 节引水渠					
2.5.3	尾坝				
以下项目设置可参考 2.1.1 节引水渠					
2.5.4	海漫				
以下项目设置可参考 2.1.1 节引水渠					
2.5.5	防（淘）冲墙				
以下项目设置可参考 2.1.1 节引水渠					
2.5.6	防护边坡				
以下项目设置可参考 2.1.1 节引水渠					
2.5.7	其他				
3	输水建筑物				
3.1	进水口				
1）	土石方开挖				
（1）	土方明挖（应按一般土方、沟槽、柱坑等分列）		m^3		
（2）	石方明挖（应按一般石方、沟槽、石坑等分列）		m^3		
（3）	土方洞挖（应按平洞、斜井、竖井开挖分列）		m^3		
（4）	石方洞挖（按平洞、洞室、斜井和竖井等洞室开挖分列）		m^3		
2）	支护、锚固及排水工程				
（1）	喷混凝土		m^2		
（2）	锚杆		根		
（3）	预应力锚索（杆）		根		
（4）	排水孔		m		
（5）	其他				
3）	钻孔和灌浆工程				
（1）	钻灌浆孔		m		
（2）	固结灌浆		m 或 t		
（3）	帷幕灌浆		m 或 t		
（4）	其他				
4）	地基加固工程				
（1）	钢筋混凝土预制桩		根		
（2）	强夯		m^2		

续表

序　号	项　目　名　称	项目主要特征	单位	工程量	备　注
（3）	混凝土灌注桩		m		
（4）	振冲桩		m		
（5）	钢筋混凝土沉井		m^3		
（6）	钢沉井		t		
（7）	搅拌桩		m^3		
（8）	其他				
5）	土石方填筑工程				
（1）	土石方填筑		m^3		
（2）	其他				
6）	混凝土和钢筋、钢材工程				
（1）	混凝土		m^3		
（2）	钢筋		t		
（3）	铜止水		m		
（4）	橡胶止水带		m		
（5）	填缝材料		m^3 或 m^2		
（6）	其他				
7）	砌体工程				
（1）	砌石		m^3		
（2）	砌砖		m^3		
（3）	轻质砌体		m^3		
（4）	加筋材料		t		
（5）	其他				
3.2	引水隧洞				
1）	土石方开挖				
（1）	土方洞挖（应按平洞、斜井、竖井开挖分列）		m^3		
（2）	石方洞挖（按平洞、洞室、斜井和竖井等洞室开挖分列）		m^3		
2）	支护、锚固及排水工程				
（1）	喷混凝土		m^2		
（2）	锚杆		根		
（3）	预应力锚索（杆）		根		
（4）	排水孔		m		
（5）	钢支撑（钢格栅）		t		
（6）	管棚		m		
（7）	其他				
3）	钻孔和灌浆工程				
（1）	钻灌浆孔		m		
（2）	固结灌浆		m 或 t		

续表

序　号	项　目　名　称	项目主要特征	单位	工程量	备　注
（3）	回填灌浆		m^2		
（4）	接触灌浆		m^2		
（5）	其他				
4）	混凝土和钢筋、钢材工程				
（1）	混凝土		m^3		
（2）	钢筋		t		
（3）	铜止水		m		
（4）	橡胶止水带		m		
（5）	填缝材料		m^3 或 m^2		
（6）	其他				
5）	不良地质处理				
（1）	土石方开挖		m^3		
（2）	钢筋混凝土预制桩		根		
（3）	混凝土灌注桩		m		
（4）	回填混凝土		m^3		
（5）	插筋		根		
（6）	回填灌浆		m^2		
（7）	其他				
3.3	调压室				
以下项目设置可参考 3.2 节引水隧洞					
3.4	压力管道				
（1）	压力钢管		t		
（2）	加劲环		t		
（3）	支撑环		t		
（4）	阻水环		t		
（5）	止推环		t		
（6）	进人孔		t		
（7）	伸缩节		t		
（8）	钢管防腐		m^2		
以下项目设置可参考 3.2 节引水隧洞					
3.5	尾水隧洞				
以下项目设置可参考 3.2 节引水隧洞					
3.6	出水口				
以下项目设置可参考 3.1 节进水口					
3.7	尾水闸门室				
以下项目设置可参考 3.2 节引水隧洞					
4	发电厂房				
4.1	地面发电建筑物				

续表

序　号	项　目　名　称	项目主要特征	单位	工程量	备　注
4.1.1	地面主厂房				
1）	土石方开挖				
（1）	土方明挖（应按一般土方、沟槽、柱坑等分列）		m^3		
（2）	石方明挖（应按一般石方、沟槽、石坑等分列）		m^3		
（3）	土方洞挖（应按平洞、斜井、竖井开挖分列）		m^3		
（4）	石方洞挖（按平洞、洞室、斜井和竖井等洞室开挖分列）		m^3		
2）	支护、锚固及排水工程				
（1）	喷混凝土		m^2		
（2）	锚杆		根		
（3）	预应力锚索		根		
（4）	排水孔		m		
（5）	其他				
3）	钻孔和灌浆工程				
（1）	固结灌浆		m 或 t		
（2）	帷幕灌浆		m 或 t		
（3）	回填灌浆		m^2		
（4）	接触灌浆		m^2		
（5）	其他				
4）	地下连续墙工程				
（1）	地下连续墙造孔		m^2		
（2）	地下连续墙混凝土		m^3		
（3）	高压喷射灌浆		m		
（4）	其他				
5）	地基加固工程				
（1）	钢筋混凝土预制桩		根		
（2）	混凝土灌注桩		m		
（3）	振冲桩		m		
（4）	钢筋混凝土沉井		m^3		
（5）	钢沉井		t		
（6）	强夯		m^2		
（7）	搅拌桩		m^3		
（8）	其他				
6）	土石方填筑工程				
（1）	土石方填筑		m^3		
（2）	其他				
7）	混凝土和钢筋、钢材工程				
（1）	混凝土		m^3		

续表

序　号	项　目　名　称	项目主要特征	单位	工程量	备　　注
（2）	钢筋		t		
（3）	钢材		t		
（4）	止水		m		
（5）	其他				
8）	砌体工程				
（1）	砖砌体		m^3		
（2）	轻质砌体		m^3		
（3）	浆砌石		m^3		
9）	屋顶结构		m^2		
10）	其他				
4.1.2	副厂房				
以下项目设置可参考 4.1.1 节地面主厂房					
4.1.3	安装间				
以下项目设置可参考 4.1.1 节地面主厂房					
4.1.4	尾水渠				
以下项目设置可参考 4.1.1 节地面主厂房					
4.2	地下发电建筑物				
4.2.1	地下主厂房				
1）	土石方开挖				
（1）	土方明挖		m^3		
（2）	石方明挖		m^3		
（3）	石方洞挖		m^3		
（4）	其他				
2）	支护、锚固排水工程				
（1）	喷混凝土		m^2		
（2）	锚杆		根		
（3）	预应力锚索		根		
（4）	排水孔		m		
（5）	其他				
3）	钻孔和灌浆工程				
（1）	钻灌浆孔		m		
（2）	固结灌浆		m 或 t		
（3）	帷幕灌浆		m 或 t		
（4）	回填灌浆		m^2		
（5）	接触灌浆		m^2		
（6）	其他				
4）	土石方填筑工程				
（1）	土石方填筑		m^3		
（2）	土工合成材料		m^2		
5）	混凝土和钢筋、钢材工程				

续表

序　号	项　目　名　称	项目主要特征	单位	工程量	备　注
（1）	混凝土		m^3		
（2）	钢筋		t		
（3）	钢材		t		
（4）	止水		m		
（5）	其他				
6）	砌体工程				
（1）	砖砌体		m^3		
（2）	轻质砌体		m^3		
（3）	浆砌石		m^3		
（4）	其他				
7）	顶棚结构		m^2		
4.2.2	地下副厂房				
以下项目设置可参考 4.2.1 节地下主厂房					
4.2.3	安装间				
以下项目设置可参考 4.2.1 节地下主厂房					
4.2.4	主变洞				
以下项目设置可参考 4.2.1 节地下主厂房					
4.2.5	交通洞				
以下项目设置可参考 4.2.1 节地下主厂房					
4.2.6	通风洞				
以下项目设置可参考 4.2.1 节地下主厂房					
4.2.7	渗控工程				
以下项目设置可参考 1.1.4 节渗控工程					
5	升压变电建筑物				
5.1	地面变电站				
5.1.1	地面变电站				
1）	土石方开挖				
（1）	土方明挖		m^3		
（2）	石方明挖		m^3		
（3）	其他				
2）	支护、锚固及排水工程				
（1）	喷混凝土		m^2		
（2）	锚杆		根		
（3）	预应力锚索		根		
（4）	排水孔		m		
（5）	其他				
3）	钻孔和灌浆工程				
（1）	固结灌浆		m 或 t		
（2）	钻灌浆孔		m		

续表

序　号	项　目　名　称	项目主要特征	单位	工程量	备　注
（3）	其他				
4）	土石方填筑工程				
（1）	土石方填筑		m^3		
5）	混凝土和钢筋、钢材工程				
（1）	混凝土		m^3		
（2）	钢筋		t		
（3）	钢材及钢构架		t		
（4）	止水		m		
（5）	其他				
6）	砌体工程				
（1）	砖砌体		m^3		
（2）	轻质砌体		m^3		
（3）	浆砌石		m^3		
（4）	其他				
7）	屋顶结构		m^2		
5.2	地下变电站				
5.2.1	地下变电站				
1）	土石方开挖				
（1）	土方明挖		m^3		
（2）	石方明挖		m^3		
（3）	石方洞挖		m^3		
（4）	其他				
2）	支护、锚固及排水工程				
（1）	喷混凝土		m^2		
（2）	锚杆		根		
（3）	预应力锚索		根		
（4）	排水孔		m		
（5）	其他				
3）	钻孔和灌浆工程				
（1）	钻灌浆孔		m		
（2）	固结灌浆		m		
（3）	回填灌浆		m^2		
（4）	其他				
4）	土石方填筑工程				
（1）	土石方填筑		m^3		
（2）	其他				
5）	混凝土和钢筋工程				
（1）	混凝土		m^3		
（2）	钢筋		t		
（3）	钢材		t		

续表

序　号	项　目　名　称	项目主要特征	单位	工程量	备　　注
（4）	止水		m		
（5）	其他				
6）	砌体工程				
（1）	砖砌体		m^3		
（2）	轻质砌体		m^3		
（3）	浆砌石		m^3		
（4）	其他				
7）	顶棚结构		m^2		
5.2.2	母线洞				
以下项目设置可参考 5.1.1 节地下变电站					
5.2.3	出线洞				
以下项目设置可参考 5.1.1 节地下变电站					
5.2.4	出线竖井				
以下项目设置可参考 5.1.1 节地下变电站					
6	航运过坝建筑物				
6.1	船闸（或升船机）				
6.1.1	上游引航道				
1）	土石方开挖				
（1）	土方明挖		m^3		
（2）	石方明挖		m^3		
（3）	土方洞挖		m^3		
（4）	石方洞挖				
（5）	其他				
2）	支护、锚固及排水工程				
（1）	喷混凝土		m^2		
（2）	锚杆		根		
（3）	预应力锚索		根		
（4）	排水孔		m		
（5）	其他				
3）	钻孔和灌浆工程				
（1）	固结灌浆		m 或 t		
（2）	帷幕灌浆		m 或 t		
（3）	回填灌浆		m^2		
（4）	接触灌浆		m^2		
（5）	其他				
4）	地下连续墙工程				
（1）	地下连续墙造孔		m^2		
（2）	地下连续墙混凝土		m^3		

续表

序　号	项　目　名　称	项目主要特征	单位	工程量	备　注
（3）	高压喷射灌浆		m		
（4）	其他				
5）	地基加固工程				
（1）	钢筋混凝土预制桩		根		
（2）	混凝土灌注桩		m		
（3）	振冲桩		m		
（4）	强夯		m^2		
（5）	钢筋混凝土沉井		m^3		
（6）	钢沉井		t		
（7）	搅拌桩		m^3		
（8）	其他				
6）	土石方填筑工程				
（1）	土石方填筑		m^3		
7）	混凝土和钢筋、钢材工程				
（1）	混凝土		m^3		
（2）	钢筋		t		
（3）	钢材		t		
（4）	止水		m		
（5）	其他				
8）	砌体工程				
（1）	砖砌体		m^3		
（2）	轻质砌体		m^3		
（3）	浆砌石		m^3		
（4）	其他				
6.1.2	上闸首				
以下项目设置可参考 6.1 节上引航道					
6.1.3	提升段				
以下项目设置可参考 6.1 节上引航道					
6.1.4	下闸首				
以下项目设置可参考 6.1 节上引航道					
6.1.5	下游引航道				
以下项目设置可参考 6.1 节上引航道					
6.1.6	下游河道治理				
以下项目设置可参考 6.1 节上引航道					
7	边坡工程				
7.1	建筑物高边坡处理				
1）	土石方开挖				

续表

序　号	项　目　名　称	项目主要特征	单位	工程量	备　注
（1）	土方明挖		m^3		
（2）	石方明挖		m^3		
（3）	土方洞挖		m^3		
（4）	石方洞挖		m^3		
（5）	其他				
2）	支护、锚固及排水工程				
（1）	喷混凝土		m^2		
（2）	锚杆		根		
（3）	预应力锚索		根		
（4）	排水孔		m		
（5）	柔性防护网		m^2		
（6）	其他				
3）	土石方填筑工程				
（1）	土石方填筑		m^3		
4）	混凝土和钢筋、钢材工程				
（1）	混凝土		m^3		
（2）	钢筋混凝土菱形网格		m		
（3）	钢筋		t		
（4）	钢材		t		
（5）	止水		m		
（6）	其他				
5）	砌体工程				
（1）	干砌石		m^3		
（2）	浆砌石		m^3		
（3）	砌砖		m^3		
（4）	其他				
7.2	近坝岸坡处理				
以下项目设置可参考 7.1 节近坝岸坡处理					
7.3	泥石流治理				
以下项目设置可参考 7.1 节近坝岸坡处理					
7.4	下游河道整治				
以下项目设置可参考 7.1 节近坝岸坡处理					
8	交通工程				参见 4.7.1
9	房屋建筑工程				参见 4.7.2
10	安全监测工程				参见 4.7.3
11	水文测报工程				参见 4.7.5
12	水库地震监测台网工程				参见 4.7.6

注　可根据建筑物实际情况和本阶段工程量计算要求，增减分项工程的项目。

4.3 环境保护和水土保持工程

4.3.1 适用范围

本节适用于环境保护和水土保持工程的工程量计算和清单编制。

4.3.2 环境保护工程工程量计算和清单编制

1 本节适用于环境保护工程的工程量计算和清单编制。

2 环境保护工程项目划分遵循以下原则：

1）环境保护单项工程包括但不限于水环境保护工程、大气环境保护工程、声环境保护工程、固体废物处理处置工程、地质环境保护工程、土壤环境保护工程、陆生生态保护与修复工程、珍稀植物保护工程、珍稀动物保护工程、水生生态保护工程、水生物种保护工程（增殖放流站）、人群健康保护工程、景观及文物保护工程、环境监测工程等。

2）环境保护分部工程划分包括但不限于以下工程：

（1）砂石料加工废水处理工程包括总平工程、沉沙池、反应池、沉淀池、清水池、回用水池、其他建筑工程、道路工程、配套设备及安装、设施运行与维护等。

（2）修配系统污水处理工程包括隔油池、配套设备及安装、设施运行与维护等。

（3）混凝土拌和系统废水处理工程包括总平工程、沉沙池、反应池、沉淀池、清水池、回用水池、其他建筑工程、配套设备及安装、设施运行与维护等。

（4）生活污水处理工程包括总平工程、粗细格栅、沉沙池、生化反应池、沉淀池、污泥浓缩池、储泥池、清水池、消毒池、流量计井、其他建筑工程、道路工程、配套设备及安装、设施运行与维护等。

（5）大气环境保护工程包括开挖与爆破粉尘的消减与控制、砂石加工与混凝土加工系统粉尘消减与控制、交通粉尘和施工生活营地废气消减与控制等。

（6）声环境保护工程包括施工机械与辅助企业噪声控制、交通噪声控制、爆破噪声控制等。

（7）固体废物处理处置工程分部工程项目根据处理工艺的不同有所差异，其中卫生填埋场分部工程包括总平工程、防洪工程、防渗工程、填埋气导排工程、垃圾坝工程、渗滤液收集与处理、其他房屋建筑工程、道路工程、配套设备及安装、设施运行与维护、封场工程、后期监测等；垃圾焚烧厂包括总平工程、房屋建筑工程、尾气治理工程、焚烧灰处置工程、道路工程、配套设备及安装、设施运行与维护等；垃圾堆肥场包括总平工程、房屋建筑工程、渗滤液收集与处理工程、道路工程、配套设备及安装、设施运行与维护等。

（8）地质环境保护工程包括库岸及边坡稳定防护、水库渗漏及浸没处理、泥石流防治、触发地震预测预防、河岸的冲淤防护等。

（9）土壤环境保护工程包括土壤浸没防治、土壤潜育化防治、土壤盐碱化防治、土壤沙化治理、土壤污染防治等。

（10）陆生动植物保护工程包括生态保护与修复、珍稀植物保护与珍稀动物保护等。

（11）水生物种保护工程（增殖放流站）包括总平工程、房屋建筑工程、鱼苗池、亲鱼池、饵料池、水处理工程、道路工程、配套设备及安装、设施运行与维护、效果监控等。

（12）人群健康保护工程包括卫生防疫、人群健康检查等。

（13）景观及文物保护工程包括景观保护工程、文物保护工程等。

3 环境保护工程工程量计算应符合以下要求：

1）水环境保护、大气环境保护、声环境保护、固体废物处理处置、地质环境保护、土壤环境保护、陆生生态保护、水生生态保护工程。

（1）水环境保护、大气环境保护、声环境保护、固体废物处理处置、地质环境保护、土壤环境保护、陆生生态保护、水生生态保护等环境保护工程涉及土建工程的项目，其工程量计算根据不同阶段采用不同精度要求进行计算，具体计算方法参考“3.1 建筑工程”及《建设工程工程量清单计价规范》（GB 50500）。

（2）环境保护工程涉及设备及安装工程的项目，其工程量计算根据不同阶段采用不同精度要求进行计算，具体计算方法，参考本书3.2节。

（3）不同设计阶段工程量计算应符合以下要求：

a）规划阶段。根据项目建设区自然环境特点和区域环境敏感保护目标等级、数量及分布情况，初步拟订环境保护工程项目、类型和数量，匡算环境保护工程各单位工程的主要工程量。

b）预可行性研究阶段。结合施工总布置和环保措施总体布局，确定环境保护单位工程设计规模、目标、工艺和用地指标；根据环境保护工程典型设计估算主要工程量，且用于估算工程量的典型设计宜在比例尺1:2000～1:5000的地形图上进行。

c）可行性研究阶段。结合施工总布置，按照环境保护工程设计图纸计算环境保护工程措施工程量；其中环境保护工程总布置宜在比例尺不低于1:2000的地形图上进行工程量计算，鱼类增殖放流站、施工期污（废）水处理、生活垃圾处理等专项环保工程宜在比例尺 1:500～1:1000 的地形图上进行工程量计算。

d）招标设计阶段。结合施工总布置，按照环境保护工程设计图纸计算环境保护工程措施工程量；其中环境保护工程总布置宜在比例尺不低于1:2000的地形图上进行工程量计算，鱼类增殖放流站、施工期污（废）水处理、生活垃圾处理等专项环保工程宜在比例尺 1:500～1:1000 的地形图上进行工程量计算。

e）施工图设计阶段。根据环境保护措施项目特点，按照环境保护工程施工详图设计图纸计算环境保护工程措施工程量，且用于计算工程量的措施设计宜在比例尺不低于1/2000的地形图上进行，其中鱼类增殖放流站、施工期污（废）水处理、生活垃圾处理等项目主要构筑物设计宜在比例尺1:500～1:1000的地形图上进行。

2）人群健康保护。

（1）人群健康保护措施工程量根据设计阶段不同以综合工程量或分项工程量计列。

（2）不同设计阶段工程量计算应符合以下要求：

a）规划阶段。结合项目实际情况，参考同类工程经验，初步拟订人群健康保护要求，工程量按项计量。

b）预可行性研究阶段。结合项目施工强度、施工人数及工程区域地方病和传染病发病情况，估算人群健康保护的规模和分项内容，人群健康保护措施工程量按项计量。

c）可行性研究阶段。结合项目施工强度、施工人数及工程区域地方病和传染病发病情况，计算人群健康保护的规模、分项内容及保护时段，人群健康保护措施工程量按项计量。

d）招标设计和施工图设计阶段。结合项目施工强度、施工人数及工程区域地方病和传染病发病情况，计算人群健康保护的规模、分项内容及保护时段，人群健康保护措施工程量按项计量。

3）景观及文物保护。

（1）景观工程措施工程量根据设计阶段不同以综合工程量或分项工程量计列，按面积（m^2）或项计量；文物保护工程工程量计量方式参考本书4.6节。

（2）不同设计阶段工程量计算应符合以下要求：

a）规划阶段。结合项目实际情况，参考同类工程经验，初步拟定景观及文物保护工程的类型、数量和规模，匡算景观及文物保护措施主要工程量，工程量按项计量。

b）预可行性研究阶段。结合施工总布置和项目特点，按照景观及文物保护工程典型设计估算主要工程量，且用于典型设计的地形图比例不宜低于 1/10000；景观保护措施工程量按面积计量，文物保护措施工程量按分部工程量计量。

c）可行性研究阶段。结合施工总布置，按照景观及文物保护工程设计图纸计算工程量，且用于计算景观及文物保护工程量的地形图比例不宜低于 1:5000；景观及文物保护工程应提出保护的对象、范围、数量、规格等内容，工程量按分部工程量计量。

d）招标设计阶段。结合施工总布置，按照景观及文物保护工程设计图纸计算工程量，且用于计算景观及文物保护工程量的地形图比例不宜低于 1:5000；景观及文物保护工程应提出保护的对象、范围、数量、规格等内容，工程量按分部工程量计量。

e）施工详图设计阶段。根据景观及文物保护工程项目特点，按照景观及文物保护措施施工详图设计图纸计算详细工程量，且用于计算景观及文物保护措施工程量的地形图比例不宜低于 1:2000；工程量以措施类型按分部工程量计量。

4）环境监测工程。

（1）环境监测工程量根据设计阶段不同以综合工程量或分项工程量计列。

（2）不同设计阶段工程量计算应符合以下要求：

a）规划阶段、预可行性研究阶段。环境监测工程量按项计量。

b）可行性研究阶段。环境监测工程量按监测因子分项计列，应提出监测点位、项目、频次、周期。

c）招标设计和施工图设计阶段。环境监测工程量按监测因子分项计列，应提出监测点位、项目、频次、周期。

4 环境保护工程工程量清单编制应符合以下要求：

1）项目规划阶段。工程量清单应按照单位工程列出工程量清单，工程量清单参见表 4.3.1，清单所列条目可根据项目自身特点适当增减。

2）预可行性研究阶段。工程量清单应按照单位工程列出，对于重要单位工程应列出分部分项工程量清单，工程量清单参见表 4.3.2，清单所列条目可根据项目自身特点适当增减。

3）可行性研究阶段。工程量清单应按照分部工程列出，对于重要分部工程应列出分项工程量清单，工程量清单参见表 4.3.3，清单所列条目可根据项目自身特点适当增减。

4）招标设计阶段。工程量清单应按照分部工程列出，对于重要分部工程应列出分项工程量清单，工程量清单参见表 4.3.3，清单所列条目可根据项目自身特点适当增减。

5）施工图设计阶段。工程量清单应按照分项工程列出，工程量清单参见表 4.3.4，清单所列条目可根据项目自身特点适当增减。

4.3.3 水土保持工程工程量计算和清单编制

1 本节适用于水土保持工程的工程量计算和清单编制。

2 水土保持措施类型包括工程措施、植物措施、临时措施三类，除水土保持监测工程外，每个单项工程的防护措施体系均应有该三类措施组成。

3 水土保持工程项目划分遵循以下原则：

1）水土保持单项工程包括但不限于渣场防护工程、料场防护工程、施工场地防护工程、道路防护工程、枢纽区防护工程、移民安置防护工程、水土保持监测工程等。

2）水土保持单位工程划分包括但不限于以下工程：

（1）工程措施包括拦挡工程、坡面防护工程、防洪排导工程、泥石流防治工程、土地整治工程、机械固沙工程、降水蓄渗工程、设备及安装工程等。

（2）植物措施包括植物防护或植被恢复、绿化美化、生态护坡等。

（3）临时措施单位工程划分参照工程措施和植物措施。

（4）水土保持监测工程包括监测设施、监测设备和施工期监测人工等。

3）水土保持分部工程划分包括但不限于以下工程：

（1）拦挡工程包括拦渣坝、挡渣墙、拦渣堤、围渣堰、钢筋石笼等。

（2）坡面防护工程包括削坡开级、工程护坡、滑坡防治等分部工程。

（3）防洪排导工程包括挡水坝、拦洪坝、泄水洞、泄水渠、泄水涵管、护岸护滩、排洪渠、排洪涵洞、防洪堤、排水沟、盲沟等。

（4）泥石流防治工程包括抗滑桩、格栅坝、拦沙坝、桩林等。

（5）土地整治工程包括复垦、坑洼回填、场地整治等。

（6）机械固沙工程包括压盖、沙障等分部工程。

（7）降水蓄渗工程包括水窖、涝池、沉沙池、蓄水池、引水渠、排水沟等。

（8）设备及安装工程包括喷灌设备、滴灌设备、提引设备等。

（9）植物防护或恢复工程包括植树、种草等。

（10）绿化美化工程包括种植观赏性树、草种等。

（11）生态护坡工程包括铺草皮护坡、液压喷播植草护坡、三维植被网护坡、土工格室植草护坡、骨架植草护坡、攀缘植物护坡、喷植生混凝土护坡、厚层基材植被护坡等。

（12）监测设施包括径流小区、简易观测场、控制站等。

（13）监测设备包括测量设备、采样设备、分析设备等。

4 水土保持工程工程量计算应符合以下要求：

1）工程措施。

（1）拦挡、坡面防护、防洪排导、泥石流防治、土地整治、降水蓄渗等水土保持单位工程的分项工程量不同阶段采用不同精度要求进行计算，具体计算方法参考本书 3.1 节。

（2）机械固沙工程的分项工程量不同阶段采用不同精度要求进行计算，具体计算方法参考 GB 50433—2008 和水利部水总〔2003〕67 号文执行。

（3）设备及安装工程的分项工程量不同阶段采用不同精度要求进行计算，具体计算方法参考本书 3.2 节。

（4）不同设计阶段工程量计算精度应符合以下要求：

a）规划阶段。结合项目实际情况和水土流失防治特点，参考同类工程经验，根据初步拟订的水土保持防护工程类型、范围和规模，匡算水土保持工程措施主要工程量。

b）预可行性研究阶段。结合施工总布置图和水土流失防治措施总体布局，按照水土保持工程典型设计估算水土保持工程措施主要工程量，且用于估算工程量的典型设计地形图比例不宜低于 1/10000，弃渣场、料场等主要部位典型设计应采用 1:2000～1:5000 精度。

c）可行性研究阶段。结合施工总布置图，依据水土保持方案确定的水土流失防治措施体系，按照水土保持工程设计图纸计算水土保持工程措施工程量，且用于计算工程量的措施设计地形图比例不宜低于 1/5000，其中料场和弃渣场等主要防护工程设计地形图比例不宜低于 1/2000，拦挡设施、排洪设施等主要构筑物设计地形图比例不宜低于 1/1000，特别重要的需达到 1:500 精度。

d）招标设计阶段。结合施工总布置图，依据水土保持方案确定的水土流失防治措施体系，按照水土保持工程设计图纸计算水土保持工程措施工程量，且用于计算工程量的措施设计地形图比例不宜低于 1/5000，其中料场和弃渣场等主要防护工程设计地形图比例不宜低于 1/2000，拦挡设施、排洪设施等主要构筑物设计地形图比例不宜低于 1/1000，特别重要的需达到 1:500 精度。

e）施工图设计阶段。结合工程措施防治部位，依据水土保持方案确定的水土流失防治措施体系，按照水土保持工程施工详图设计图纸计算水土保持工程措施详细工程量，且用于计算工程量的措施设计地形图比例不宜低于 1/2000，其中拦挡设施、排洪设施等主要构筑物设计应采用 1:500～1:1000 精度。

2）植物措施。

（1）植树、种草、生态护坡工程量根据设计阶段不同以综合工程量或分项工程量计列，植树按面积（m^2）或数量（株）计量，种草按面积（m^2）计量，生态护坡按面积（m^2）或分项工程量计量。

（2）不同设计阶段工程量计算应符合以下要求：

a）规划阶段。结合项目实际情况和水土流失防治特点，参考同类工程经验，根据初步拟定的植物措施类型、范围、规格，估算水土保持植物措施主要工程量；工程量需分单项工程计算，以综合工程量按项计量。

b）预可行性研究阶段。结合施工总布置图和植物措施总体布局，按照植物措施典型设计估算水土保持植物措施主要工程量，且用于估算植物措施实施范围的地形图比例不宜低于 1/10000，弃渣场、料场等主要部位植物措施典型设计应采用 1:2000～1:5000 精度；工程量需分单项工程计算，以分部工程工程量按面积计量。

c）可行性研究阶段。结合施工总布置图，按照水土保持植物措施设计图纸计算水土保持植物措施工程量，且用于计算植物措施工程量的地形图比例不宜低于 1/5000，弃渣场、料场等主要部位植物措施设计应采用 1:500～1:2000 精度；工程量需分单项、单位、分部工程计算，应提出绿化种类、实施部位、配置方式、生态护坡类型，以分项工程工程量计量。

d）招标设计和施工图设计阶段。结合植物措施实施部位，按照植物措施施工详图设计图纸计算植物措施详细工程量，且用于计算植物措施工程量的地形图比例不宜低于 1/2000，弃渣场、料场等主要部位植物措施施工详图设计应采用 1:500～1:1000 精度；工程量需分单项、单位、分部工程计算，应提出详细的绿化种类、实施部位、配置方式、生态护坡类型等，以分项工程工程量计量，且对于生态护坡工程宜按照不同护坡类型计量详细工程量。

3）临时措施。临时措施工程量计算方法参照工程措施和植物措施执行。

4）水土保持监测工程。

（1）水土保持监测设施、设备工程量根据设计阶段不同以综合工程量或分项工程量计列，监测设施按项、个或不同类型设施工程数量计量，监测设备按项、套或不同类型设备数量计量；施工期监测人工按相关规定计量。

（2）不同设计阶段工程量计算应符合以下要求：

a）规划和预可行性研究阶段。水土保持监测工程量按相关规定计量，以项计列。

b）可行性研究阶段。水土保持监测工程量按照水土保持方案确定的监测方案确定监测设施、监测设备和监测人工等工程量；工程量需分单位工程计算，以分部分项工程数量计量。

c）招标和施工图设计阶段。水土保持监测工程量按照水土保持方案确定的监测方案确定监测设施、监测设备和监测人工等工程量；工程量需分单位工程计算，以分部分项工程数量计量。

5 水土保持工程工程量清单编制应符合以下要求：

1）水土保持工程工程量清单应区分措施类型，按照单项工程编制。

2）不同设计阶段水土保持工程工程量清单编制应符合以下要求：

（1）规划阶段。工程措施应计列至主要单位工程，其他计列至单项工程。

（2）预可行性研究阶段。

a）工程措施工程量清单应计列至单位工程，且每个单位工程应计列其主要分项工程量。

b）植物措施工程量清单计列至单项工程，且每个单项工程应计列其主要分部工程量。

c）临时措施参照工程措施和植物措施执行。

d）水土保持监测工程计列至单项工程。

（3）可行性研究阶段。工程量清单应分单位工程计列，且每个单位工程均应计列其分部分项工程量。

（4）招标设计阶段。工程量清单应分单位工程计列，且每个单位工程均应计列其分部分项工程量。

（5）施工图设计阶段。工程量清单应分单位工程计列，且每个单位工程均应详细列出其分部分项工程量。

3）水土保持工程工程量清单编制格式参见表4.3.1～表4.3.4，各工程工程量条目包含但不限于清单所列内容，且可根据项目自身实际情况进行增减。

表 4.3.1　　规划阶段环境保护和水土保持工程工程量清单

序号	项目名称	项目主要特征	单位	工程量	备注
1	环境保护工程				
1.1	水环境保护工程		项		
1.2	大气环境保护工程		项		
1.3	声环境保护工程		项		
1.4	固体废物处置工程		项		
1.5	地质环境保护工程		项		
1.6	土壤环境保护工程		项		
1.7	陆生生态保护工程		项		
1.8	水生生态保护工程		项		
1.9	人群健康保护工程		项		
1.10	景观及文物保护工程		项		
1.11	环境监测工程	监测因子、数量	项		
1.12	其他		项		
2	水土保持工程				
2.1	工程措施		项		
2.2	植物措施	范围、类型、面积	项		
2.3	临时措施		项		
2.4	水土保持监测工程	主要监测方法、设施类型、数量	项		

表 4.3.2　　预可行性研究阶段环境保护和水土保持工程工程量清单

序　号	项　目　名　称	项目主要特征	单位	工程量	备　　注
1	环境保护工程				
1.1	水环境保护工程				
1.1.1	砂石料加工废水处理				
1）	总平工程				
（1）	土方开挖	开挖范围、尺寸、坡比	m^3		
（2）	石方开挖	开挖范围、尺寸、坡比	m^3		
（3）	土石方回填	回填范围、尺寸、材质、方法	m^3		
（4）	混凝土	强度等级	m^3		
（5）	浆砌石	砌石类型、材质、规格、施工方法	m^3		
（6）	钢筋		t		
（7）	钢制管件	材质、规格、数量	t		
（8）	绿化	面积、配置方式、种类	m^2		
（9）	围墙	规格、尺寸	m^2		
2）	沉沙池				工程项目参考本表 1.1.1 中 1）
3）	反应池				工程项目参考本表 1.1.1 中 1）
4）	沉淀池				工程项目参考本表 1.1.1 中 1）
5）	清水池				工程项目参考本表 1.1.1 中 1）
6）	回用水池				工程项目参考本表 1.1.1 中 1）
7）	其他建筑工程	屋顶、结构型式	m^2		
8）	道路工程	宽度、长度、形式	km		
9）	配套设备及安装	设备功能、型号、规模	项		
10）	设施运行与维护		项		
1.1.2	修配系统污水处理		项		工程项目参考本表 1.1.1
1.1.3	混凝土拌和系统废水处理				工程项目参考本表 1.1.1
1.1.4	生活污水处理				工程项目参考本表 1.1.1
1）	总平工程				
2）	粗、细格栅	规模、数量、工艺参数			
3）	沉沙池	规模、数量、工艺参数			
4）	生化反应池	规模、数量、工艺参数			
5）	沉淀池	规模、数量、工艺参数			
6）	污泥浓缩池	规模、数量、工艺参数			

续表

序　号	项　目　名　称	项目主要特征	单位	工程量	备　　注
7）	储泥池	规模、数量、工艺参数			
8）	清水池	规模、数量、工艺参数			
9）	消毒池	规模、数量、工艺参数			
10）	流量计井	规模、数量、工艺参数			
11）	其他建筑工程	屋顶、结构型式	m^2		
12）	道路工程	宽度、长度、形式	km		
13）	配套设备及安装	设备功能、型号、规模	项		
14）	设施运行与维护		项		
1.1.5	其他水环境保护		项		
1.2	大气环境保护工程				
1.2.1	开挖、爆破粉尘的消减与控制	目标、主要工艺参数	项		
1.2.2	砂石加工与混凝土加工系统粉尘消减与控制	目标、主要工艺参数	项		
1.2.3	交通粉尘和施工生活营地废气消减与控制	目标、主要工艺参数	项		
1.3	声环境保护工程				
1.3.1	施工机械及辅助企业噪声控制				
1）	减震措施	规格、功能	项		
2）	隔声墙	规格、功能	m^2		
3）	隔声窗	规格、功能	m^2		
1.3.2	交通噪声控制				
1）	限速禁鸣警示措施	规格	项		
2）	隔声墙	规格、功能	m^2		
3）	隔声窗	规格、功能	m^2		
1.3.3	爆破噪声防护				
1）	隔声墙	规格、功能	m^2		
2）	隔声窗	规格、功能	m^2		
1.4	固体废物工程处置				
1.4.1	卫生填埋				
1）	总平工程				
2）	防洪				
（1）	土方开挖		m^3		
（2）	石方开挖		m^3		
（3）	土石方回填		m^3		
（4）	混凝土		m^3		
（5）	浆砌石		m^3		
（6）	钢筋		t		

续表

序　号	项　目　名　称	项目主要特征	单位	工程量	备　　注
3）	防渗				
（1）	土方开挖		m^3		
（2）	石方开挖		m^3		
（3）	土石方回填		m^3		
（4）	混凝土		m^3		
（5）	浆砌石		m^3		
（6）	钢筋		t		
（7）	土工布	材质、防渗要求	m^2		
（8）	钢制管件		t		
4）	填埋气导排				
（1）	土方开挖		m^3		
（2）	石方开挖		m^3		
（3）	土石方回填		m^3		
（4）	导气管	规格、数量	m		
（5）	导气石笼碎石	规格、数量	m^3		
（6）	导气石笼钢筋	规格、数量	t		
5）	垃圾坝				
（1）	土方开挖		m^3		
（2）	石方开挖		m^3		
（3）	土石方回填		m^3		
（4）	砌石		m^3		
（5）	混凝土		m^3		
（6）	钢筋		t		
（7）	固结灌浆孔	主要部位、间排距、孔深	m		
（8）	帷幕灌浆孔	主要部位、间排距、孔深	m		
（9）	固结灌浆	主要部位、灌浆面积	m		
（10）	帷幕灌浆	主要部位、灌浆面积	m		
（11）	排水孔	部位、直径、深度	m		
6）	渗滤液收集与处理	规模、标准			
（1）	土方开挖		m^3		
（2）	石方开挖		m^3		
（3）	土石方回填		m^3		
（4）	混凝土		m^3		
（5）	浆砌石		m^3		
（6）	钢筋		t		
（7）	钢制管件		t		
（8）	土工布		m^2		

续表

序　号	项　目　名　称	项目主要特征	单位	工程量	备　　注
（9）	HDPE 花管		m		
（10）	其他				
7）	其他建筑工程				
8）	道路工程	宽度、长度、形式	km		
9）	配套设备及安装	设备功能、型号、规模	项		
10）	设施运行与维护		项		
11）	封场工程	规模、标准			
（1）	土方开挖		m^3		
（2）	石方开挖		m^3		
（3）	土石方回填		m^3		
（4）	浆砌石		m^3		
（5）	绿化		m^2		
12）	后期监测	时段、频次、技术要求	项		
1.4.2	焚烧处理				
1）	总平工程				
2）	房屋建筑工程				
3）	尾气治理	规模、标准	项		
4）	焚烧灰处置	规模、标准	项		
5）	道路工程	宽度、长度、形式	km		
6）	配套设备及安装	设备功能、型号、规模	项		
7）	设施运行与维护		项		
1.4.3	堆肥处理				
1）	总平工程				
2）	房屋建筑工程				
3）	渗滤液收集及处理	规模、标准			
（1）	土方开挖		m^3		
（2）	石方开挖		m^3		
（3）	土石方回填		m^3		
（4）	混凝土		m^3		
（5）	浆砌石		m^3		
（6）	钢筋		t		
（7）	钢制管件		t		
（8）	土工布		m^2		
（9）	HDPE 花管		m		
（10）	其他		项		
4）	道路工程	宽度、长度、形式	km		

续表

序　号	项　目　名　称	项目主要特征	单位	工程量	备　　注
5）	配套设备及安装	设备功能、型号、规模	项		
6）	设施运行与维护		项		
1.4.4	外运处理				
1）	运距	垃圾外送距离	km		
2）	运量	垃圾外送数量	t		
3）	终端处理	处理方式	项		
1.5	地质环境保护工程				
1.5.1	库岸及边坡稳定防护	规模、标准	项		
1.5.2	水库渗漏及浸没处理	规模、标准	项		
1.5.3	泥石流防治	规模、标准	项		
1.5.4	触发地震预测预防	规模、标准	项		
1.5.5	河岸的冲淤防护	规模、标准	项		
1.6	土壤环境保护工程				
1.6.1	土壤浸没防治	规模、标准	项		
1.6.2	土壤潜育化防治	规模、标准	项		
1.6.3	土壤盐碱化防治	规模、标准	项		
1.6.4	土地沙化治理	规模、标准	项		
1.6.5	土壤污染防治	规模、标准	项		
1.7	陆生动植物保护工程				
1.7.1	生态保护与修复	规模、标准	项		
1.7.2	珍稀植物保护	规模、标准	项		
1.7.3	珍稀动物保护	规模、标准	项		
1.8	水生生物保护工程				
1.8.1	生态环境保护				
1）	生态流量				
2）	分层取水				
3）	鱼道				
4）	生境修复或改造				
5）	替代生境保护				
1.8.2	物种保护（增殖放流站）				
1）	总平工程				
2）	鱼苗池				
3）	亲鱼池				
4）	饵料池				
5）	水处理				
6）	房屋建筑工程				

续表

序　号	项　目　名　称	项目主要特征	单位	工程量	备　　注
7）	道路工程	宽度、长度、形式	km		
8）	配套设备及安装	设备功能、型号、规模	项		
9）	设施运行与维护		项		
10）	效果监控	频次、周期、技术要求	项		
1.9	人群健康保护工程				
1.9.1	卫生防疫		项		
1.9.2	人群健康检查		项		
1.10	景观及文物保护工程				
1.10.1	景观保护		项		
1.10.2	文物保护		项		
1.11	环境监测工程				
1.11.1	施工期监测	监测因子、部位、频次	项		
1.11.2	试运行期监测	监测因子、部位、频次	项		
1.11.3	施工期资料整编及报送		项		
1.12	其他		项		
2	水土保持工程				
2.1	工程措施				
2.1.1	渣场防护工程				
1）	拦挡工程				
（1）	土方开挖	开挖范围、尺寸、坡比	m^3		
（2）	石方开挖	开挖范围、尺寸、坡比	m^3		
（3）	土石方回填	回填范围、尺寸、材质、方法	m^3		
（4）	砌石	砌石类型、材质、规格、施工方法	m^3		
（5）	堆石	堆石级配、材质、施工方法	m^3		
（6）	混凝土	强度等级	m^3		
（7）	钢筋	钢筋类别、直径	t		
2）	坡面防护工程				工程项目参考本表 2.1.1 中 1）
3）	防洪排导工程				工程项目参考本表 2.1.1 中 1）
4）	泥石流防治工程				
（1）	土方开挖	开挖范围、尺寸、坡比	m^3		
（2）	石方开挖	开挖范围、尺寸、坡比	m^3		
（3）	土石方回填	回填范围、尺寸、材质、方法	m^3		

续表

序　号	项　目　名　称	项目主要特征	单位	工程量	备　　注
（4）	砌石	砌石类型、材质、规格、施工方法	m^3		
（5）	混凝土	强度等级	m^3		
（6）	钢筋	钢筋类别、直径	t		
（7）	钢材	材质、尺寸、厚度	t		
（8）	钢管桩	范围、材质、尺寸、施工方法	t		
（9）	型钢桩	范围、材质、规格、施工方法	t		
（10）	钢筋混凝土桩	范围、材质、规格、施工方法	m^3		
5）	土地整治工程				
（1）	土方开挖	开挖范围、尺寸、坡比	m^3		
（2）	石方开挖	开挖范围、尺寸、坡比	m^3		
（3）	土石方回填	回填范围、尺寸、材质、方法	m^3		
（4）	场地平整	范围、要求	m^2		
（5）	土地翻松整治	范围要求	m^2		
（6）	覆耕植土	范围、材质、厚度	m^3		
6）	机械固沙工程				
（1）	压盖	范围、材质、厚度	m^2		
（2）	沙障	范围、规格、尺寸、材质，施工方法	m		
（3）	防沙栅栏	范围、规格、尺寸、材质，施工方法	m		
7）	降水蓄渗工程				
（1）	土方开挖	开挖范围、尺寸、坡比	m^3		
（2）	石方开挖	开挖范围、尺寸、坡比	m^3		
（3）	砌砖	规格、施工方法	m^3		
（4）	砌石	砌石类型、材质、规格、施工方法	m^3		
（5）	混凝土	强度等级	m^3		
（6）	钢筋	钢筋类别、直径	t		
8）	设备及安装工程				
（1）	喷灌设备	规格、型号	套		
（2）	滴灌设备	规格、型号	套		
（3）	提引设备	规格、型号	套		
2.1.2	料场防护工程				工程项目参考本表 2.1.1
2.1.3	施工场地防护工程				
2.1.4	道路防护工程				

续表

序　号	项　目　名　称	项目主要特征	单位	工程量	备　　注
2.1.5	枢纽区防护工程				工程项目参考本表 2.1.1
2.2	植物措施				
2.2.1	渣场防护				
1）	种草	范围、种类、规格、配置和种植方式	m^2		
2）	植树	范围、种类、规格、配置和种植方式	m^2		
3）	生态护坡	范围、面积、主要类型	m^2		
2.2.2	料场防护				工程项目参考本表 2.1.1
2.2.3	施工场地防护				
2.2.4	道路防护				
2.2.5	枢纽区防护				
2.2.6	移民安置防护				
2.3	临时措施				
2.4	水土保持监测工程		项		

表 4.3.3　　可行性研究阶段环境保护和水土保持工程工程量清单

序　号	项　目　名　称	项目主要特征	单位	工程量	备　　注
1	环境保护工程				
1.1	水环境保护工程				
1.1.1	砂石料加工废水处理				
1）	总平工程				
（1）	土方开挖	开挖范围、尺寸、坡比	m^3		
（2）	石方开挖	开挖范围、尺寸、坡比	m^3		
（3）	土石方回填	回填范围、尺寸、材质、方法	m^3		
（4）	混凝土	强度等级	m^3		
（5）	浆砌石	砌石类型、材质、规格、施工方法	m^3		
（6）	钢筋		t		
（7）	钢制管件	材质、规格、数量	t		
（8）	绿化	面积、配置方式、种类	m^2		
（9）	围墙	规格、尺寸	m^2		
2）	沉沙池				工程项目参考本表 1.1.1 中 1）
3）	反应池				工程项目参考本表 1.1.1 中 1）
4）	沉淀池				工程项目参考本表 1.1.1 中 1）
5）	清水池				工程项目参考本表 1.1.1 中 1）
6）	回用水池				工程项目参考本表 1.1.1 中 1）
7）	其他建筑工程				
（1）	门房	屋顶、结构型式	m^2		
（2）	综合楼	屋顶、结构型式	m^2		
（3）	加药间	屋顶、结构型式	m^2		
（4）	脱水车间	屋顶、结构型式	m^2		
（5）	泵房	屋顶、结构型式	m^2		
（6）	配电房	屋顶、结构型式	m^2		
8）	道路工程	宽度、长度、形式	km		
9）	配套设备及安装	设备功能、型号、规模	项		
10）	设施运行与维护		项		
1.1.2	修配系统污水处理		项		工程项目参考本表 1.1.1
1.1.3	混凝土拌和系统废水处理				工程项目参考本表 1.1.1
1）	总平工程				
2）	沉沙池				
3）	反应池				

续表

序　号	项　目　名　称	项目主要特征	单位	工程量	备　　注
4）	沉淀池				
5）	清水池				
6）	回用水池				
7）	其他建筑工程				
8）	配套设备及安装	设备功能、型号、规模	项		
9）	设施运行与维护		项		
1.1.4	生活污水处理				工程项目参考本表 1.1.1
1）	总平工程				
2）	粗、细格栅				
3）	沉砂池				
4）	生化反应池				
5）	沉淀池				
6）	污泥浓缩池				
7）	储泥池				
8）	清水池				
9）	消毒池				
10）	流量计井				
11）	房屋建筑工程				
12）	道路工程	宽度、长度、形式	km		
13）	配套设备及安装	设备功能、型号、规模	项		
14）	设施运行与维护		项		
1.1.5	其他水环境保护	规模、标准	项		
1.2	大气环境保护工程				
1.2.1	开挖、爆破粉尘的消减与控制	目标、主要工艺参数	项		
1.2.2	砂石加工与混凝土加工系统粉尘消减与控制	目标、主要工艺参数	项		
1.2.3	交通粉尘和施工生活营地废气消减与控制	目标、主要工艺参数	项		
1）	洒水降尘	范围、频次、周期	项		
2）	汽车尾气治理	控制要求	项		
3）	限速警示	规格	项		
1.3	声环境保护工程				
1.3.1	施工机械及辅助企业噪声控制				
1）	减震措施	规格、功能	项		
2）	隔声墙	规格、功能	m^2		
3）	隔声窗	规格、功能	m^2		
1.3.2	交通噪声控制				

续表

序　号	项　目　名　称	项目主要特征	单位	工程量	备　　注
1）	限速禁鸣警示措施	规格	项		
2）	隔声墙	规格、功能	m^2		
3）	隔声窗	规格、功能	m^2		
1.3.3	爆破噪声防护				
1）	隔声墙	规格、功能	m^2		
2）	隔声窗	规格、功能	m^2		
1.4	固体废物处置工程				
1.4.1	卫生填埋				
1）	总平工程				
2）	防洪				
3）	防渗				
（1）	土方开挖		m^3		
（2）	石方开挖		m^3		
（3）	土石方回填		m^3		
（4）	混凝土		m^3		
（5）	浆砌石		m^3		
（6）	钢筋		t		
（7）	土工布	材质、防渗要求	m^2		
（8）	钢制管件		t		
4）	填埋气导排				
（1）	土方开挖		m^3		
（2）	石方开挖		m^3		
（3）	土石方回填		m^3		
（4）	导气管	规格、数量	m		
（5）	导气石笼/碎石	规格、数量	m^3		
（6）	导气石笼/钢筋	规格、数量	t		
5）	垃圾坝				
（1）	土方开挖		m^3		
（2）	石方开挖		m^3		
（3）	土石方回填		m^3		
（4）	砌石		m^3		
（5）	混凝土		m^3		
（6）	钢筋		t		
（7）	固结灌浆孔	主要部位、间排距、孔深	m		
（8）	帷幕灌浆孔	主要部位、间排距、孔深	m		
（9）	固结灌浆	主要部位、灌浆面积	m		

续表

序　号	项　目　名　称	项目主要特征	单位	工程量	备　　注
（10）	帷幕灌浆	主要部位、灌浆面积	m		
（11）	排水孔	部位、直径、深度	m		
6）	渗滤液收集与处理				
（1）	土方开挖		m^3		
（2）	石方开挖		m^3		
（3）	土石方回填		m^3		
（4）	混凝土		m^3		
（5）	浆砌石		m^3		
（6）	钢筋		t		
（7）	钢制管件		t		
（8）	土工布		m^2		
（9）	HDPE 花管	规格、数量	m		
（10）	其他		项		
7）	其他建筑工程				
8）	道路工程	宽度、长度、形式	km		
9）	配套设备及安装	设备功能、型号、规模	项		
10）	设施运行与维护		项		
11）	封场工程				
12）	后期监测	时段、频次、技术要求	项		
1.4.2	焚烧处理				
1）	总平工程				
2）	房屋建筑工程				
3）	尾气治理		项		
4）	焚烧灰处置		项		
5）	道路工程	宽度、长度、形式	km		
6）	配套设备及安装		项		
7）	设施运行与维护		项		
1.4.3	堆肥处理				
1）	总平工程				
2）	房屋建筑工程				
3）	渗滤液收集及处理				
4）	道路工程	宽度、长度、形式	km		
5）	配套设备及安装	设备功能、型号、规模	项		
6）	设施运行与维护		项		
1.4.4	外运处理				
1）	运距	垃圾外送距离	km		

续表

序　号	项　目　名　称	项目主要特征	单位	工程量	备　　注
2）	运量	垃圾外送数量	t		
3）	终端处理	处理方式	项		
1.5	地质环境保护工程				
1.5.1	库岸及边坡稳定防护				
1）	土方开挖		m^3		
2）	石方开挖		m^3		
3）	土石方回填		m^3		
4）	块石回填	回填范围、尺寸、材质、方法	m^3		
5）	混凝土		m^3		
6）	浆砌石		m^3		
7）	钢筋石笼	规格、数量	m^3		
8）	喷浆	标号、厚度	m^2		
9）	钢筋		t		
10）	锚杆（索）	直径、长度	根（束）		
11）	排水孔（管）	规格、数量	m		
12）	其他		项		
1.5.2	水库渗漏及浸没处理	规模、标准	项		
1.5.3	泥石流防治	规模、标准	项		
1.5.4	触发地震预测预防	技术要求	项		
1.5.5	河岸的冲淤防护	规模、标准	项		
1.6	土壤环境保护工程				
1.6.1	土壤浸没防治	规模、标准	项		
1.6.2	土壤潜育化防治	规模、标准	项		
1.6.3	土壤盐碱化防治	规模、标准	项		
1.6.4	土地沙化治理	规模、标准	项		
1.6.5	土壤污染防治	规模、标准	项		
1.7	陆生生态保护工程				
1.7.1	生态保护与修复	规模、标准	项		
1.7.2	珍稀植物保护	规模、标准	项		
1.7.3	珍稀动物保护	规模、标准	项		
1.8	水生生态保护工程				
1.8.1	生态环境保护				
1）	生态流量				
（1）	土方开挖		m^3		
（2）	石方开挖		m^3		

续表

序　号	项　目　名　称	项目主要特征	单位	工程量	备　　注
（3）	土石方回填		m^3		
（4）	混凝土		m^3		
（5）	浆砌石		m^3		
（6）	钢筋		t		
（7）	其他		项		
2）	分层取水				工程项目参考本表 1.1.1
3）	鱼道				工程项目参考本表 1.1.1
4）	生境修复或改造				工程项目参考本表 1.1.1
5）	替代生态环境保护				工程项目参考本表 1.1.1
1.8.2	物种保护（增殖放流站）				工程项目参考本表 1.1.1
1）	总平工程				
2）	房屋建筑工程				
3）	鱼苗池				
4）	亲鱼池				
5）	饵料池				
6）	水处理				
7）	道路工程	宽度、长度、形式	km		
8）	配套设备及安装	设备功能、型号、规模	项		
9）	设施运行与维护		项		
10）	效果监控	频次、周期、技术要求	项		
1.9	人群健康保护工程				
1.9.1	卫生防疫	范围、数量、技术要求	项		
1.9.2	人群健康检查	范围、数量、技术要求	项		
1.10	景观及文物保护工程				
1.10.1	景观保护	规模、标准、范围	项		
1.10.2	文物保护	规模、标准、范围	项		
1.11	环境监测工程				
1.11.1	施工期监测设施				
1）	废（污）水水质监测	监测因子、部位、频次、方法	项		
2）	地表水水质、水温监测	监测因子、部位、频次、方法	项		
3）	大气环境监测	监测因子、部位、频次、方法	项		
4）	声环境监测	监测因子、部位、频次、方法	项		

续表

序　号	项　目　名　称	项目主要特征	单位	工程量	备　　注
5）	陆生生态调查	监测因子、部位、频次、方法	项		
6）	水生生态调查	监测因子、部位、频次、方法	项		
1.11.2	试运行期监测设施				
1）	地表水水质、水温监测	监测因子、部位、频次、方法	项		
2）	陆生生态调查	监测因子、部位、频次、方法	项		
3）	水生生态调查	监测因子、部位、频次、方法	项		
1.11.3	施工期资料整编及报送		项		
1.12	其他		项		
2	水土保持工程				
2.1	工程措施				根据设计图纸计算工程量
2.1.1	渣场防护工程				
1）	拦挡工程				
（1）	拦渣坝				
a）	土方开挖	开挖范围、尺寸、坡比	m^3		
b）	石方开挖	开挖范围、尺寸、坡比	m^3		
c）	土石方回填	回填范围、尺寸、材质、方法	m^3		
d）	砌石	砌石类型、材质、规格、施工方法	m^3		
e）	堆石	堆石级配、材质、施工方法	m^3		
f）	混凝土	强度等级	m^3		
g）	钢筋	钢筋类别、直径	t		
h）	固结灌浆孔	主要部位、间排距、孔深	m		
i）	帷幕灌浆孔	主要部位、间排距、孔深	m		
j）	固结灌浆	主要部位、灌浆面积	m		
k）	帷幕灌浆	主要部位、灌浆面积	m		
l）	排水孔	部位、直径、深度	m		
（2）	挡渣墙				工程项目参考本表 2.1.1 中 1）的（1）
（3）	拦渣堤				
（4）	围渣堰				
（5）	钢筋石笼				
2）	坡面防护工程				

续表

序　号	项　目　名　称	项目主要特征	单位	工程量	备　　注
（1）	削坡开级				
a）	土方开挖	开挖范围、尺寸、坡比	m^3		
b）	石方开挖	开挖范围、尺寸、坡比	m^3		
（2）	工程护坡				
a）	土方开挖	开挖范围、尺寸、坡比	m^3		
b）	石方开挖	开挖范围、尺寸、坡比	m^3		
c）	土石方回填	回填范围、尺寸、材质、方法	m^3		
d）	砌石	砌石类型、材质、规格、施工方法	m^3		
e）	混凝土	强度等级	m^3		
f）	钢筋	钢筋类别、直径	t		
g）	喷混凝土	范围、厚度、强度等级	m^3		
h）	锚杆	主要部位、面积、间排距、类型、直径、长度	根		
i）	抛石护脚	范围、材质、施工方法	m^3		
j）	排水孔	部位、直径、深度	m		
k）	锚索	主要部位、面积、间排距、类型、直径、长度	根		
（3）	滑坡整治				
a）	土方开挖	开挖范围、尺寸、坡比	m^3		
b）	石方开挖	开挖范围、尺寸、坡比	m^3		
c）	土石方回填	回填范围、尺寸、材质、方法	m^3		
d）	砌石	砌石类型、材质、规格、施工方法	m^3		
e）	混凝土	强度等级	m^3		
f）	抗滑桩	范围、材质、规格、施工方法	m^3		
g）	喷混凝土	范围、厚度、强度等级	m^3		
h）	锚索	主要部位、面积、间排距、类型、直径、长度	根		
i）	锚杆	主要部位、面积、间排距、类型、直径、长度	根		
（4）	其他				
3）	防洪排导工程				
（1）	挡水坝				
a）	土方开挖	开挖范围、尺寸、坡比	m^3		
b）	石方开挖	开挖范围、尺寸、坡比	m^3		
c）	土石方回填	回填范围、尺寸、材质、方法	m^3		

续表

序号	项目名称	项目主要特征	单位	工程量	备注
d)	砌石	砌石类型、材质、规格、施工方法	m^3		
e)	混凝土	强度等级	m^3		
f)	喷混凝土	范围、厚度、强度等级	m^3		
g)	钢筋	钢筋类别、直径	t		
h)	固结灌浆孔	主要部位、间排距、孔深	m		
i)	帷幕灌浆孔	主要部位、间排距、孔深	m		
j)	固结灌浆	主要部位、灌浆面积	m		
k)	帷幕灌浆	主要部位、灌浆面积	m		
l)	排水孔	部位、直径、深度	m		
(2)	拦洪坝				
(3)	泄水洞				
(4)	泄水渠				
(5)	泄水涵管				
(6)	护岸护滩				
(7)	排洪渠				
(8)	排洪涵洞				
(9)	防洪堤				
(10)	排水沟				
(11)	盲沟				
a)	土方开挖	开挖范围、尺寸、坡比	m^3		
b)	石方开挖	开挖范围、尺寸、坡比	m^3		
c)	碎石回填	回填范围、规格、材质、方法	m^3		
d)	块石回填	回填范围、规格、材质、方法	m^3		
e)	砂砾料回填	回填范围、规格、材质、方法	m^3		
f)	土工布	范围、规格、尺寸	m^2		
(12)	其他				
4)	泥石流防治工程				
(1)	格栅坝（拦沙坝）				
a)	土方开挖	开挖范围、尺寸、坡比	m^3		
b)	石方开挖	开挖范围、尺寸、坡比	m^3		
c)	土石方回填	回填范围、尺寸、材质、方法	m^3		
d)	砌石	砌石类型、材质、规格、施工方法	m^3		

续表

序　号	项　目　名　称	项目主要特征	单位	工程量	备　　注
e）	混凝土	强度等级	m^3		
f）	钢筋	钢筋类别、直径	t		
（2）	抗滑桩				
（3）	桩林				
a）	钢管桩	范围、材质、尺寸、施工方法	t		
b）	型钢桩	范围、材质、规格、施工方法	t		
c）	钢筋混凝土桩	范围、材质、规格、施工方法	m^3		
（4）	其他				
5）	土地整治工程				
（1）	复垦				
a）	土方开挖	开挖范围、尺寸、坡比	m^3		
b）	石方开挖	开挖范围、尺寸、坡比	m^3		
c）	土石方回填	回填范围、尺寸、材质、方法	m^3		
d）	场地平整	范围、要求	m^2		
e）	土地翻松整治	范围要求	m^2		
f）	覆耕植土	范围、材质、厚度	m^3		
（2）	坑洼回填				
（3）	场地整治				
（4）	其他				
6）	机械固沙工程				
（1）	压盖				
a）	黏土压盖	范围、材质、厚度	m^2		
b）	泥墁压盖	范围、材质、厚度	m^2		
c）	卵石压盖	范围、材质、厚度、规格	m^2		
d）	砾石压盖	范围、材质、厚度、规格	m^2		
（2）	沙障				
a）	防沙土墙	范围、规格、尺寸、材质，施工方法	m^3		
b）	黏土埂	范围、规格、尺寸、材质，施工方法	m		
c）	高立式柴草沙障	范围、规格、尺寸、材质，施工方法	m		
d）	低立式柴草沙障	范围、规格、尺寸、材质，施工方法	m		

续表

序　号	项　目　名　称	项目主要特征	单位	工程量	备　　注
e）	立杆串草把沙障	范围、规格、尺寸、材质，施工方法	m		
f）	立杆草把沙障	范围、规格、尺寸、材质，施工方法	m		
g）	立杆编织条沙障	范围、规格、尺寸、材质，施工方法	m		
h）	防沙栅栏	范围、规格、尺寸、材质，施工方法	m		
（3）	其他				
7）	降水蓄渗工程				
（1）	水窖				
a）	土方开挖	开挖范围、尺寸、坡比	m^3		
b）	石方开挖	开挖范围、尺寸、坡比	m^3		
c）	砌砖	规格、施工方法	m^3		
d）	砌石	砌石类型、材质、规格、施工方法	m^3		
e）	混凝土	强度等级	m^3		
f）	钢筋	钢筋类别、直径	t		
g）	抹面	范围、材质、厚度	m^2		
（2）	涝池				工程项目参考本表 2.1.1 中 7）的（1）
（3）	蓄水池				
（4）	沉沙池				
（5）	引水渠				
（6）	排水沟				
（7）	其他				
8）	设备及安装工程				
a）	喷灌设备	规格、型号	套		
b）	滴灌设备	规格、型号	套		
c）	提引设备	规格、型号	套		
2.1.2	料场防护工程				工程项目参考本表 2.1.1
2.1.3	施工场地防护工程				
2.1.4	道路防护工程				
2.1.5	枢纽区防护工程				
2.2	植物措施				根据设计图纸计算工程量
2.2.1	渣场防护				
1）	植物防护或恢复				
（1）	种草（籽）				

续表

序　号	项　目　名　称	项目主要特征	单位	工程量	备　　注
a）	整地	范围、类型、方法	m^2		
b）	草籽	种类、规格	kg		
c）	种植	密度、配置方式、种植方式	m^2		
（2）	植草（皮）				工程项目参考本表 2.2.1 中 1）的（1）
（3）	种树（籽）				
（4）	植树				
a）	整地	范围、类型、方法	m^2		
b）	苗木	范围、材质、方法	株		
c）	栽植	类型、材质、方法	株		
（5）	其他				
2）	绿化美化				工程项目参考本表 2.2.1 中 1）
3）	生态护坡				
（1）	铺草皮护坡	范围、面积	m^2		
（2）	植生带护坡	范围、面积	m^2		
（3）	液压喷播植草护坡	范围、面积	m^2		
（4）	三维植被网护坡	范围、面积	m^2		
（5）	土工格室植草护坡	范围、面积	m^2		
（6）	骨架植草护坡	范围、面积	m^2		
（7）	藤蔓植物护坡	范围、面积	m^2		
（8）	喷植生混凝土护坡	范围、面积	m^2		
（9）	厚层基材植被护坡	范围、面积	m^2		
2.2.2	料场防护				工程项目参考本表 2.2.1
2.2.3	施工场地防护				
2.2.4	道路防护				
2.2.5	枢纽区防护				
2.2.6	移民安置防护				
2.3	临时措施				
2.4	水土保持监测工程				
2.4.1	监测设施				
1）	径流小区	类型、数量、规模	项		
2）	简易观测场	类型、数量、规模	项		
3）	控制站	数量、规模	项		
2.4.2	监测设备				
1）	测量设备				

续表

序　号	项　目　名　称	项目主要特征	单位	工程量	备　注
（1）	钻孔倾斜仪	规格	件		
（2）	位移计	规格	件		
（3）	测尺	规格	件		
（4）	测绳	规格	件		
（5）	钢卷尺	规格	件		
2）	采样设备				
（1）	竖式采样器	规格	件		
（2）	横式采样桶	规格	件		
（3）	水样桶	规格	个		
（4）	取土钻	规格	件		
（5）	取土环刀	规格	个		
（6）	土样盒	规格	件		
3）	分析设备				
（1）	烘箱	规格	台		
（2）	烧杯	规格	件		
（3）	量杯	规格	件		
（4）	土壤筛	规格	套		
（5）	温度计	规格	件		
（6）	比重计	规格	件		
（7）	天平	规格	台		
（8）	干燥器	规格	台		
4）	其他设备				
（1）	便携式计算机	规格	台		
（2）	监测用车	规格	辆		
（3）	GPS	规格	台		
（4）	全站仪	规格	台		
（5）	办公设备	规格	套		

表 4.3.4　　招标设计和施工图设计阶段环境保护和水土保持工程工程量清单

序　号	项　目　名　称	项目主要特征	单位	工程量	备　　注
1	环境保护工程				
1.1	水环境保护工程				
1.1.1	砂石料加工废水处理				
1）	总平工程				
（1）	土方开挖	开挖范围、尺寸、坡比	m^3		
（2）	石方开挖	开挖范围、尺寸、坡比	m^3		
（3）	土石方回填	回填范围、尺寸、材质、方法	m^3		
（4）	混凝土	强度等级	m^3		
（5）	浆砌石	砌石类型、材质、规格、施工方法	m^3		
（6）	钢筋	钢筋类别、直径	t		
（7）	钢制管件	材质、规格、数量	t		
（8）	绿化	面积、配置方式、种类	m^2		
（9）	围墙	规格、尺寸	m^2		
2）	沉沙池				工程项目参考本表1.1.1 中 1）
3）	反应池				工程项目参考本表1.1.1 中 1）
4）	沉淀池				工程项目参考本表1.1.1 中 1）
5）	清水池				工程项目参考本表1.1.1 中 1）
6）	回用水池				工程项目参考本表1.1.1 中 1）
7）	房屋建筑工程				
（1）	门房	建筑样式、面积	m^2		
（2）	综合楼	建筑样式、面积	m^2		
（3）	加药间	建筑样式、面积	m^2		
（4）	脱水车间	建筑样式、面积	m^2		
（5）	泵房	建筑样式、面积	m^2		
（6）	配电房	建筑样式、面积	m^2		
8）	道路工程				工程项目参考本表1.1.1 中 1）
9）	配套设备及安装	设备功能、型号、规模	项		
10）	设施运行与维护		项		
1.1.2	修配系统污水处理				工程项目参考本表1.1.1
1）	隔油池				
2）	配套设备及安装	设备功能、型号、规模	项		

续表

序　号	项　目　名　称	项目主要特征	单位	工程量	备　　注
3）	设施运行与维护		项		
1.1.3	混凝土拌和系统废水处理				工程项目参考本表1.1.1
1）	总平工程				
2）	沉沙池				
3）	反应池				
4）	沉淀池				
5）	清水池				
6）	回用水池				
7）	其他建筑工程				
8）	配套设备及安装	设备功能、型号、规模	项		
9）	设施运行与维护		项		
1.1.4	生活污水处理				工程项目参考本表1.1.1
1）	总平工程				
2）	粗、细格栅				
3）	沉沙池				
4）	生化反应池				
5）	沉淀池				
6）	污泥浓缩池				
7）	储泥池				
8）	清水池				
9）	消毒池				
10）	流量计井				
11）	其他建筑工程				
12）	道路工程		km		
13）	配套设备及安装	设备功能、型号、规模	项		
14）	设施运行与维护		项		
1.1.5	其他水环境保护	规模、标准	项		
1.2	大气环境保护工程				
1.2.1	开挖、爆破粉尘的消减与控制	目标、主要工艺参数	项		
1.2.2	砂石加工与混凝土加工系统粉尘消减与控制	目标、主要工艺参数	项		
1.2.3	交通粉尘和施工生活营地废气消减与控制				
1）	洒水降尘	范围、数量	项		
2）	汽车尾气治理	控制要求	项		
3）	限速警示	规格	项		

续表

序　号	项　目　名　称	项目主要特征	单位	工程量	备　　注
1.3	声环境保护工程				
1.3.1	施工机械及辅助企业噪声控制				
1）	减震措施	规格、功能	项		
2）	隔声墙				
3）	隔声窗	规格、功能	m^2		
1.3.2	交通噪声控制				
1）	限速禁鸣警示措施	规格	项		
2）	隔声墙				
3）	隔声窗	规格、功能	m^2		
1.3.3	爆破噪声控制				
1）	隔声墙				
2）	隔声窗	规格、功能	m^2		
1.4	固体废物处置工程				
1.4.1	卫生填埋				
1）	总平工程				
2）	防洪				
3）	防渗				
4）	填埋气导排				
（1）	土方开挖		m^3		
（2）	石方开挖		m^3		
（3）	土石方回填		m^3		
（4）	导气管	规格、数量	m		
（5）	导气石笼碎石	规格、数量	m^3		
（6）	导气石笼钢筋	规格、数量	t		
5）	垃圾坝				
（1）	土方开挖		m^3		
（2）	石方开挖		m^3		
（3）	土石方回填		m^3		
（4）	砌石		m^3		
（5）	混凝土		m^3		
（6）	钢筋		t		
（7）	固结灌浆孔	主要部位、间排距、孔深	m		
（8）	帷幕灌浆孔	主要部位、间排距、孔深	m		
（9）	固结灌浆	主要部位、灌浆面积	m		

续表

序　号	项　目　名　称	项目主要特征	单位	工程量	备　　注
（10）	帷幕灌浆	主要部位、灌浆面积	m		
（11）	排水孔	部位、直径、深度	m		
6）	渗滤液收集与处理				
（1）	土方开挖		m^3		
（2）	石方开挖		m^3		
（3）	土石方回填		m^3		
（4）	混凝土		m^3		
（5）	浆砌石		m^3		
（6）	钢筋		t		
（7）	钢制管件		t		
（8）	土工布		m^2		
（9）	HDPE 花管	规格、数量	m		
（10）	其他		项		
7）	其他房屋建筑工程				
8）	道路工程		km		
9）	配套设备及安装	设备功能、型号、规模	项		
10）	设施运行与维护		项		
11）	封场工程				
12）	后期监测	时段、频次、技术要求	项		
1.4.2	焚烧处理				
1）	总平工程				
2）	房屋建筑工程				
3）	尾气治理		项		
4）	焚烧灰处置		项		
5）	道路工程		km		
6）	配套设备及安装		项		
7）	设施运行与维护		项		
1.4.3	堆肥处理				
1）	总平工程				
2）	房屋建筑工程				
3）	渗滤液收集及处理				
4）	道路工程				
5）	配套设备及安装	设备功能、型号、规模	项		
6）	设施运行与维护		项		
1.4.4	外运处理				
1）	运距	垃圾外送距离	km		

续表

序 号	项 目 名 称	项目主要特征	单位	工程量	备 注
2）	运量	垃圾外送数量	t		
3）	终端处理	处理方式	项		
1.5	地质环境保护工程				
1.5.1	库岸及边坡稳定防护				
1）	土方开挖		m^3		
2）	石方开挖		m^3		
3）	土石方回填		m^3		
4）	块石回填	回填范围、尺寸、材质、方法	m^3		
5）	混凝土		m^3		
6）	浆砌石		m^3		
7）	钢筋石笼	规格、数量	m^3		
8）	喷浆	标号、厚度	m^2		
9）	钢筋		t		
10）	锚杆（索）	直径、长度	根（束）		
11）	排水孔（管）	规格、数量	m		
12）	其他		项		
1.5.2	水库渗漏及浸没处理				
1）	土方开挖		m^3		
2）	石方开挖		m^3		
3）	土石方回填		m^3		
4）	土石填筑		m^3		
5）	混凝土		m^3		
6）	地下连续墙造孔	孔径、长度	m		
7）	地下连续墙混凝土		m^3		
8）	灌浆孔	孔径、数量	m		
9）	灌浆	标号、数量	m		
10）	浆砌石		m^3		
11）	排水孔（管）	规格、数量	m		
12）	抽水泵	规格、数量	台（套）		
13）	其他		项		
1.5.3	泥石流防治				
1）	松动岩块清理		m^3		
2）	土方开挖		m^3		
3）	石方开挖		m^3		

续表

序　号	项　目　名　称	项目主要特征	单位	工程量	备　　注
4）	土石方回填		m^3		
5）	混凝土		m^3		
6）	浆砌石		m^3		
7）	钢筋石笼		m^3		
8）	喷浆		m^2		
9）	钢筋网		m^2		
10）	钢筋		t		
11）	锚杆（索）		根（束）		
12）	其他		项		
1.5.4	地震预测预防	技术要求	项		
1.5.5	河岸的冲淤防护				
1.6	土壤环境保护工程				
1.6.1	土壤浸没防治				
1）	土方开挖		m^3		
2）	石方开挖		m^3		
3）	土石方回填		m^3		
4）	混凝土		m^3		
5）	浆砌石		m^3		
6）	抽水设备		台（套）		
1.6.2	土壤潜育化防治				工程项目参考本表1.6.1
1.6.3	土壤盐碱化防治				工程项目参考本表1.6.1
1.6.4	土地沙化治理				
1）	乔木	规格、种类、数量	株		
2）	灌木	规格、种类、数量	株		
3）	草	规格、种类、数量	m^2		
4）	机械沙障	规模、形式、数量	m^2		
5）	化学固沙	规模、形式、数量	m^2		
6）	其他		项		
1.6.5	土壤污染防治				
1）	污染源防治	规模、标准	项		
2）	土壤污染防治	规模、标准	项		
1.7	陆生生态保护工程				
1.7.1	生态保护与修复	规模、标准	项		
1.7.2	珍稀植物保护	规模、标准	项		
1.7.3	珍稀动物保护	规模、标准	项		
1.8	水生生态保护工程				

续表

序　号	项　目　名　称	项目主要特征	单位	工程量	备　　注
1.8.1	生境保护				
1）	生态流量				
（1）	土方开挖		m^3		
（2）	石方开挖		m^3		
（3）	土石方回填		m^3		
（4）	混凝土		m^3		
（5）	浆砌石		m^3		
（6）	钢筋		t		
（7）	其他		项		
2）	分层取水				工程项目参考本表1.8.1中1）
3）	鱼道				工程项目参考本表1.8.1中1）
4）	生境修复或改造				工程项目参考本表1.8.1中1）
5）	替代生境保护				工程项目参考本表1.8.1中1）
1.8.2	物种保护（增殖放流站）				
1）	总平工程				工程项目参考本表1.8.1中1）
2）	房屋建筑工程				工程项目参考本表1.8.1中1）
3）	鱼苗池				工程项目参考本表1.8.1中1）
4）	亲鱼池				工程项目参考本表1.8.1中1）
5）	饵料池				工程项目参考本表1.8.1中1）
6）	水处理				工程项目参考本表1.8.1中1）
7）	道路工程				工程项目参考本表1.8.1中1）
8）	配套设备及安装	设备功能、型号、规模	项		
9）	设施运行与维护		项		
10）	效果监控	频次、周期、技术要求	项		
1.9	人群健康保护工程				
1.9.1	卫生防疫	范围、数量、技术要求	项		
1.9.2	人群健康检查	范围、数量、技术要求	项		
1.10	景观及文物保护				
1.10.1	景观保护	规模、标准、范围	项		
1.10.2	文物保护	规模、标准、范围	项		

续表

序　号	项　目　名　称	项目主要特征	单位	工程量	备　　注
1.11	环境监测工程				
1.11.1	施工期（含试运行）监测				
1）	废（污）水水质监测	监测因子、部位、频次、方法	项		
2）	地表水水质、水温监测	监测因子、部位、频次、方法	项		
3）	大气环境监测	监测因子、部位、频次、方法	项		
4）	声环境监测	监测因子、部位、频次、方法	项		
5）	陆生生态调查	监测因子、部位、频次、方法	项		
6）	水生生态调查	监测因子、部位、频次、方法	项		
1.11.2	施工期资料整编及报送		项		
1.12	其他		项		
2	水土保持工程				
2.1	工程措施				根据设计图纸计算工程量
2.1.1	渣场防护工程				
1）	拦挡工程				
（1）	拦渣坝				
a）	土石方开挖				
	土方开挖	开挖范围、尺寸、坡比	m^3		
	石方开挖	开挖范围、尺寸、坡比	m^3		
b）	土石方填筑				
	土方回填	回填范围、尺寸、材质、方法	m^3		
	石方回填	回填范围、尺寸、材质、方法	m^3		
c）	砌体				
	砌石	砌石类型、材质、规格、施工方法	m^3		
	堆石	堆石级配、材质、施工方法	m^3		
d）	混凝土及钢筋				
	混凝土	强度等级	m^3		
	钢筋	钢筋类别、直径	t		
e）	钻孔及灌浆				
	固结灌浆孔	主要部位、间排距、孔深	m		
	帷幕灌浆孔	主要部位、间排距、孔深	m		

续表

序　号	项　目　名　称	项目主要特征	单位	工程量	备　　注
	固结灌浆	主要部位、灌浆面积	m		
	帷幕灌浆	主要部位、灌浆面积	m		
	排水孔	部位、直径、深度	m		
（2）	挡渣墙				工程项目参考本表2.1.1中1）
（3）	拦渣堤				
（4）	围渣堰				
（5）	钢筋石笼				
2）	坡面防护工程				包括削坡开级、工程护坡、滑坡整治
a）	土石方开挖				
	土方开挖	开挖范围、尺寸、坡比	m^3		
	石方开挖	开挖范围、尺寸、坡比	m^3		
b）	土石方填筑				
	土方回填	回填范围、尺寸、材质、方法	m^3		
	石方回填	回填范围、尺寸、材质、方法	m^3		
	抛石护脚	范围、材质、施工方法	m^3		
c）	砌体				
	砌石	砌石类型、材质、规格、施工方法	m^3		
	灰浆抹面	范围、材质、厚度	m^2		
d）	混凝土及钢筋				
	混凝土	强度等级	m^3		
	钢筋	钢筋类别、直径	t		
	喷混凝土	范围、厚度、强度等级	m^3		
e）	锚杆及锚索				
	锚杆	主要部位、面积、间排距、类型、直径、长度	根		
	锚索	主要部位、面积、间排距、类型、直径、长度	束		
f）	钻孔及灌浆				
	钻孔		m		
	灌浆		t		
	排水孔	部位、直径、深度	m		
g）	地基加固处理				
	抗滑桩	范围、材质、规格、施工方法	m^3		
3）	防洪排导工程				

续表

序　号	项　目　名　称	项目主要特征	单位	工程量	备　　注
（1）	挡水坝				工程项目参考本表2.1.1中1）
（2）	拦洪坝				
（3）	泄水洞				
（4）	泄水渠				
（5）	泄水涵管				
（6）	护岸护滩				
（7）	排洪渠				
（8）	排洪涵洞				
（9）	防洪堤				
（10）	排水沟及盲沟				
a）	土石方开挖				
	土方开挖	开挖范围、尺寸、坡比	m^3		
	石方开挖	开挖范围、尺寸、坡比	m^3		
b）	土石方填筑				
	碎石回填	回填范围、规格、材质、方法	m^3		
	块石回填	回填范围、规格、材质、方法	m^3		
	砂砾料回填	回填范围、规格、材质、方法	m^3		
	土工布	范围、规格、尺寸	m^2		
4）	泥石流防治工程				
（1）	格栅坝（拦沙坝）				
a）	土石方开挖				
	土方开挖	开挖范围、尺寸、坡比	m^3		
	石方开挖	开挖范围、尺寸、坡比	m^3		
b）	土石方填筑				
	土方回填	回填范围、尺寸、材质、方法	m^3		
	石方回填	回填范围、尺寸、材质、方法	m^3		
c）	砌体				
	砌石	砌石类型、材质、规格、施工方法	m^3		
d）	混凝土及钢筋				
	混凝土	强度等级	m^3		
	钢筋	钢筋类别、直径	t		
（2）	抗滑桩				

续表

序　号	项　目　名　称	项目主要特征	单位	工程量	备　　注
（3）	桩林				
a）	地基加固处理				
	钢管桩	范围、材质、尺寸、施工方法	t		
	型钢桩	范围、材质、规格、施工方法	t		
	钢筋混凝土桩	范围、材质、规格、施工方法	m^3		
5）	土地整治工程				
（1）	复垦				
a）	土石方开挖				
	土方开挖	开挖范围、尺寸、坡比	m^3		
	石方开挖	开挖范围、尺寸、坡比	m^3		
b）	土石方填筑				
	土方回填	回填范围、尺寸、材质、方法	m^3		
	石方回填	回填范围、尺寸、材质、方法	m^3		
	土石方回填	回填范围、尺寸、材质、方法	m^3		
	场地平整	范围、要求	m^2		
	土地翻松整治	范围要求	m^2		
	覆耕植土	范围、材质、厚度	m^3		
c）	坑洼回填				
d）	场地整治				
6）	机械固沙工程				
（1）	压盖				
a）	黏土压盖	范围、材质、厚度	m^2		
b）	泥墁压盖	范围、材质、厚度	m^2		
c）	卵石压盖	范围、材质、厚度、规格	m^2		
d）	砾石压盖	范围、材质、厚度、规格	m^2		
（2）	沙障				
a）	防沙土墙	范围、规格、尺寸、材质，施工方法	m^3		
b）	黏土埂	范围、规格、尺寸、材质，施工方法	m		
c）	高立式柴草沙障	范围、规格、尺寸、材质，施工方法	m		
d）	低立式柴草沙障	范围、规格、尺寸、材质，施工方法	m		
e）	立杆串草把沙障	范围、规格、尺寸、材质，施工方法	m		

续表

序　号	项　目　名　称	项目主要特征	单位	工程量	备　　注
f）	立杆草把沙障	范围、规格、尺寸、材质，施工方法	m		
g）	立杆编织条沙障	范围、规格、尺寸、材质，施工方法	m		
h）	防沙栅栏	范围、规格、尺寸、材质，施工方法	m		
7）	降水蓄渗工程				
（1）	水窖				
a）	土石方开挖				
	土方开挖	开挖范围、尺寸、坡比	m^3		
	石方开挖	开挖范围、尺寸、坡比	m^3		
b）	砌体				
	砌砖	规格、施工方法	m^3		
	砌石	砌石类型、材质、规格、施工方法	m^3		
	抹面	范围、材质、厚度	m^2		
c）	混凝土及钢筋				
	混凝土	强度等级	m^3		
	钢筋	钢筋类别、直径	t		
（2）	涝池				工程项目参考本表2.1.1中7）的（1）
（3）	蓄水池				
（4）	沉沙池				
（5）	引水渠				
（6）	排水沟				
8）	设备及安装工程				
（1）	喷灌设备	规格、型号	套		
（2）	滴灌设备	规格、型号	套		
（3）	提引设备	规格、型号	套		
2.1.2	料场防护工程				工程项目参考本表2.1.1
2.1.3	施工场地防护工程				
2.1.4	道路防护工程				
2.1.5	枢纽区防护工程				
2.1.6	移民安置防护工程				
2.2	植物措施				根据设计图纸计算工程量
2.2.1	渣场防护工程				
1）	植物防护或恢复工程				
（1）	种草（籽）				
a）	整地	范围、类型、方法	m^2		
b）	草籽	种类、规格	kg		
c）	种植	密度、配置方式、种植方式	m^2		

续表

序号	项目名称	项目主要特征	单位	工程量	备注
（2）	植草（皮）				工程项目参考本表2.2.1中1）的（1）
（3）	种树（籽）				
（4）	植树				
a）	整地	范围、类型、方法	m^2		
b）	苗木	范围、材质、方法	株		
c）	栽植	类型、材质、方法	株		
2）	绿化美化工程				工程项目参考本表2.2.1中1）
3）	生态护坡工程				
（1）	铺草皮护坡				
a）	坡面清理	范围、内容、要求	m^2		
b）	覆土	范围、材质、厚度	m^3		
c）	铺植草皮	种类、规格、配置方式、种植方式	m^2		
d）	无纺布	范围、规格、尺寸	m^2		
e）	养护	内容、方法	m^2		
（2）	植生带护坡				
a）	坡面清理	范围、内容、要求	m^2		
b）	土方开挖	开挖范围、尺寸、坡比	m^3		
c）	石方开挖	开挖范围、尺寸、坡比	m^3		
d）	覆土	范围、材质、厚度	m^3		
e）	铺植生带	种类、规格、配置方式、种植方式	m^2		
f）	无纺布	范围、规格、尺寸	m^2		
g）	养护	内容、方法	m^2		
（3）	液压喷播植草护坡				
a）	坡面清理	范围、内容、要求	m^2		
b）	土方开挖	开挖范围、尺寸、坡比	m^3		
c）	石方开挖	开挖范围、尺寸、坡比	m^3		
d）	土方回填	回填范围、尺寸、材质、方法	m^3		
e）	喷播植草	范围、种子规格、配置方式	m^2		
f）	无纺布	范围、规格、尺寸	m^2		
g）	养护	内容、方法	m^2		
（4）	三维植被网护坡				
a）	坡面清理	范围、内容、要求	m^2		
b）	土方开挖	开挖范围、尺寸、坡比	m^3		
c）	石方开挖	开挖范围、尺寸、坡比	m^3		
d）	土方回填	回填范围、尺寸、材质、方法	m^3		
e）	铺设三维网	范围、规格、尺寸、施工方法	m^2		

续表

序　号	项　目　名　称	项目主要特征	单位	工程量	备　　注
f）	播草	种类、规格、配置方式、种植方式	m^2		
g）	无纺布	范围、规格、尺寸	m^2		
h）	养护	内容、方法	m^2		
（5）	土工格室植草护坡				
a）	坡面清理	范围、内容、要求	m^2		
b）	土方开挖	开挖范围、尺寸、坡比	m^3		
c）	石方开挖	开挖范围、尺寸、坡比	m^3		
d）	土方回填	回填范围、尺寸、材质、方法	m^3		
e）	铺设土工格室	范围、规格、尺寸、施工方法	m^2		
f）	铺设三维网	范围、规格、尺寸、施工方法	m^2		
g）	喷播植草	范围、种子规格、配置方式	m^2		
h）	无纺布	范围、规格、尺寸	m^2		
i）	养护	内容、方法	m^2		
（6）	骨架植草护坡				
a）	坡面清理	范围、内容、要求	m^2		
b）	土方开挖	开挖范围、尺寸、坡比	m^3		
c）	石方开挖	开挖范围、尺寸、坡比	m^3		
d）	土方回填	回填范围、尺寸、材质、方法	m^3		
e）	砌石	砌石类型、材质、规格、施工方法	m^3		
f）	混凝土	强度等级	m^3		
g）	铺设三维网	范围、规格、尺寸、施工方法	m^2		
h）	植草	种类、规格、配置方式、种植方式	m^2		
i）	无纺布	范围、规格、尺寸	m^2		
j）	养护	内容、方法	m^2		
（7）	藤蔓植物护坡				
a）	坡面清理	范围、内容、要求	m^2		
b）	土方开挖	开挖范围、尺寸、坡比	m^3		
c）	石方开挖	开挖范围、尺寸、坡比	m^3		
d）	土方回填	回填范围、尺寸、材质、方法	m^3		
e）	砌石	砌石类型、材质、规格、施工方法	m^3		
f）	混凝土	强度等级	m^3		
g）	栽植藤蔓植物	种类、规格、配置方式、种植方式	株		

续表

序　号	项　目　名　称	项目主要特征	单位	工程量	备　　注
h）	养护	内容、方法	m^2		
（8）	喷植生混凝土护坡				
a）	坡面清理	范围、内容、要求	m^2		
b）	土方开挖	开挖范围、尺寸、坡比	m^3		
c）	石方开挖	开挖范围、尺寸、坡比	m^3		
d）	土方回填	回填范围、尺寸、材质、方法	m^3		
e）	喷植生混凝土	强度等级、种子规格、配置方式	m^2		
f）	无纺布	范围、规格、尺寸	m^2		
g）	养护	内容、方法	m^2		
（9）	厚层基材植被护坡				
a）	坡面清理	范围、内容、要求	m^2		
b）	土方开挖	开挖范围、尺寸、坡比	m^3		
c）	石方开挖	开挖范围、尺寸、坡比	m^3		
d）	铺设三维网	范围、规格、尺寸、施工方法	m^2		
e）	喷射基材混合物	范围、材质、配置方式	m^2		
f）	喷播植草	范围、种子规格、配置方式	m^2		
g）	无纺布	范围、规格、尺寸	m^2		
h）	养护	内容、方法	m^2		
2.2.2	料场防护工程				工程项目参考本表2.2.1
2.2.3	施工场地防护工程				
2.2.4	道路防护工程				
2.2.5	枢纽区防护工程				
2.2.6	移民安置防护工程				
2.3	临时措施				
2.4	水土保持监测工程				
2.4.1	监测设施				
1）	径流小区	类型、数量、规模	项		
2）	简易观测场	类型、数量、规模	项		
3）	控制站	数量、规模	项		
2.4.2	监测设备				
1）	测量设备				
2）	采样设备				
3）	分析设备				
4）	其他设备				
2.4.3	其他（含人工费）				

4.4 机电设备及安装工程

4.4.1 规划阶段

1 表 4.4.1 为水电站（含抽水蓄能电站）规划阶段的机电设备通用的工程量清单。

2 规划阶段根据初拟的设计方案，提出水轮机（水泵水轮机）、发电机（发电电动机）、进水阀等主要设备工程量清单。其他机电设备及安装工程量不作要求。

4.4.2 预可行性研究阶段

1 表 4.4.2 为水电站（含抽水蓄能电站）预可行性研究阶段的机电设备通用的工程量清单。清单中“项目主要特征”可根据情况修改与完善。

2 发电设备及附属设备安装工程，提出水轮机（水泵水轮机）、调速器、油压装置、发电机（发电电动机）、励磁系统（含励磁变）、进水阀、油压装置、主厂房桥式起重机、GIS 室桥式起重机等主要设备工程量清单。

3 电气设备及安装工程，提出发电机断路器、变频启动装置、母线等主要工程量清单。

4 控制保护通信系统及安装工程，提出继电保护系统、计算机监控系统、工业电视系统、直流系统、公用设备控制系统、辅机设备控制系统、通信设备及安装工程等主要工程量清单。

5 通风采暖、建筑给排水系统及安装工程，对于地下厂房或有特殊要求的水电站，本阶段宜提出通风系统、空调系统、采暖系统等主要工程量清单。其他工程的通风采暖、建筑给排水系统及安装工程量不作要求。

6 升压变电设备及安装工程，提出主变压器设备及安装、高压电气设备及安装等主要工程量清单。

7 其他机电设备及安装工程量不作要求。

4.4.3 可行性研究阶段

1 表 4.4.3 为水电站（含抽水蓄能电站）可行性研究阶段的机电设备通用的工程量清单，对于不同类型的水电站，其设备配置不尽相同，在编制过程中根据需要可在此清单基础上进行适当的调整。按不同项目工作深度的要求，可对表中各大项内容进行扩展。清单中“项目主要特征”可根据情况修改与完善。

2 发电设备及附属设备安装工程，提出水轮机（水泵水轮机）及附属设备、发电机（发电电动机）及附属设备、进水蝴蝶阀或球阀或圆筒阀及附属系统、主厂房内及 GIS 室起重设备、水力机械辅助设备等设备工程量。本阶段对于口径大于或等于公称直径 200mm 的阀门或压力等级高于或等于 4.0MPa 的阀门宜单独列出。

3 电气设备及安装工程，提出发电电压配电装置、变频启动装置（SFC）、母线、厂用电系统、电工试验设备、电力电缆等工程量。

4 控制保护通信系统及安装工程，提出控制保护系统、计算机监控系统、直流系统、工业电视系统、通信设备及安装工程、电缆等工程量。

5 通风采暖、建筑给排水系统及安装工程，提出通风（防排烟）设备、空调设备、建筑给排水等工程量。

6 升压变电设备及安装工程，提出主变压器设备及安装、高压电气设备及安装、一次拉线及其他安装工程量。

7 航运过坝设备及安装工程，提出供电设备及安装工程、配电装置、控制设备及安装工程。

8 消防设备及安装工程，提出机电设备系统消防、建筑消防系统、火灾自动报警系统等工程量。

9 全厂接地、照明系统及安装工程。提出全厂接地、照明等工程量。

10 其他设备及安装工程，提出电梯设备及安装工程、梯级集控中心设备、地震监测站（台）网设备、交通设备等工程量。

4.4.4 招标设计和施工图设计阶段

1 表 4.4.4 为水电站（含抽水蓄能电站）招标设计和施工图设计阶段的机电设备通用的工程量清单，在编制过程中根据需要可在此清单基础上进行适当的调整。按招标设计和施工图设计阶段工作深度的要求，可对表中各大项内容进行扩展。清单中“项目主要特征”可根据情况修改与完善。

2 发电设备及附属设备安装工程，按招标设计和施工图设计阶段工作深度要求提出水轮机（水泵水轮机）及附属设备、发电机（发电电动机）及附属设备、进水蝴蝶阀或球阀或圆筒阀及附属系统、主厂房内及 GIS 室起重设备、水力机械辅助设备等设备工程量。

3 电气设备及安装工程，按招标设计和施工图设计阶段工作深度要求提出发电电压配电装置、变频启动装置（SFC）、母线、厂用电系统、电工试验设备、电力电缆等工程量。

4 控制保护通信系统及安装工程，按招标设计和施工图设计阶段工作深度要求提出控制保护系统、计算机监控系统、直流系统、工业电视系统、通信设备及安装工程、电缆等工程量。

5 通风采暖、建筑给排水系统及安装工程，按招标设计和施工图设计阶段工作深度要求提出通风（防排烟）设备、空调设备、建筑给排水等工程量。

6 升压变电设备及安装工程，按招标设计和施工图设计阶段工作深度要求提出主变压器设备及安装、高压电气设备及安装、一次拉线及其他安装工程量。

7 航运过坝设备及安装工程。按招标设计和施工图设计阶段工作深度要求提出供电设备及安装工程、配电装置、控制设备及安装工程。

8 消防设备及安装工程，按招标设计和施工图设计阶段工作深度要求提出机电设备系统消防、建筑消防系统、火灾自动报警系统等工程量。

9 全厂接地、照明系统及安装工程。按招标设计和施工图设计阶段工作深度要求提出全厂接地、照明等工程量。

10 其他设备及安装工程，按招标设计和施工图设计阶段工作深度要求提出电梯设备及安装工程、梯级集控中心设备、地震监测站（台）网设备、交通设备等工程量。

表 4.4.1　　　　　　　规划阶段机电设备及安装工程工程量清单

序　号	项　目　名　称	项目主要特征	单位	工程量	备　　注
1	发电设备及附属设备安装工程				
	水轮机（水泵水轮机）	型号；质量（t）	台		
	发电机（发电电动机）	型号；质量（t）	台		
	进水阀	公称直径；名义工作油压（MPa）	台		
2	电气设备及安装工程				本阶段不做工程量计算
3	控制保护通信系统及安装工程				本阶段不做工程量计算
4	通风采暖、建筑给排水系统及安装工程				本阶段不做工程量计算
5	机修设备及安装工程				本阶段不做工程量计算
6	升压变电设备及安装工程				本阶段不做工程量计算
7	航运过坝电气设备及安装工程				本阶段不做工程量计算
8	消防设备及安装工程				本阶段不做工程量计算
9	全厂接地、照明系统及安装工程				本阶段不做工程量计算
10	其他设备及安装工程				本阶段不做工程量计算

表 4.4.2　　　　预可行性研究阶段机电设备及安装工程工程量清单

序　号	项　目　名　称	项目主要特征	单位	工程量	备　　注
1	发电设备及附属设备安装工程				
1.1	水轮机（水泵水轮机）	型号；质量（t）	台		应按不同型号分别列出
1.2	调速器	型号；名义工作油压（MPa）	台		应按不同型号分别列出
1.3	油压装置	压力罐容积（m^3）；名义工作油压（MPa）	台		应按不同型号分别列出
1.4	发电机（发电电动机）	型号；质量（t）	台		应按不同型号分别列出
1.5	励磁系统（含励磁变）		套		应按不同型号分别列出
1.6	进水阀	公称直径；名义工作油压（MPa）	台		应按不同型号分别列出
1.7	油压装置	压力罐容积（m^3）；名义工作油压（MPa）	台		应按不同型号分别列出
1.8	主厂房桥机	型号	台		应按不同型号分别列出
1.9	GIS 室桥机	型号	台		若有
2	电气设备及安装工程				
2.1	发电机断路器	型号；额定电压（kV）；额定电流（A）；额定短路开断电流（kA）	组		
2.2	变频启动装置		套		
2.3	母线				
3	控制保护通信系统及安装工程				
3.1	继电保护系统		套		
3.2	计算机监控系统		套		
3.3	工业电视系统		套		
3.4	直流系统		套		
3.5	公用设备控制系统		套		
3.6	辅机设备控制系统		套		
3.7	通信设备及安装工程		套		
4	通风采暖、建筑给排水系统及安装工程				
4.1	通风系统		套		
4.2	空调系统		套		
4.3	采暖系统		套		
5	机修设备及安装工程				
6	升压变电设备及安装工程				

续表

序　号	项　目　名　称	项目主要特征	单位	工程量	备　　注
6.1	主变压器设备及安装工程				
6.1.1	变压器	型号；额定电压及调压范围（kV）；额定容量（kVA）；接线组别	台		
6.2	高压电气设备及安装工程				
6.2.1	高压断路器				
1）	SF_6断路器	型号；额定电压（kV）；额定电流（A）；额定短路开断电流（kA）	台		
2）	SF_6复合式组合电器	型号；额定电压（kV）；额定电流（A）；额定短路开断电流（kA）	组		
6.2.2	SF_6封闭式组合电器（GIS）	型号；额定电压（kV）；额定电流（A）；额定短时耐受电流（kA）	间隔		
6.2.3	SF_6管道母线（GIL）	型号；额定电压（kV）；额定电流（A）；额定短时耐受电流（kA）	三相 m		
6.2.4	高压电缆	型号；额定电压（kV）；额定电流（A）；额定短时耐受电流（kA）	m		
6.3	其他				
7	航运过坝电气设备及安装工程				
8	消防设备及安装工程				
9	全厂接地、照明系统及安装工程				
10	其他设备及安装工程				

表 4.4.3　　可行性研究阶段机电设备及安装工程工程量清单

表 4.4.3-1　　发电设备及附属设备安装工程

序　号	项　目　名　称	项目主要特征	单位	工程量	备　　注
1	水轮机（水泵水轮机）及附属设备				
1.1	水轮机（水泵水轮机）	型号；质量（t）	台		应按不同型号分别列出
1.2	调速器	型号；名义工作油压（MPa）	台		应按不同型号分别列出
1.3	油压装置	压力罐容积（m^3）；名义工作油压（MPa）	台		应按不同型号分别列出
1.4	漏油装置	油箱容积（m^3）	台		
1.5	自动化元件及表计		套		
1.6	透平油		t		
1.7	其他				
2	发电机（发电电动机）及附属设备				
2.1	发电机（发电电动机）	型号；质量（t）	台		应按不同型号分别列出
2.2	励磁系统（含励磁变）		套		应按不同型号分别列出
2.3	自动化元件及表计		套		含机组状态监测系统
2.4	透平油		t		
2.5	其他				
3	进水蝴蝶阀或球阀或圆筒阀及附属系统				
3.1	进水阀	公称直径，名义工作压力（MPa）	台		应按不同型号分别列出
3.2	油压装置	压力罐容积（m^3），名义工作油压（MPa）	台		应按不同型号分别列出
3.3	其他				
4	主厂房内及 GIS 室起重设备				
4.1	主厂房桥式起重机				
4.1.1	主厂房桥式起重机	型号；自重（t）	台		应按不同型号分别列出
4.1.2	平衡梁及假轴	起重量（t）	t（副）		
4.1.3	定子起吊工具		t（副）		
4.1.4	轨道及阻进器				
1）	轨道	型号	双 10m		
2）	阻进器		套		

续表

序　号	项　目　名　称	项目主要特征	单位	工程量	备　　注
4.1.5	滑触线		三相 10m		
4.2	GIS 室桥式起重机				
4.2.1	GIS 室桥式起重机	型号			
4.2.2	轨道及阻进器				
1)	轨道	型号	双 10m		
2)	阻进器		套		
4.2.3	滑触线		三相 10m		
4.3	其他				
5	水力机械辅助设备				
5.1	透平油系统				
5.1.1	油桶	容积（m^3）	个		应按不同型号分别列出
5.1.2	压力滤油机	型号	台		应按不同型号分别列出
5.1.3	透平油过滤机	流量（m^3/h）	台		
5.1.4	油泵	流量（m^3/h），名义工作压力（MPa）	台		应按不同型号分别列出
5.1.5	滤纸烘箱	型号	台		
5.1.6	移动式油桶	容积（m^3）	台		
5.1.7	自动化元件及表计		套		宜按表计、信号器、显控器、变送器、电磁阀、开关、传感器、各种装置、配压阀、操作阀等分别列出
5.1.8	透平油		t		
5.2	绝缘油系统				
5.2.1	油桶	容积（m^3）	个		应按不同型号分别列出
5.2.2	压力滤油机	型号	台		应按不同型号分别列出
5.2.3	真空滤油机	流量（m^3/h）	台		
5.2.4	油泵	流量（m^3/h）；名义工作压力（MPa）	台		应按不同型号分别列出
5.2.5	滤纸烘箱	型号	台		
5.2.6	油罐车	容积（m^3）	辆		
5.2.7	绝缘油		t		

续表

序　号	项　目　名　称	项目主要特征	单位	工程量	备　　注
5.2.8	油化验设备		套		应按比色计、比重计、酸度计、黏度计、闪点测定器、天平、电动搅拌器、电炉、绝缘油耐压试验器、色相色谱仪、干燥箱真空泵等，视配置情况分别列出
5.2.9	自动化元件及表计		套		宜按表计、信号器、显控器、变送器、电磁阀、开关、传感器、各种装置、配压阀、操作阀等分别列出
5.3	低压气系统				
5.3.1	固定式空气压缩机	生产率（m^3/min）；名义工作压力（MPa）；功率（kW）；电压等级	台套		应按不同型号分别列出
5.3.2	移动式空气压缩机	生产率（m^3/min）；名义工作压力（MPa）；功率（kW）；电压等级	台套		
5.3.3	后冷却器	公称直径；名义工作压力（MPa）	台		
5.3.4	呼吸式过滤器	公称直径；名义工作压力（MPa）	台		
5.3.5	气水分离器	公称直径；名义工作压力（MPa）	台		应按不同型号分别列出
5.3.6	储气罐	容积（m^3）；名义工作压力（MPa）	个		应按不同型号分别列出
5.3.7	减压阀	公称直径；名义工作压力（MPa）	只		
5.3.8	安全阀	公称直径；名义工作压力（MPa）	只		
5.3.9	逆止阀	公称直径；名义工作压力（MPa）	只		
5.3.10	自动化元件及表计		套		宜按表计、信号器、显控器、变送器、电磁阀、开关、传感器、各种装置、配压阀、操作阀等分别列出
5.4	中压气系统				
5.4.1	空气压缩机	生产率（m^3/min）；名义工作压力（MPa）；功率（kW）；电压等级	台套		应按不同型号分别列出
5.4.2	后冷却器		台		
5.4.3	呼吸式过滤器	公称直径；名义工作压力（MPa）	台		
5.4.4	气水分离器	公称直径；名义工作压力（MPa）	台		应按不同型号分别列出

续表

序　号	项　目　名　称	项目主要特征	单位	工程量	备　　注
5.4.5	储气罐	容积（m^3）；名义工作压力（MPa）	个		应按不同型号分别列出
5.4.6	补气总阀及控制箱	公称直径；名义工作压力（MPa）	台		可含在水轮机供货范围内，电动阀或液压阀
5.4.7	减压阀	公称直径；名义工作压力（MPa）	只		
5.4.8	安全阀	公称直径；名义工作压力（MPa）	只		
5.4.9	逆止阀	公称直径；名义工作压力（MPa）	只		
5.4.10	自动化元件及表计		套		宜按表计、信号器、显控器、变送器、电磁阀、开关、传感器、各种装置、配压阀、操作阀等分别列出
5.5	技术供水系统（机组、主变、变频器、辅助设备等）				
5.5.1	水泵及附件（离心泵或深井泵等）	流量（m^3/min）；扬程（m）；功率（kW）；电压等级	台		应按不同型号分别列出
5.5.2	减压阀	公称直径；名义工作压力（MPa）	台		应按不同型号分别列出
5.5.3	安全阀或泄水阀	公称直径；名义工作压力（MPa）	台		应按不同型号分别列出
5.5.4	全自动滤水器及控制箱等附件	公称直径；名义工作压力（MPa）	台		应按不同型号分别列出
5.5.5	供水总阀及控制箱附件	公称直径；名义工作压力（MPa）	台		应按不同型号分别列出
5.5.6	逆止阀或泵控阀	公称直径；名义工作压力（MPa）	台		应按不同型号分别列出
5.5.7	四通阀及控制箱	公称直径；名义工作压力（MPa）	台		且应按不同型号分别列出
5.5.8	自动化元件及表计		套		宜按表计、信号器、显控器、变送器、电磁阀、开关、传感器、各种装置、配压阀、操作阀等分别列出
5.5.9	软化水循环系统		套		发电机采用水内冷时，可含在发电机供货范围内，至少含水箱、水泵、热交换器、机械过滤器、离子交换器及自动化元件等
5.5.10	发电机推力轴承外置冷却器系统		套		可含在发电机供货范围内，含冷却器、水泵等

续表

序　号	项　目　名　称	项目主要特征	单位	工程量	备　　注
5.5.11	二次循环水补水系统		套		宜按所配设备分别列出
5.6	渗漏排水系统（大坝、厂内等）				大坝、厂内等应分别列出，自流排水及冲击式机组视情况而定
5.6.1	水泵及附件（深井泵、或潜水泵、或离心泵或射流泵等）	流量（m^3/min）；扬程（m）；功率（kW）；电压等级	台		应按不同型号分别列出
5.6.2	逆止阀或泵控阀	公称直径；名义工作压力（MPa）	台		应按不同型号分别列出
5.6.3	自动化元件及表计		套		宜按表计、信号器、显控器、变送器、电磁阀、开关、传感器、各种装置、配压阀、操作阀等分别列出
5.7	机组检修排水系统				自流排水及冲击式机组视情况而定
5.7.1	水泵及附件（深井泵、或潜水泵、或离心泵或射流泵等）	流量（m^3/min）；扬程（m）；功率（kW）；电压等级	台		应按不同型号分别列出
5.7.2	电动阀门及控制箱	公称直径；名义工作压力（MPa）	台		
5.7.3	逆止阀或泵控阀	公称直径；名义工作压力（MPa）	台		应按不同型号分别列出
5.7.4	自动化元件及表计		套		宜按表计、信号器、显控器、变送器、电磁阀、开关、传感器、各种装置、配压阀、操作阀等分别列出
5.8	水力监测系统				
5.8.1	全厂性测量				
1）	上水位计及显示仪表		套		
2）	下水位计及显示仪表		套		
3）	拦污栅差压计及显示仪表		套		
4）	调压井水位计及显示仪表		套		
5）	厂房防淹水位计及显示仪表		套		
6）	水库水温计及显示仪表		套		
7）	超声波测流装置		套		
5.8.2	机组段测量		项		
5.8.3	流量监测仪表		套		
5.9	上、下水库充水系统				抽水蓄能电站
5.9.1	水泵及附件（深井泵、或潜水泵或离心泵等）	流量（m^3/min）；扬程（m）；功率（kW）；电压等级	台		
5.9.2	电动阀门及控制箱	公称直径；名义工作压力（MPa）	台		

续表

序　号	项　目　名　称	项目主要特征	单位	工程量	备　　注
5.9.3	逆止阀或泵控阀	公称直径；名义工作压力（MPa）	台		
5.9.4	自动化元件及表计		套		宜按表计、信号器、显控器、变送器、电磁阀、开关、传感器、各种装置、配压阀、操作阀等分别列出
5.10	上、下水库排水系统				抽水蓄能电站
5.10.1	水泵及附件（深井泵、或潜水泵、或离心泵等）	流量（m^3/min）；扬程（m）；功率（kW）；电压等级	台		
5.10.2	电动阀门及控制箱	公称直径；名义工作压力（MPa）	台		
5.10.3	逆止阀或泵控阀	公称直径；名义工作压力（MPa）	台		
5.10.4	自动化元件及表计		套		宜按表计、信号器、显控器、变送器、电磁阀、开关、传感器、各种装置、配压阀、操作阀等分别列出
5.11	上、下水库喷淋系统				抽水蓄能电站
5.11.1	水泵及附件（深井泵、或潜水泵离心泵等）	流量（m^3/min）；扬程（m）；功率（kW）；电压等级	台		
5.11.2	全自动滤水器及控制箱等附件	公称直径；名义工作压力（MPa）	台		
5.11.3	逆止阀或泵控阀	公称直径；名义工作压力（MPa）	台		
5.11.4	电动阀门及控制箱	公称直径；名义工作压力（MPa）	台		
5.11.5	自动化元件及表计		套		宜按表计、信号器、显控器、变送器、电磁阀、开关、传感器、各种装置、配压阀、操作阀等分别列出
5.12	生态流量放水系统				
5.12.1	检修阀（蝶阀或闸阀或球阀）		台		
5.12.2	流量调节阀及控制箱	公称直径；名义工作压力（MPa）	台		
5.12.3	起吊设备		台		
5.12.4	排水设备				按大坝渗漏排水系统要求分别列出
5.12.5	自动化元件及表计		套		宜按表计、信号器、显控器、变送器、电磁阀、开关、传感器、各种装置、配压阀、操作阀等分别列出
5.13	闸门水压密封系统				中高水头闸门

续表

序　号	项　目　名　称	项目主要特征	单位	工程量	备　　注
5.13.1	水泵（深井泵、或潜水泵、或离心泵等）	流量（m^3/min）；扬程（m）；功率（kW）；电压等级	台		
5.13.2	减压阀	公称直径；名义工作压力（MPa）	台		
5.13.3	安全阀或泄水阀	公称直径；名义工作压力（MPa）	台		
5.13.4	全自动滤水器及控制箱等附件	公称直径；名义工作压力（MPa）	台		
5.13.5	逆止阀或泵控阀	公称直径；名义工作压力（MPa）	台		
5.13.6	蓄能装置	容积（m^3）；名义工作压力（MPa）	套		
5.13.7	空气压缩机	生产率（m^3/min）；名义工作压力（MPa）	台		
5.13.8	储气罐	容积（m^3）；名义工作压力（MPa）	台		
5.13.9	逆止阀	公称直径；名义工作压力（MPa）	只		
5.13.10	安全阀	公称直径；名义工作压力（MPa）	只		
5.13.11	自动化元件及表计		套		宜按表计、信号器、显控器、变送器、电磁阀、开关、传感器、各种装置、配压阀、操作阀等分别列出
5.14	管路系统				包括油、气、水和水力量测系统及小口径低压阀门、管件、管夹等（主设备供货范围内除外）
5.14.1	焊接钢管		t		
5.14.2	无缝钢管		t		
5.14.3	不锈钢钢管		t		
5.14.4	铜管		t		
5.14.5	软管	公称直径；名义工作压力（MPa）	m		
5.14.6	碳钢阀门（闸阀、蝶阀、球阀、截止阀等）	公称直径；名义工作压力（MPa）	只		宜按不同系统及型式、且口径大于DN200或压力等级高于4.0MPa分别列出，其余的计入管路系统中
5.14.7	不锈钢阀门（闸阀、蝶阀、球阀、截止阀等）	公称直径；名义工作压力（MPa）	只		宜按不同系统及型式、且口径大于DN200或压力等级高于4.0MPa分别列出，其余的计入管路系统中
6	其他				

表 4.4.3-2　　电气设备及安装工程

序　号	项　目　名　称	项目主要特征	单位	工程量	备　　注
1	发电电压配电装置				
1.1	发电机断路器	型号；额定电压（kV）；额定电流（A）；额定短路开断电流（kA）	组		
1.1.1	发电机真空断路器		组		
1.1.2	发电机 SF_6 断路器		组		
1.1.3	发电电动机 SF_6 断路器		组		
1.2	隔离开关	型号；额定电压（kV）；额定电流（A）；额定短时耐受电流（kA）	组		
1.2.1	隔离开关		组		
1.2.2	换相隔离开关		组		
1.2.3	启动隔离开关		组		
1.2.4	母线式隔离开关		组		
1.3	电制动开关	型号；额定电压（kV）；额定电流（A）；额定短时耐受电流（kA）	组		
1.3.1	电制动开关		组		
1.3.2	电制动断路器		组		
1.4	接地开关	型号；额定电压（kV）；额定电流（A）；额定短时耐受电流（kA）	组		
1.5	电流互感器	型号；额定电压（kV）；变比	只		
1.6	发电机电压成套柜	型号；额定电压（kV）；额定电流（A）；额定短时耐受电流（kA）	面		
1.6.1	断路器柜		面		
1.6.2	联络柜		面		
1.6.3	电流互感器柜		面		
1.6.4	电压互感器柜		面		
1.6.5	电压互感器避雷器柜		面		
1.6.6	负荷开关柜		面		
1.6.7	熔断器组合保护装置柜		面		
1.7	发电机中性点装置柜	型号；额定电压（kV）；额定电流（A）；额定短时耐受电流（kA）	面		
1.7.1	消弧线圈柜		面		
1.7.2	接地电阻柜		面		
1.7.3	接地变压器柜		面		
1.8	限流电抗器	型号；额定电压（kV）；额定电流（A）；电抗（%）	组		

续表

序　号	项　目　名　称	项目主要特征	单位	工程量	备　　注
1.9	其他				
2	变频启动装置（SFC）		套		
2.1	输入变压器		台		
2.2	输出变压器		台		
2.3	谐波滤波器		个		
2.4	整流柜		面		
2.5	直流电抗器		个		
2.6	逆变柜		面		
2.7	隔离开关柜		面		
2.8	控制柜		面		
2.9	冷却柜		面		
2.10	其他				
3	母线				
3.1	离相封闭母线				
3.1.1	主回路离相封闭母线	型号；额定电压（kV）；额定电流（A）；额定短时耐受电流（kA）	单相，m		
3.1.2	分支回路离相封闭母线	型号；额定电压（kV）；额定电流（A）；额定短时耐受电流（kA）	单相，m		
3.1.3	启动回路离相封闭母线	型号；额定电压（kV）；额定电流（A）；额定短时耐受电流（kA）	单相，m		
3.2	共箱封闭母线	型号；额定电压（kV）；额定电流（A）；额定短时耐受电流（kA）	三相，m		
3.3	微正压装置		套		
3.4	空气干燥装置		套		
3.5	其他				
4	厂用电系统				
4.1	架空线路	型号；额定电压（V）；规格及截面（mm^2）	km		
4.2	高压厂用变压器	型号；额定电压及调压范围（kV）；额定容量（kVA）；接线组别；阻抗电压（%）	台		
4.3	低压厂用变压器	型号；额定电压及调压范围（kV）；额定容量（kVA）；接线组别；阻抗电压（%）	台		
4.4	照明变压器	型号；额定电压及调压范围（kV）；额定容量（kVA）；接线组别；阻抗电压（%）	台		
4.5	箱式变电站	型号；额定电压及调压范围（kV）；额定容量（kVA）；接线组别；阻抗电压（%）	台		

续表

序　号	项　目　名　称	项目主要特征	单位	工程量	备　　注
4.6	柴油发电机组	型号；额定电压（kV）；额定功率（kW）；额定功率因数	台		
4.7	高压开关柜	型号；额定电压（kV）；额定电流（A）；额定短时耐受电流（kA）	面		
4.8	低压配电盘	型号；额定电压（kV）；额定电流（A）；额定短时耐受电流（kA）	面		
4.9	低压配电柜	型号；额定电压（kV）；额定电流（A）；额定短时耐受电流（kA）	面		
4.10	低压动力箱	型号；额定电压（kV）；额定电流（A）；额定短时耐受电流（kA）	个		
4.11	低压动力插座箱	型号；额定电压（kV）；额定电流（A）	个		
4.12	高压母线槽	型号；额定电压（kV）；额定电流（A）；额定短时耐受电流（kA）	M		
4.13	低压母线槽	型号；额定电压（kV）；额定电流（A）；额定短时耐受电流（kA）	M		
4.14	电缆桥架		t		
4.15	预埋件、安装支架和保护网等		t		
4.16	膨胀螺栓		套		
4.17	其他				
5	电工试验设备				
6	电力电缆				
6.1	中压电力电缆	型号；额定电压（V）；规格及截面（mm^2）	km		列出各种规格
6.2	低压电力电缆	型号；额定电压（V）；规格及截面（mm^2）	km		列出各种规格
7	其他				

表 4.4.3-3　　　　控制保护通信系统及安装工程

序　号	项　目　名　称	项目主要特征	单位	工程量	备　　注
1	控制保护系统				
1.1	继电保护及安全自动装置系统				
1.1.1	发电机保护盘		面		含励磁变保护
1.1.2	主变压器保护盘		面		
1.1.3	线路保护盘		面		

续表

序　号	项　目　名　称	项目主要特征	单位	工程量	备　　注
1.1.4	母线保护盘		面		
1.1.5	断路器保护盘		面		
1.1.6	短电缆保护盘		面		
1.1.7	短引线保护盘		面		
1.1.8	故障录波系统盘		套		
1.1.9	电抗器保护装置		套		
1.1.10	电容器保护装置		套		
1.1.11	保护管理系统		套		
1.1.12	电能计费系统		套		
1.1.13	安全自动装置		套		
1.1.14	相量测量系统		套		
1.1.15	竞价上网系统		套		
1.1.16	厂用电系统保护设备		套		
1.1.17	行波测距装置		套		
1.1.18	功角测量装置		套		
1.2	公用设备控制系统				
1.2.1	中压空压机控制盘		面		
1.2.2	低压空压机控制盘		面		
1.2.3	坝区渗漏排水泵控制盘		面		
1.2.4	厂内渗漏排水泵控制盘		面		
1.2.5	检修排水泵控制盘		面		
1.2.6	消防泵控制盘		面		
1.2.7	消防补水泵控制盘		面		
1.2.8	通风空调控制系统设备		套		
1.2.9	公用系统上位机及管理系统		套		
1.3	辅机设备控制系统				
1.3.1	主轴密封控制箱		个		
1.3.2	技术供水滤水器控制箱		个		
1.3.3	技术供水泵控制盘		套		
1.3.4	高压油泵控制箱		个		
1.3.5	推力外循环控制柜		个		
1.3.6	水导外循环控制箱		个		
1.3.7	油雾风扇控制箱		个		
1.3.8	粉尘收集控制箱		个		
1.3.9	调速器电气调节柜		面		
1.3.10	调速器油压装置控制柜		面		
1.3.11	调速器漏油装置控制箱		个		

续表

序　号	项　目　名　称	项目主要特征	单位	工程量	备　　注
1.3.12	进水阀控制柜		面		
1.3.13	进水阀油压装置控制柜		面		
1.3.14	进水阀漏油装置控制箱		个		
1.3.15	顶盖排水控制箱		个		
1.3.16	机组测温盘、制动盘		面		
1.3.17	水力测量盘		面		
1.3.18	发电机端子箱		个		
1.3.19	水轮机端子箱		个		
1.3.20	机组仪表盘		面		
1.3.21	加热器控制箱		个		
1.4	其他				
2	计算机监控系统				
2.1	梯级集控中心				
2.1.1	应用服务器		台		
2.1.2	历史数据服务器		台		
2.1.3	操作员站		台		
2.1.4	工程师站		台		
2.1.5	培训工作站		台		
2.1.6	电站通信服务器		台		
2.1.7	调度通信服务器		台		
2.1.8	大屏幕		套		
2.1.9	模拟屏		套		
2.1.10	语音报警服务器		台		
2.1.11	生产信息管理服务器		台		
2.1.12	Web 服务器		台		
2.1.13	交换机		台		
2.1.14	逆变电源		套		
2.1.15	UPS 电源		套		
2.1.16	安全隔离装置		套		
2.1.17	操作台		套		
2.1.18	打印机		台		
2.2	电站计算机监控系统				
2.2.1	主控级设备		套		
1）	应用服务器（主机）		台		
2）	操作员工作站		台		
3）	工程师工作站		台		
4）	培训工作站		台		

续表

序　号	项　目　名　称	项目主要特征	单位	工程量	备　　注
5）	通信工作站		台		
6）	厂长工作站		台		
7）	历史数据服务器		台		
8）	语音报警服务器		台		
9）	报表服务器		台		
10）	Web 浏览服务器		台		含网络设备
11）	GPS 同步时钟系统		套		
12）	模拟屏		套		
13）	大屏幕		套		
14）	UPS 电源		套		
15）	逆变电源		套		
16）	操作台		套		
17）	打印机		台		
18）	安全隔离装置		套		
2.2.2	现地控制单元设备				
1）	机组现地控制单元		套		
2）	公用现地控制单元		套		
3）	SFC 现地控制单元		套		
4）	厂用电系统现地控制单元		套		
5）	开关设备现地控制单元		套		
6）	坝区现地控制单元		套		
7）	上水库现地控制单元		套		
8）	下水库现地控制单元		套		
9）	尾水（尾调）现地控制单元		套		
10）	其他区域现地控制单元		套		
2.3	其他				
3	直流系统				
3.1	蓄电池组				
3.1.1	铅酸蓄电池组	容量（Ah）	组		
3.1.2	镉镍蓄电池组	容量（Ah）	组		
3.1.3	电池巡检装置		台		
3.2	充电屏（包括高频整流模块或可控硅整流装置，监控模块，电源进线开关等）		面		
3.3	联络屏		面		
3.4	馈电屏（包括馈线开关、直流电流互感器和绝缘监视装置等）		面		

续表

序　号	项　目　名　称	项目主要特征	单位	工程量	备　　注
3.5	有源逆变装置		套		
3.6	直流分盘（含绝缘监视装置）		面		
3.7	直流系统电缆				
3.7.1	电力电缆	各种规格	km		
3.7.2	控制和保护电缆				
1）	测量电缆	各种规格	km		
2）	控制电缆	各种规格	km		
3.8	其他				
4	工业电视系统				
4.1	前端设备		套		
4.2	中心处理设备		套		
4.3	传输设备		套		
4.4	其他				
5	通信设备及安装工程				
5.1	卫星通信				
5.1.1	天线分系统（包括天线、馈电设备、驱动设备和跟踪设备）		套		
5.1.2	发射设备分系统（如高功率放大器等）		台		
5.1.3	接收设备分系统（如射频单元等）		套		
5.1.4	地面通信设备分系统（包括调制解调器、上/下变频器等）		套		
5.1.5	终端设备分系统		套		
5.1.6	监视控制分系统		套		
5.1.7	通信电源（高频开关电源、蓄电池组及电力电缆等）		套		
5.2	光纤通信				
5.2.1	光端机（光中继机）		台		
5.2.2	PCM 设备		套		
5.2.3	网管监控设备		套		
5.2.4	光纤配线架		套		
5.2.5	数字配线架		套		
5.2.6	光缆		m		
5.2.7	通信电源（高频开关电源、蓄电池组及电力电缆等）		套		
5.3	微波通信				
5.3.1	微波收发信机		套		

续表

序　号	项　目　名　称	项目主要特征	单位	工程量	备　　注
5.3.2	PCM 多路复用设备		套		
5.3.3	网管监控设备		套		
5.3.4	天线		套		
5.3.5	馈线		套		
5.3.6	通信电源（高频开关电源、蓄电池组及电力电缆等）		套		
5.4	载波通信				
5.4.1	电力线载波机（高频收发信机）		台		
5.4.2	线路阻波器		台		
5.4.3	耦合电容器（电容式电压互感器		台		
5.4.4	结合滤波器		台		
5.4.5	高频电缆		m		
5.4.6	通信电源（高频开关电源、蓄电池组及电力电缆等）		套		
5.5	移动通信				
5.5.1	控制中心设备（包括网络控制器、网络管理终端等）		套		
5.5.2	基站设备（包括天馈线系统、无线收发信机和电源等）		个		
5.5.3	有线（无线）调度台		个		
5.5.4	移动终端设备（移动台或固定台）		个		
5.5.5	通信电源（高频开关电源、蓄电池组及电力电缆等）		套		
5.6	生产调度通信				
5.6.1	数字程控调度交换机		台		
5.6.2	调度操作台		个		
5.6.3	维护管理终端		套		
5.6.4	数字录音设备		套		
5.6.5	音频配线架		个		
5.6.6	电话分线盒		个		
5.6.7	电话机		部		
5.6.8	配线电缆		m		
5.6.9	电话用户线		m		
5.6.10	通信电源（高频开关电源、蓄电池组及电力电缆等）		套		
5.7	生产管理通信				
5.7.1	数字程控用户交换机		台		

续表

序　号	项　目　名　称	项目主要特征	单位	工程量	备　　注
5.7.2	维护管理终端		台		
5.7.3	音频配线架		个		
5.7.4	电话分线盒		个		
5.7.5	电话机		部		
5.7.6	配线电缆		m		
5.7.7	电话用户线		m		
5.7.8	通信电源（高频开关电源、蓄电池组及电力电缆等）		套		
5.8	其他				
6	电缆				
6.1	电力电缆	各种规格	km		
6.2	控制和保护电缆				
1）	测量电缆	各种规格	km		
2）	控制电缆	各种规格	km		
3）	光缆	单模/多模	km		
7	其他				
7.1	主变冷却控制柜		面		
7.2	开关站现地控制柜		面		
7.3	大坝闸门控制系统		套		
7.4	上水库闸门控制系统		套		
7.5	尾水闸门控制系统		套		
7.6	上水库水喷淋控制系统		套		
7.7	下水库水喷淋控制系统		套		
7.8	充水泵控制系统		套		

表 4.4.3-4　　　　通风采暖、建筑给排水系统及安装工程

序　号	项　目　名　称	项目主要特征	单位	工程量	备　　注
1	通风（防排烟）设备				
1.1	通风机				
1.1.1	离心风机	风量（m^3/h）；风压（Pa）；电机输入功率（kW）	台/套		应按不同型号及规格分别列出
1.1.2	轴流式风机	风量（m^3/h）；风压（Pa）；电机输入功率（kW）	台		应按不同型号及规格分别列出
1.1.3	混流式风机	风量（m^3/h）；风压（Pa）；电机输入功率（kW）	台		应按不同型号及规格分别列出
1.1.4	斜流式风机	风量（m^3/h）；风压（Pa）；电机输入功率（kW）	台		应按不同型号及规格分别列出
1.1.5	排烟风机	风量（m^3/h）；风压（Pa）；电机输入功率（kW）	台		应按不同型号及规格分别列出

续表

序　号	项　目　名　称	项目主要特征	单位	工程量	备　　注
1.1.6	风机箱	风量（m^3/h）；风压（Pa）；电机输入功率（kW）	台/套		应按不同型号及规格分别列出
1.1.7	屋顶风机	风量（m^3/h）；风压（Pa）；电机输入功率（kW）；运行重量	台		应按不同型号及规格分别列出
1.1.8	排气扇	风量（m^3/h）；风压（Pa）；电机输入功率（kW）	台		应按不同型号及规格分别列出
1.2	风系统管道（含通风、空调等）				
1.2.1	金属管道		m^2		应按不同材质总量列出
1.2.2	非金属管道		m^2		应按不同材质总量列出
1.2.3	复合保温风管		m^2		应按不同材质总量列出
1.2.4	管道保温工程	含保温材料、包扎材料等配料	m^3		应按不同材质及做法总量列出
1.3	各类阀门、风口及其他				
1.3.1	阀门（含调节阀、密闭阀、蝶阀）	方形：宽×高（mm×mm）；圆形：直径（mm）	个		应按均价总量列出
1.3.2	电动阀门	方形：宽×高（mm×mm）；圆形：直径（mm）	个		应按均价总量列出（含阀体及电动执行装置）
1.3.3	防火阀门（各类防火阀门）	方形：宽×高（mm×mm）；圆形：直径（mm）	个		应按均价总量列出（含阀体及电动、手动执行装置）
2	空调设备				
2.1	空调主机设备				
2.1.1	风冷式冷水机组	制冷量（kW）；制热量（kW）；用电量（kW）	台/套		应按不同型号及规格分别列出
2.1.2	水冷式冷水机组	制冷量（kW）；制热量（kW）；用电量（kW）	台/套		应按不同型号及规格分别列出
2.1.3	水冷压缩冷凝机组	制冷量(kW)；用电量(kW)	台/套		应按不同型号及规格分别列出
2.1.4	冷却塔	冷却水量（m^3/h）；用电量（kW）	台/套		应按不同型号及规格分别列出
2.1.5	水泵（包括冷却、冷冻水泵、给水、补水泵等）	流量（m^3/h）；扬程（m）；功率（kW）	台/套		应按不同型号及规格分别列出
2.1.6	定压补水装置（可含配电、控制箱）	机组补水量（m^3/h）；扬程（m）；用电量（kW）	台/套		应按不同型号及规格分别列出
2.1.7	水箱（包括给、补水箱、膨胀水箱等）	有效容积（m^3）；外形尺寸（mm×mm×mm）	台/套		应按不同型号及规格分别列出
2.1.8	水处理设备（软水、净水处理设备等）	处理水量（m^3/h）；用电量（kW）	台/套		应按不同型号及规格分别列出

续表

序号	项目名称	项目主要特征	单位	工程量	备注
2.2	空调末端设备				
2.2.1	组合式空调机组	风量（m^3/h）；出口余压（Pa）；用电量（kW）	台/套		应按不同型号及规格分别列出
2.2.2	柜式空调机	风量（m^3/h）；出口余压（Pa）；用电量（kW）	台/套		应按不同型号及规格分别列出
2.2.3	吊顶式空调机	风量（m^3/h）；出口余压（Pa）；用电量（kW）	台/套		应按不同型号及规格分别列出
2.2.4	新风换气机组	风量（m^3/h）；出口余压（Pa）；用电量（kW）	台/套		应按不同型号及规格分别列出
2.2.5	风机盘管空调器	风量（m^3/h）；用电量（kW）	台/套		应按不同型号及规格分别列出
2.2.6	水环热泵机组	制冷量（kW）；制热量（kW）；用电量（kW）	台/套		应按不同型号及规格分别列出
2.2.7	空气幕（风幕机）	风量（m^3/h）；出口余压（Pa）；用电量（kW）	台		应按不同型号及规格分别列出
2.3	整体式空调设备				
2.3.1	风冷式空调柜机	风量（m^3/h）；制冷、热量（kW）；用电量（kW）	台/套		应按不同型号及规格分别列出
2.3.2	水冷式空调柜机	风量（m^3/h）；制冷、热量（kW）；用电量（kW）	台/套		应按不同型号及规格分别列出
2.4	采暖设备				
2.4.1	电加热器	加热量（kW）；用电量（kW）	台/套		应按不同型号及规格分别列出
2.4.2	电热锅炉	加热量（kW）；用电量（kW）	台/套		应按不同型号及规格分别列出
2.4.3	电暖风机	加热量（kW）；用电量（kW）	台/套		应按不同型号及规格分别列出
2.4.4	电暖气	加热量（kW）；用电量（kW）	元/台		应按不同型号及规格分别列出
2.4.5	电辐射板	加热量（kW）；用电量（kW）	元/台		应按不同型号及规格分别列出
2.4.6	发电机余热供暖系统设备		套		应按总量列出
2.5	水系统管材、阀门等				
2.5.1	无缝钢管	外径×壁厚（mm×mm）	t		应按总量列出
2.5.2	焊接钢管	公称直径（mm）	t		应按总量列出
2.5.3	不锈钢管	外径×壁厚（mm×mm）	t		应按总量列出
2.5.4	镀锌钢管	公称直径（mm）	t		应按总量列出
2.5.5	其他管材	公称直径（mm）	t		应按总量列出
2.5.6	各类阀门	公称直径（mm）	个		应按总量列出
2.6	其他				
2.7	分体式空调				
2.7.1	多联机中央空调				

续表

序 号	项 目 名 称	项目主要特征	单位	工程量	备 注
1）	多联机设备				
2）	室外机	制冷量（kW）；制热量（kW）；用电量（kW）	台		应按不同型号及规格分别列出
3）	室内机	制冷量（kW）；制热量（kW）；用电量（kW）	台		应按不同型号及规格分别列出
4）	新风换气机组	风量（m^3/h）；出口余压（Pa）；用电量（kW）	台/套		应按不同型号及规格分别列出
5）	其他设备				
2.7.2	风系统管道（含通风、空调等）				
1）	金属管道		m^2		应按不同材质总量列出
2）	非金属管道		m^2		应按不同材质总量列出
3）	复合保温风管		m^2		应按不同材质总量列出
4）	管道保温工程	含保温材料、包扎材料等配料	m^3		应按不同材质及做法总量列出
2.7.3	各类阀门、风口及其他				
1）	阀门（含调节阀、密闭阀、蝶阀）	方形：宽×高（mm×mm）；圆形：直径（mm）	个		应按均价总量列出
2）	电动阀门	方形：宽×高（mm×mm）；圆形：直径（mm）	个		应按均价总量列出（含阀体及电动执行装置）
3）	防火阀门（各类防火阀门）	方形：宽×高（mm×mm）；圆形：直径（mm）	个		应按均价总量列出（含阀体及电动、手动执行装置）
2.7.4	分体机	制冷量（kW）；制热量（kW）；用电量（kW）	套		应按不同型号及规格分别列出
3	建筑给排水				
3.1	给排水				
3.1.1	给（补）水泵	流量（m^3/h）；扬程（m）；用电量（kW）；	台		应按不同型号及规格分别列出
3.1.2	稳压泵（含变频恒压供水设备）	机组补水流量（m^3/h）；扬程（m）；用电量（kW）	台/套		应按不同型号及规格分别列出
3.1.3	排（污）水泵	流量（m^3/h）；扬程（m）；用电量（kW）；	台		应按不同型号及规格分别列出
3.1.4	给水处理设备	型号；规格；处理水量（m^3/h）	台		应按不同型号及规格分别列出
3.1.5	污水处理设备（含生物、综合处理设备）	型号；规格；处理水量（m^3/h）	套		应按不同型号及规格分别列出
3.1.6	水箱（包括给、补水箱、膨胀水箱等）	有效容积（m^3）；外形尺寸（mm×mm×mm）	个		应按不同规格分别列出
3.2	水系统管材、阀门等				

续表

序　号	项　目　名　称	项目主要特征	单位	工程量	备　　注
3.2.1	无缝钢管	外径×壁厚（mm×mm）	t		应按总量列出
3.2.2	焊接钢管	公称直径（mm）	t		应按总量列出
3.2.3	不锈钢管	外径×壁厚（mm×mm）	t		应按总量列出
3.2.4	镀锌钢管	公称直径（mm）	t		应按总量列出
3.2.5	其他管材	公称直径（mm）	t		应按总量列出
3.2.6	各类阀门	公称直径（mm）	个		应按总量列出
4	其他				

表 4.4.3-5　　　　机修设备及安装工程

序　号	项　目　名　称	项目主要特征	单位	工程量	备　　注
1	车床	型号	台		应按不同型号分别列出
2	钻床	型号	台		应按不同型号分别列出
3	刨床	型号	台		应按不同型号分别列出
4	直流电焊机	型号	台		应按不同型号分别列出
5	交流电焊机	型号	台		应按不同型号分别列出
6	砂轮机	型号	台		应按不同型号分别列出
7	试压泵	名义工作压力（MPa），额定功率（kW）	台		
8	磨床	型号	台		应按不同型号分别列出
9	铣床	型号	台		应按不同型号分别列出
10	氧气瓶	型号	个		应按不同型号分别列出
11	其他				

表 4.4.3-6　　　　升压变电设备及安装工程

序　号	项　目　名　称	项目主要特征	单位	工程量	备　　注
1	主变压器设备及安装工程				
1.1	变压器	型号；额定电压及调压范围（kV）；额定容量（kVA）；接线组别；阻抗电压（%）	台		
1.2	轨道	轨重（kg/m）	双 10m		
1.3	轨道阻进器		t		
2	高压电气设备及安装工程				
2.1	高压断路器				
2.1.1	真空断路器	型号；额定电压（kV）；额定电流（A）；额定短路开断电流（kA）	台		
2.1.2	SF_6 断路器	型号；额定电压（kV）；额定电流（A）；额定短路开断电流（kA）	台		
2.1.3	SF_6 组合式组合电器	型号；额定电压（kV）；额定电流（A）；额定短路开断电流（kA）	组		

续表

序　号	项　目　名　称	项目主要特征	单位	工程量	备　　注
2.2	隔离开关	型号；额定电压（kV）；额定电流（A）；额定短时耐受电流（kA）	台		
2.3	电流互感器	型号；额定电压（kV）；变比	台		
2.4	电压互感器				
2.4.1	电磁式电压互感器	型号；额定电压（kV）；变比	台		
2.4.2	电容式电压互感器	型号；额定电压（kV）；变比	台		
2.5	高压负荷开关	型号；额定电压（kV）；额定电流（A）；额定短路开断电流（kA）；额定短时关合电流（kA）	台		
2.6	高压熔断器	型号；额定电压（kV）；额定电流（A）；开断电流（kA）	台		
2.7	避雷器	型号；额定电压（kV）；标称放电电流（A）	台		
2.8	阻波器	型号；额定电压（kV）；额定电流（A）；额定电感（mH）	台		
2.9	高压组合电气设备				
2.9.1	进线间隔	型号；额定电压（kV）；额定电流（A）；额定短时耐受电流（kA）	间隔		
2.9.2	出线间隔	型号；额定电压（kV）；额定电流（A）；额定短时耐受电流（kA）	间隔		
2.9.3	母联间隔	型号；额定电压（kV）；额定电流（A）；额定短时耐受电流（kA）	间隔		
2.9.4	电压互感器避雷器间隔	型号；额定电压（kV）；额定电流（A）；额定短时耐受电流（kA）	间隔		
2.10	SF_6管道母线				
2.10.1	SF_6管道母线	型号；额定电压（kV）；额定电流（A）；额定短时耐受电流（kA）	三相，m		
2.10.2	SF_6管道母线终端头	型号；额定电压（kV）；额定电流（A）；额定短时耐受电流（kA）	只		
2.10.3	SF_6/空气高压套管	型号；额定电压（kV）；额定电流（A）；额定短时耐受电流（kA）	只		
2.11	高压电缆		m		
2.11.1	高压电缆	型号；截面；额定电压（kV）；额定电流（A）；额定短时耐受电流（kA）	m		
2.11.2	电缆终端	型式；额定电压（kV）；额定电流（A）；额定短时耐受电流（kA）	只		

续表

序　号	项　目　名　称	项目主要特征	单位	工程量	备　　注
3	一次拉线及其他安装工程				
3.1	设备连接导线	规格及截面（mm^2）	m		
3.2	管母线	规格及截面（mm^2）	m		
3.3	设备线夹		个		
3.4	绝缘子串		串		
3.5	安装附件及材料等		t		
4	其他				

表 4.4.3-7　　　　航运过坝设备及安装工程

序　号	项　目　名　称	项目主要特征	单位	工程量	备　　注
1	供电设备及安装工程				
1.1	架空线路	型号；额定电压（V）；规格及截面（mm^2）	km		
1.2	变压器	型号；额定电压及调压范围（kV）；额定容量（kVA）；接线组别；阻抗电压（%）	台		
1.3	箱式变电站	型号；额定电压及调压范围（kV）；额定容量（kVA）；接线组别；阻抗电压（%）	台		
2	配电装置				
2.1	高压开关柜	型号；额定电压（kV）；额定电流（A）；额定短时耐受电流（kA）	面		
2.2	低压配电盘	型号；额定电压（kV）；额定电流（A）；额定短时耐受电流（kA）	面		
2.3	低压配电柜	型号；额定电压（kV）；额定电流（A）；额定短时耐受电流（kA）	面		
2.4	低压动力箱	型号；额定电压（kV）；额定电流（A）；额定短时耐受电流（kA）	个		
2.5	低压动力插座箱	型号；额定电压（kV）；额定电流（A）	个		
2.6	低压母线槽	型号；额定电压（kV）；额定电流（A）；额定短时耐受电流（kA）	m		
2.7	电力电缆	型号；额定电压（V）；规格及截面（mm^2）	km		
2.8	电缆桥架		t		
3	控制设备及安装工程		项		
4	其他				

表 4.4.3-8　　　　　　　　机电设备及安装工程（可研阶段）消防设备及安装工程

序　号	项　目　名　称	项目主要特征	单位	工程量	备　　注
1	机电设备系统消防				
1.1	水源系统				
1.1.1	水泵及附件（离心泵或深井泵等）	流量（m^3/min）；扬程（m）；功率（kW）；电压等级	台		应按不同型号分别列出
1.1.2	减压阀	公称直径；名义工作压力（MPa）	台		
1.1.3	安全阀	公称直径；名义工作压力（MPa）	台		
1.1.4	全自动滤水器及控制箱等附件	公称直径；名义工作压力（MPa）	台		应按不同型号分别列出
1.1.5	逆止阀或泵控阀		台		应按不同型号分别列出
1.1.6	自动化元件及表计				宜应按数量、型号分别列出
1.1.7	气体蓄能装置		套		
1.2	发电机消防				
1.2.1	Y 型滤水器	公称直径；名义工作压力（MPa）	台		应按不同型号单独列出
1.2.2	雨淋阀组	公称直径；名义工作压力（MPa）	台		应按不同型号单独列出
1.2.3	喷雾头		个		应按不同型号分别列出
1.2.4	CO_2 灭火装置		台套		
1.3	主变压器消防				
1.3.1	Y 型滤水器	公称直径；名义工作压力（MPa）	台		应按不同型号单独列出
1.3.2	雨淋阀组	公称直径；名义工作压力（MPa）	台		应按不同型号单独列出
1.3.3	喷雾头		个		应按不同型号单独列出
1.3.4	充氮灭火装置		台套		
1.4	油系统消防				
1.4.1	Y 型滤水器	公称直径；名义工作压力（MPa）	台		应按不同型号单独列出
1.4.2	雨淋阀组	公称直径；名义工作压力（MPa）	台		应按不同型号单独列出
1.4.3	喷雾头		个		应按不同型号单独列出
1.5	管路系统				
1.5.1	焊接钢管		t		含小口径低压阀门、管件、管夹等
1.5.2	镀锌无缝钢管		t		含小口径低压阀门、管件、管夹等

续表

序号	项目名称	项目主要特征	单位	工程量	备注
1.5.3	不锈钢钢管		t		含小口径低压阀门、管件、管夹等
1.5.4	铜管		t		含小口径低压阀门、管件、管夹等
1.5.5	碳钢阀门（闸阀、蝶阀、球阀、截止阀等）	公称直径；名义工作压力（MPa）			宜按不同型式、且口径大于DN200分别列出，其余的计入管路系统中
1.5.6	不锈钢阀门（闸阀、蝶阀、球阀、截止阀等）	公称直径；名义工作压力（MPa）			宜按不同型式、且口径大于DN200分别列出，其余的计入管路系统中
2	建筑消防系统				
2.1	消防设备				
2.1.1	消防车	型号；规格	辆		应按不同型号及规格分别列出
2.1.2	消防水泵（含附件及减震器）	流量（m^3/h）；扬程（m）；功率（kW）	台		应按不同型号及规格分别列出
2.1.3	稳压泵（含配电、控制箱）	机组补水流量（m^3/h）；扬程（m）；功率（kW）；机组承压（MPa）；机组运行重量（t）；外形尺寸（mm×mm×mm）；配电、控制箱	台		应按不同型号及规格分别列出
2.1.4	稳压水箱（含水位计、检查口、爬梯及配管接口等）	有效容积（m^3）；外形尺寸（mm×mm×mm）	个		
2.1.5	消防水箱（含水位计、检查口、内、外爬梯及配管接口等）	有效容积（m^3）；外形尺寸（mm×mm×mm）	个		应按不同型号及规格分别列出
2.1.6	给（补）水泵（含附件及减震器）	流量（m^3/h）；扬程（m）；功率（kW）	台		应按不同型号及规格分别列出
2.1.7	室内消火栓（含栓、箱、水枪、水龙带）	外形尺寸（mm×mm×mm）；栓枪规格；水龙带（m）	个		应按不同型号及规格分别列出
2.1.8	室外消火栓（含栓、箱、水枪、水龙带）	外形尺寸（mm×mm×mm）；栓枪规格；水龙带（m）	个		应按不同型号及规格分别列出
2.1.9	试验用消火栓（含栓、箱、水枪、水龙带）	外形尺寸（mm×mm×mm）；栓枪规格；水龙带（m）	个		应按不同型号及规格分别列出
2.1.10	推车式灭火器	型号；规格；装药量	台		应按不同型号、类型及规格分别列出
2.1.11	手提式灭火器	型号；规格；装药量	只		应按不同型号、类型及规格分别列出
2.1.12	砂箱、铁铲	型号；规格	套		应按不同规格分别列出
2.1.13	防毒面具	型号；规格			应按不同规格分别列出
2.2	水系统管材、阀门及配件等				
2.2.1	焊接钢管		t		含小口径低压阀门、管件、管夹等

续表

序　号	项　目　名　称	项目主要特征	单位	工程量	备　　注
2.2.2	无缝钢管		t		含小口径低压阀门、管件、管夹等
2.2.3	不锈钢管		t		含小口径低压阀门、管件、管夹等
2.2.4	镀锌钢管		t		含小口径低压阀门、管件、管夹等
2.2.5	其他管材		t		含小口径低压阀门、管件、管夹等
2.2.6	碳钢阀门（闸阀、蝶阀、截止阀等）	公称直径；名义工作压力（MPa）	台		宜按不同型式、且口径大于 DN200 分别列出，其余的计入管路系统中
2.2.7	不锈钢钢阀门（闸阀、蝶阀、截止阀等）	公称直径；名义工作压力（MPa）	台		宜按不同型式、且口径大于 DN200 分别列出，其余的计入管路系统中
2.2.8	水过滤器	公称直径；名义工作压力（MPa）	台		应按不同型号及规格分别列出
2.2.9	安全阀	公称直径；名义工作压力（MPa）	台		应按不同型号及规格分别列出
2.2.10	减压阀	公称直径；名义工作压力（MPa）	台		应按不同型号及规格分别列出
2.2.11	自动化元件及压力表、温度计等		只		宜按不同型号及规格分别列出
3	火灾自动报警系统				
3.1	控制器及消防联动设备				
3.1.1	火灾自动报警控制器		台		
3.1.2	控制器接口卡件		件		
3.1.3	手动报警按钮		个		
3. 1.4	监视模块		块		
3. 1.5	控制模块		块		
3. 1.6	隔离模块		块		
3. 1.7	图文显示设备		套		
3.2	火灾探测设备				
3.2.1	感温探测器		个		
3.2.2	感烟探测器		个		
3.2.3	火焰探测器		个		
3.2.4	对射式感烟探测器		对		
3.2.5	线型感温探测器		套		
3.2.6	空气采样火灾探测器		台		

续表

序号	项目名称	项目主要特征	单位	工程量	备注
3.3	火灾应急广播				
3.3.1	广播音源		台		
3.3.2	广播功放		台		
3.3.3	扬声器		个		
3.4	火灾警报装置				
3.4.1	声光报警器		个		
3.4.2	警铃		个		
3.5	对讲电话装置				
3.5.1	电话主机		台		
3.5.2	手持电话分机		个		
3.5.3	固定电话分机		个		
3.6	UPS 电源	功率（kVA）	套		
3.7	联动直流电源	容量（Ah）	套		
3.8	信号电缆（线）		km		
4	其他				

表 4.4.3-9　全厂接地、照明系统及安装工程

序号	项目名称	项目主要特征	单位	工程量	备注
1	全厂接地				
1.1	镀锌钢材		t		
1.2	铜带	截面（mm^2）	km		
1.3	降阻剂		t		
1.4	接地铜材及附件		项		
2	照明				
2.1	照明配电盘	型号；额定电压（kV）；额定电流（A）；额定短时耐受电流（kA）	面		
2.2	应急照明电源装置	型号；额定电压（kV）；额定容量（kW）；应急照明时间（min）	套		
2.3	照明配电箱	型号；额定电压（kV）；额定电流（A）	面		
2.4	照明电线	型号；额定电压（V）；规格及截面（mm^2）；	km		
2.5	照明灯具	型号；额定电压（V）；额定功率（W）	套		
3	其他				

表 4.4.3-10　其他设备及安装工程

序　号	项　目　名　称	项目主要特征	单位	工程量	备　　注
1	电梯设备及安装工程				
1.1	大坝电梯	提升高度；载重量	台		
1.2	厂房电梯	提升高度；载重量	台		
1.3	升船机（船闸）电梯	提升高度；载重量	台		
2	梯级集控中心设备		项		
3	地震监测站（台）网设备		项		
4	交通设备		辆		分项计列

表 4.4.4　招标设计和施工图设计阶段机电设备及安装工程工程量清单

表 4.4.4-1　发电设备及附属设备安装工程

序　号	项　目　名　称	项目主要特征	单位	工程量	备　　注
1	水轮机（水泵水轮机）及附属设备				
1.1	水轮机（水泵水轮机）				应按不同型号分别列出
1.1.1	水轮机（水泵水轮机）本体	型号；质量（t）	台		
1）	尾水管（或机壳）	质量（t）	套		
2）	座环、蜗壳（或配水管、灯泡体、管形座）	质量（t）	套		
3）	底环、泄水环、顶盖、支持盖、控制环、导叶等导水机构（含抗磨板、止漏环、喷管、内外配水环等）	质量（t）	套		
4）	转轮、主轴及连接螺栓等转动部分	质量（t）	套		
5）	接力器及基础（及受油器）、锁定装置、导叶保护装置等	质量（t）	套		
6）	导轴承	质量（t）	套		
7）	主轴密封		套		
1.1.2	水轮机附属装置		套		
1）	尾水管检修平台（或平水栅）	质量（t）	套		
2）	机坑里衬	质量（t）	套		
3）	机坑环形起重机		套		
4）	排水阀、排水泵		套		
5）	补气装置、真空破坏阀组等		套		
6）	端子箱及盘柜		套		
7）	千斤顶、拉筋拉锚、进人门、走道、扶手栏杆、试验设备、基础板及地脚螺栓等		套		
1.1.3	自动化元件及表计		套		必要时按表计、信号器、显控器、变送器、电磁阀、开关、传感器、各种装置、配压阀、操作阀等分别列出
1.1.4	管路系统等		t		油、气、水系统及均压排水系统、水环排水系统（蓄能机）管路及附件、阀门、管夹等，必要时单独列出
1.1.5	备品备件				按合同提供
1.1.6	专用工具				按合同提供
1.1.7	其他				
1.2	调速器系统				应按不同型号分别列出

续表

序　号	项　目　名　称	项目主要特征	单位	工程量	备　　注
1.2.1	调速器本体	型号；名义工作油压（MPa）	台		
1）	机械柜及基础		套		
2）	电气柜		套		
1.2.2	过速限制器	公称直径，名义工作压力（MPa）	台		
1.2.3	齿盘测速装置		套		
1.2.4	机械过速保护装置		套		
1.2.5	油压装置	压力罐容积（m^3）；名义工作油压（MPa）	台		应按不同型号分别列出
1）	油泵	流量（m^3/h）；名义工作压力（MPa）；功率（kW）	台		
2）	回油箱	容积（m^3）	个		
3）	压力油罐（或氮气瓶）	容积（m^3）；名义工作压力（MPa）	个		
1.2.6	漏油装置	油箱容积（m^3）	台		
1.2.7	自动化元件及表计		套		必要时按表计、信号器、显控器、变送器、电磁阀、开关、传感器、各种装置、配压阀、操作阀等分别列出
1.2.8	管路系统等		t		油、气、水系统管路及附件、阀门、管夹及基础板等，必要时单独列出
1.2.9	备品备件				按合同提供
1.2.10	专用工具				按合同提供
1.3	透平油		t		
1.4	其他				
2	发电机（发电电动机）及附属设备				
2.1	发电机（发电电动机）	型号；重量（t）	台		应按不同型号分别列出
2.1.1	发电机本体				
1）	定子				
2）	转子				
3）	主轴（包括上段轴及下段轴、轴电流装置等）				
4）	上机架				
5）	下机架				
6）	推力轴承				
7）	上导轴承				
8）	下导轴承				

续表

序　号	项　目　名　称	项目主要特征	单位	工程量	备　　注
9）	集电环装置				
2.1.2	发电机附属设备				
1）	空气冷却系统				
2）	油润滑冷却系统				
3）	制动系统				
4）	高压油顶起装置				
5）	灭火系统				
6）	端子箱及盘柜				
7）	油雾吸收装置、机坑照明、除湿器				
8）	风洞盖板、基础件、预埋件（包括安装场）、进人门、走道、扶手栏杆、试验设备、基础板及地脚螺栓等				
2.1.3	自动化元件及表计	（含机组状态监测系统）	套		按表计、信号器、显控器、变送器、电磁阀、开关、传感器、各种装置、配压阀、操作阀等分别列出
2.1.4	管路系统		t		油、气、水系统管路及附件、阀门、管夹及基础板等，必要时单独列出
2.1.5	备品备件				按合同提供
2.1.6	专用工具				定子、转子起吊工具等，按合同提供
2.1.7	其他				
2.2	励磁装置		套		应按不同型号分别列出
2.2.1	励磁变压器（柜）		台		
2.2.2	励磁调节器柜		面		
2.2.3	灭磁及过电压保护柜		面		
2.2.4	灭磁开关柜		面		
2.2.5	励磁功率柜		面		
2.2.6	电气制动切换柜		面		
2.2.7	交流断路器柜		面		
2.2.8	电缆或密集型母线		m		
2.2.9	备品备件				按合同提供
2.2.10	专用工具				按合同提供
2.3	透平油		t		
2.4	机组试运行		项	1	

续表

序　号	项　目　名　称	项目主要特征	单位	工程量	备　　注
2.5	其他				
3	水轮机进水蝴蝶阀或球阀或圆筒阀及附属系统				
3.1	进水阀本体	公称直径；名义工作压力（MPa）	台套		应按不同型号分别列出
3.2	附属设备				
3.2.1	上、下游延伸管、旁通阀、伸缩节、接力器及基础、操作柜等		台套		
3.2.2	密封操作压力源装置	流量（m^3/h）；名义工作压力（MPa）	台		油压密封油泵或水压密封过滤器
3.3	油压装置	压力罐容积（m^3）；名义工作油压（MPa）	台		应按不同型号分别列出
3.3.1	油泵	流量（m^3/h）；名义工作压力（MPa）；功率（kW）			
3.3.2	回油箱	容积（m^3）			
3.3.3	压力油罐（或氮气瓶）	容积（m^3）；名义工作压力（MPa）			
3.4	漏油装置	油箱容积（m^3）	台		
3.5	自动化元件及表计		套		按表计、信号器、显控器、变送器、电磁阀、开关、传感器、各种装置、配压阀、操作阀等分别列出
3.6	管路系统等		t		油、气、水系统管路及附件、阀门、管夹及基础板等，必要时单独列出
3.7	备品备件				按合同提供
3.8	专用工具				按合同提供
3.9	其他				
4	主厂房及 GIS 室起重设备				
4.1	主厂房桥机				
4.1.1	主厂房桥机	型号；自重（t）	台		应按不同型号分别列出
4.1.2	平衡梁及假轴	起重量（t）	t（副）		
4.1.3	定子起吊工具		t（副）		
4.1.4	轨道及阻进器		双，10m		
4.1.5	轨道	型号	双，10m		
4.1.6	阻进器		套		
4.1.7	滑触线		三相，10m		
4.1.8	电动葫芦	型号	台		
4.1.9	备品备件				按合同提供

续表

序　号	项　目　名　称	项目主要特征	单位	工程量	备　　注
4.1.10	专用工具				按合同提供
4.2	GIS 室桥机				
4.2.1	GIS 室桥机	型号			
4.2.2	轨道及阻进器		双，10m		
4.2.3	轨道	型号	双，10m		
4.2.4	阻进器		套		
4.2.5	滑触线		三相，10m		
4.2.6	电动葫芦	型号	台		
4.2.7	备品备件				按合同提供
4.2.8	专用工具				按合同提供
4.3	其他				
5	水力机械辅助设备				
5.1	透平油系统				
5.1.1	油桶	容积（m^3）	个		应按不同型号分别列出
5.1.2	压力滤油机	型号	台		应按不同型号分别列出
5.1.3	透平油过滤机	流量（m^3/h）	台		
5.1.4	油泵	流量（m^3/h）；名义工作压力（MPa）	台		应按不同型号分别列出
5.1.5	滤纸烘箱	型号	台		
5.1.6	移动式油桶	容积（m^3）	台		
5.1.7	自动化元件及表计		只		宜按表计、信号器、显控器、变送器、电磁阀、开关、传感器、各种装置、配压阀、操作阀等分别列出
5.1.8	透平油		t		视供货情况而定
5.1.9	备品备件				按合同提供
5.1.10	专用工具				按合同提供
5.1.11	其他				
5.2	绝缘油系统				
5.2.1	油桶	容积（m^3）	个		应按不同型号分别列出
5.2.2	压力滤油机	型号	台		应按不同型号分别列出
5.2.3	真空滤油机	流量（m^3/h）	台		
5.2.4	油泵	流量（m^3/h）；名义工作压力（MPa）	台		应按不同型号分别列出
5.2.5	滤纸烘箱	型号	台		

续表

序　号	项　目　名　称	项目主要特征	单位	工程量	备　　注
5.2.6	油罐车	容积（m^3）	辆		
5.2.7	绝缘油		t		视供货情况而定
5.2.8	油化验设备				应按比色计、比重计、酸度计、粘度计、闪点测定器、天平、电动搅拌器、电炉、绝缘油耐压试验器、色相色谱仪、干燥箱真空泵等，视配置情况分别列出
5.2.9	自动化元件及表计		只		宜按表计、信号器、显控器、变送器、电磁阀、开关、传感器、各种装置、配压阀、操作阀等分别列出
5.2.10	备品备件				按合同提供
5.2.11	专用工具				按合同提供
5.2.12	其他				如排污泵等
5.3	低压气系统				
5.3.1	固定式空气压缩机	生产率（m^3/min）；名义工作压力（MPa）；功率（kW）；电压等级	台套		应按不同型号分别列出
5.3.2	移动式空气压缩机	生产率（m^3/min）；名义工作压力（MPa）；功率（kW）；电压等级	台套		
5.3.3	后冷却器	公称直径；名义工作压力（MPa）	台		
5.3.4	呼吸式过滤器	公称直径；名义工作压力（MPa）	台		
5.3.5	气水分离器	公称直径；名义工作压力（MPa）	台		应按不同型号分别列出
5.3.6	储气罐	容积（m^3）；名义工作压力（MPa）	个		应按不同型号分别列出
5.3.7	减压阀	公称直径；名义工作压力（MPa）	只		
5.3.8	安全阀	公称直径；名义工作压力（MPa）	只		
5.3.9	逆止阀	公称直径；名义工作压力（MPa）	只		
5.3.10	自动化元件及表计		只		宜按表计、信号器、显控器、变送器、电磁阀、开关、传感器、各种装置、配压阀、操作阀等分别列出
5.3.11	备品备件				按合同提供
5.3.12	专用工具				按合同提供
5.3.13	其他				

续表

序　号	项　目　名　称	项目主要特征	单位	工程量	备　　注
5.4	中压气系统				
5.4.1	空气压缩机	生产率（m^3/min）；名义工作压力（MPa）；功率（kW）；电压等级	台套		应按不同型号分别列出
5.4.2	后冷却器		台		
5.4.3	吸呼式过滤器	公称直径；名义工作压力（MPa）	台		
5.4.4	气水分离器	公称直径；名义工作压力（MPa）	台		应按不同型号分别列出
5.4.5	储气罐	容积（m^3）；名义工作压力（MPa）	个		应按不同型号分别列出
5.4.6	补气总阀及控制箱	公称直径；名义工作压力（MPa）	台		
5.4.7	减压阀	公称直径；名义工作压力（MPa）	只		
5.4.8	安全阀	公称直径；名义工作压力（MPa）	只		
5.4.9	逆止阀	公称直径；名义工作压力（MPa）	只		
5.4.10	自动化元件及表计		只		宜按表计、信号器、显控器、变送器、电磁阀、开关、传感器、各种装置、配压阀、操作阀等分别列出
5.4.11	备品备件				按合同提供
5.4.12	专用工具				按合同提供
5.4.13	其他				
5.5	技术供水系统（机组、主变、变频器、辅助设备等）				
5.5.1	水泵及附件（离心泵或深井泵等）	流量（m^3/min）；扬程（m）；功率（kW）；电压等级	台		应按不同型号分别列出
5.5.2	减压阀	公称直径；名义工作压力（MPa）	台		应按不同型号分别列出
5.5.3	安全阀或泄水阀	公称直径；名义工作压力（MPa）	台		应按不同型号分别列出
5.5.4	全自动滤水器及控制箱等附件	公称直径；名义工作压力（MPa）	台		应按不同型号分别列出
5.5.5	供水总阀及控制箱附件	公称直径；名义工作压力（MPa）	台		应按不同型号分别列出
5.5.6	逆止阀或泵控阀	公称直径；名义工作压力（MPa）	台		应按不同型号分别列出
5.5.7	四通阀及控制箱	公称直径；名义工作压力（MPa）	台		应按不同型号分别列出

续表

序　号	项　目　名　称	项目主要特征	单位	工程量	备　　注
5.5.8	自动化元件及表计		只		宜按表计、信号器、显控器、变送器、电磁阀、开关、传感器、各种装置、配压阀、操作阀等分别列出
5.5.9	软化水循环系统		台套		发电机采用水内冷时，可含在发电机供货范围内，至少含水箱、水泵、热交换器、机械过滤器、离子交换器及自动化元件等
5.5.10	发电机推力轴承外置冷却器系统		台套		可含在发电机供货范围内，含冷却器、水泵等
5.5.11	二次循环水补水系统		台套		宜按所配设备分别列出
1）	水泵		台		
2）	水位计		只		
3）	冷却器		台		
5.5.12	备品备件				按合同提供
5.5.13	专用工具				按合同提供
5.5.14	其他				
5.6	渗漏排水系统（大坝、厂内等）				大坝、厂内等应分别列出，自流排水及冲击式机组视情况而定
5.6.1	水泵及附件（深井泵或潜水泵或离心泵或射流泵等）	流量（m^3/min）；扬程（m）；功率（kW）；电压等级	台		应按不同型号分别列出
5.6.2	逆止阀或泵控阀	公称直径；名义工作压力（MPa）	台		应按不同型号分别列出
5.6.3	自动化元件及表计		只		宜按表计、信号器、显控器、变送器、电磁阀、开关、传感器、各种装置、配压阀、操作阀等分别列出
5.6.4	备品备件				按合同提供
5.6.5	专用工具				按合同提供
5.6.6	其他				如水净化设备
5.7	机组检修排水系统				自流排水及冲击式机组视情况而定
5.7.1	水泵及附件（深井泵或潜水泵或离心泵等）	流量（m^3/min）；扬程（m）；功率（kW）；电压等级	台		应按不同型号分别列出
5.7.2	电动阀门及控制箱	公称直径；名义工作压力（MPa）	台		
5.7.3	逆止阀或泵控阀	公称直径；名义工作压力（MPa）	台		应按不同型号分别列出

续表

序　号	项　目　名　称	项目主要特征	单位	工程量	备　　注
5.7.4	自动化元件及表计		只		宜按表计、信号器、显控器、变送器、电磁阀、开关、传感器、各种装置、配压阀、操作阀等分别列出
5.7.5	备品备件				按合同提供
5.7.6	专用工具				按合同提供
5.7.7	其他				
5.8	水力监测系统				
5.8.1	全厂性测量				
1）	上水位计及显示仪表		套		
2）	下水位计及显示仪表		套		
3）	拦污栅差压计及显示仪表		套		
4）	调压井水位计及显示仪表		套		
5）	厂房防淹水位计及显示仪表		套		
6）	水库水温计及显示仪表		套		
7）	超声波测流装置				
5.8.2	机组段测量				
5.8.3	流量监测仪表		套		
5.8.4	备品备件				按合同提供
5.8.5	专用工具				按合同提供
5.8.6	其他				
5.9	上、下水库充水系统				抽水蓄能电站
5.9.1	水泵及附件（深井泵或潜水泵或离心泵等）	流量（m^3/min）；扬程（m）；功率（kW）；电压等级	台		
5.9.2	电动阀门及控制箱	公称直径；名义工作压力（MPa）	台		
5.9.3	逆止阀或泵控阀	公称直径；名义工作压力（MPa）	台		
5.9.4	自动化元件及表计		只		宜按表计、信号器、显控器、变送器、电磁阀、开关、传感器、各种装置、配压阀、操作阀等分别列出
5.9.5	备品备件				按合同提供
5.9.6	专用工具				按合同提供
5.9.7	其他				
5.10	上、下水库排水系统				抽水蓄能电站
5.10.1	水泵及附件（深井泵或潜水泵或离心泵等）	流量（m^3/min）；扬程（m）；功率（kW）；电压等级	台		

续表

序　号	项　目　名　称	项目主要特征	单位	工程量	备　　注
5.10.2	电动阀门及控制箱	公称直径；名义工作压力（MPa）	台		
5.10.3	逆止阀或泵控阀	公称直径；名义工作压力（MPa）	台		
5.10.4	自动化元件及表计		只		宜按表计、信号器、显控器、变送器、电磁阀、开关、传感器、各种装置、配压阀、操作阀等分别列出
5.10.5	备品备件				
5.10.6	专用工具				
5.10.7	其他				
5.11	上、下水库喷淋系统				抽水蓄能电站
5.11.1	水泵及附件（深井泵或潜水泵或离心泵等）	流量（m^3/min）；扬程（m）；功率（kW）；电压等级	台		
5.11.2	全自动滤水器及控制箱等附件	公称直径；名义工作压力（MPa）	台		
5.11.3	逆止阀或泵控阀	公称直径；名义工作压力（MPa）	台		
5.11.4	电动阀门及控制箱	公称直径；名义工作压力（MPa）	台		
5.11.5	自动化元件及表计		只		宜按表计、信号器、显控器、变送器、电磁阀、开关、传感器、各种装置、配压阀、操作阀等分别列出
5.11.6	备品备件				按合同提供
5.11.7	专用工具				按合同提供
5.11.8	其他				
5.12	生态流量放水系统				
5.12.1	检修阀（蝶阀或闸阀或球阀）		台		
5.12.2	流量调节阀及控制箱	公称直径；名义工作压力（MPa）	台		
5.12.3	起吊设备		台		
5.12.4	排水设备				按大坝渗漏排水系统要求分别列出
5.12.5	自动化元件及表计		只		宜按表计、信号器、显控器、变送器、电磁阀、开关、传感器、各种装置、配压阀、操作阀等分别列出
5.12.6	备品备件				按合同提供
5.12.7	专用工具				按合同提供

续表

序　号	项　目　名　称	项目主要特征	单位	工程量	备　　注
5.12.8	其他				
5.13	闸门水压密封系统				中高水头闸门
5.13.1	水泵（深井泵或潜水泵或离心泵等）	流量（m^3/min）；扬程（m）；功率（kW）；电压等级	台		
5.13.2	减压阀	公称直径；名义工作压力（MPa）	台		
5.13.3	安全阀或泄水阀	公称直径；名义工作压力（MPa）	台		
5.13.4	全自动滤水器及控制箱等附件	公称直径；名义工作压力（MPa）	台		
5.13.5	逆止阀或泵控阀	公称直径；名义工作压力（MPa）	台		
5.13.6	蓄能装置	容积（m^3）；名义工作压力（MPa）	套		
5.13.7	空气压缩机	生产率（m^3/min）；名义工作压力（MPa）	台		
5.13.8	储气罐	容积（m^3）；名义工作压力（MPa）	台		
5.13.9	逆止阀	公称直径；名义工作压力（MPa）	只		
5.13.10	安全阀	公称直径；名义工作压力（MPa）	只		
5.13.11	自动化元件及表计		只		宜按表计、信号器、显控器、变送器、电磁阀、开关、传感器、各种装置、配压阀、操作阀等分别列出
5.13.12	备品备件				按合同提供
5.13.13	专用工具				按合同提供
5.13.14	其他				
5.14	管路系统				包括油、气、水及水力量测系统（主设备供货范围内除外）
5.14.1	焊接钢管	公称直径×壁厚（mm×mm）	t		宜按不同系统、不同管径分别列出
5.14.2	无缝钢管	公称直径×壁厚（mm×mm）	t		宜按不同系统、不同管径分别列出
5.14.3	不锈钢钢管	公称直径×壁厚（mm×mm）	t		宜按不同系统、不同管径分别列出
5.14.4	铜管	公称直径×壁厚（mm×mm）	t		宜按不同系统、不同管径分别列出
5.14.5	软管	公称直径×壁厚（mm×mm）	m		

续表

序　号	项　目　名　称	项目主要特征	单位	工程量	备　　注
5.14.6	碳钢阀门（闸阀、蝶阀、球阀、截止阀等）	公称直径；名义工作压力（MPa）	个		宜按不同系统及型式、口径及压力等级分别列出
5.14.7	不锈钢阀门（闸阀、蝶阀、球阀、截止阀等）	公称直径；名义工作压力（MPa）	个		宜按不同系统及型式、口径及压力等级分别列出
5.15.8	管路附件				宜按不同系统及不同压力等级、规格分别列出或并入管材中
1）	法兰	公称直径；名义工作压力（MPa）	t		含螺栓母、垫片
2）	三通、直角弯头、45°弯头、异径管、活接头、管堵、伸缩节等	公称直径；名义工作压力（MPa）	t		
5.15.9	其他				
5.16	型材（角钢、槽钢、工字钢、钢筋、钢板等）		t		宜按不同系统及不同型号分别列出
5.17	埋件（地脚螺栓、型材）		t		宜按不同系统及不同材质分别列出
5.18	油漆		t		宜按不同系统及不同型号分别列出
5.18.1	底漆		t		
5.18.2	面漆		t		
5.19	其他				

表 4.4.4-2　　　　电气设备及安装工程

序　号	项　目　名　称	项目主要特征	单位	工程量	备　　注
1	发电电压装置				
1.1	发电机断路器	型号；额定电压（kV）；额定电流（A）；额定短路开断电流（kA）	组		
1.1.1	发电机真空断路器		组		
1.1.2	发电机 SF_6 断路器		组		
1.1.3	发电电动机 SF_6 断路器		组		
1.2	隔离开关	型号；额定电压（kV）；额定电流（A）；额定短时耐受电流（kA）	组		
1.2.1	隔离开关		组		
1.2.2	换相隔离开关		组		
1.2.3	起动隔离开关		组		
1.2.4	母线式隔离开关		组		
1.3	电制动开关	型号；额定电压（kV）；额定电流（A）；额定短时耐受电流（kA）	组		

续表

序　号	项　目　名　称	项目主要特征	单位	工程量	备　　注
1.3.1	电制动开关		组		
1.3.2	电制动断路器		组		
1.4	接地开关	型号；额定电压（kV）；额定电流（A）；额定短时耐受电流（kA）	组		
1.5	电流互感器	型号；额定电压（kV）；变比	只		
1.6	发电机电压成套柜	型号；额定电压（kV）；额定电流（A）；额定短时耐受电流（kA）	面		
1.6.1	断路器柜		面		
1.6.2	联络柜		面		
1.6.3	电流互感器柜		面		
1.6.4	电压互感器柜		面		
1.6.5	电压互感器避雷器柜		面		
1.6.6	负荷开关柜		面		
1.6.7	熔断器组合保护装置柜		面		
1.7	中性点装置柜	型号；额定电压（kV）；额定电流（A）；额定短时耐受电流（kA）	面		
1.7.1	消弧线圈柜		面		
1.7.2	接地电阻柜		面		
1.7.3	接地变压器柜		面		
1.8	限流电抗器	型号；额定电压（kV）；额定电流（A）；电抗（%）	组		
1.9	其他				
2	变频启动装置（SFC）		套		
2.1	输入变压器		台		
2.2	输出变压器		台		
2.3	谐波滤波器		个		
2.4	整流柜		面		
2.5	直流电抗器		个		
2.6	逆变柜		面		
2.7	隔离开关柜		面		
2.8	控制柜		面		
2.9	冷却柜		面		
2.10	备品备件		套		按合同提供
2.11	专用工具		套		按合同提供

续表

序　号	项　目　名　称	项目主要特征	单位	工程量	备　　注
2.12	其他				
3	发电机电压母线				
3.1	离相封闭母线	型号；额定电压（kV）；额定电流（A）；额定短时耐受电流（kA）	单相 m		
3.1.1	主回路离相封闭母线		单相 m		
3.1.2	分支回路离相封闭母线		单相 m		
3.1.3	起动回路离相封闭母线		单相 m		
3.2	共箱封闭母线	型号；额定电压（kV）；额定电流（A）；额定短时耐受电流（kA）	三相 m		
3.3	微正压装置		套		
3.4	空气干燥装置		套		
3.5	其他				
4	厂用电系统				
4.1	架空线路				
4.1.1	架空线	型号；额定电压（V）；规格及截面（mm^2）	km		
4.1.2	户外跌落式熔断器	型号；额定电压（kV）；额定电流（A）	只		
4.1.3	柱上断路器	型号；额定电压（kV）；额定电流（A）	只		
4.1.4	户外隔离开关	型号；额定电压（kV）；额定电流（A）	只		
4.1.5	户外避雷器	型号；额定电压（kV）；标称放电电流（A）	只		
4.2	高压厂用变压器	型号；额定电压及调压范围（kV）；额定容量（kVA）；接线组别；阻抗电压（%）	台		
4.3	低压厂用变压器	型号；额定电压及调压范围（kV）；额定容量（kVA）；接线组别；阻抗电压（%）	台		
4.4	照明变压器	型号；额定电压及调压范围（kV）；额定容量（kVA）；接线组别；阻抗电压（%）	台		
4.5	箱式变电站	型号；额定电压及调压范围（kV）；额定容量（kVA）；接线组别；阻抗电压（%）	台		
4.6	柴油发电机组	型号；额定电压（kV）；额定功率（kW）；额定功率因数	台		
4.7	高压开关柜	型号；额定电压（kV）；额定电流（A）；额定短时耐受电流（kA）	面		

续表

序　号	项　目　名　称	项目主要特征	单位	工程量	备　　注
4.8	低压配电盘	型号；额定电压（kV）；额定电流（A）；额定短时耐受电流（kA）	面		
4.9	低压配电柜	型号；额定电压（kV）；额定电流（A）；额定短时耐受电流（kA）	面		
4.10	低压动力箱	型号；额定电压（kV）；额定电流（A）；额定短时耐受电流（kA）	个		
4.11	低压动力插座箱	型号；额定电压（kV）；额定电流（A）	个		
4.12	高压母线槽	型号；额定电压（kV）；额定电流（A）；额定短时耐受电流（kA）	m		
4.13	低压母线槽	型号；额定电压（kV）；额定电流（A）；额定短时耐受电流（kA）	m		
4.14	电缆桥架				
4.14.1	钢制电缆桥架	长(mm)；宽(mm)；高(mm)	t		
4.14.2	铝合金电缆桥架	长(mm)；宽(mm)；高(mm)	t		
4.14.3	复合型电缆桥架	长(mm)；宽(mm)；高(mm)	t		
4.14.4	电缆桥架立柱	长（mm）	t		
4.15	预埋件、安装支架和保护网等		t		
4.16	膨胀螺栓		套		
4.17	其他				
5	坝区馈电设备及安装工程				
5.1	架空线路	型号；额定电压（V）；规格及截面（mm^2）	km		
5.2	跌落式熔断器	型号；额定电压（kV）；额定电流（A）	只		
5.3	避雷器	型号；额定电压（kV）；标称放电电流（A）	只		
5.4	变压器	型号；额定电压及调压范围（kV）；额定容量（kVA）；接线组别；阻抗电压（%）	台		
5.5	箱式变电站	型号；额定电压及调压范围（kV）；额定容量（kVA）；接线组别；阻抗电压（%）	台		
5.6	柴油发电机组	型号；额定电压（kV）；额定功率（kW）；额定功率因数	台		
5.7	配电装置				
5.7.1	高压开关柜	型号；额定电压（kV）；额定电流（A）；额定短时耐受电流（kA）	面		

续表

序　号	项　目　名　称	项目主要特征	单位	工程量	备　　注
5.7.2	低压配电盘	型号；额定电压（kV）；额定电流（A）；额定短时耐受电流（kA）	面		
5.7.3	低压配电柜	型号；额定电压（kV）；额定电流（A）；额定短时耐受电流（kA）	面		
5.7.4	低压动力箱	型号；额定电压（kV）；额定电流（A）；额定短时耐受电流（kA）	个		
5.7.5	低压动力插座箱	型号；额定电压（kV）；额定电流（A）	个		
5.7.6	低压母线槽	型号；额定电压（kV）；额定电流（A）；额定短时耐受电流（kA）	m		
5.7.7	电力电缆	型号；额定电压（V）；规格及截面（mm^2）	km		
5.7.8	电缆桥架				
1）	钢制电缆桥架	长(mm)；宽(mm)；高(mm)	t		
2）	铝合金电缆桥架	长(mm)；宽(mm)；高(mm)	t		
3）	复合型电缆桥架	长(mm)；宽(mm)；高(mm)	t		
4）	电缆桥架立柱	长（mm）	t		
5.7.9	预埋件、安装支架和保护网等		t		
5.7.10	膨胀螺栓		套		
6	电工试验设备				
7	电力电缆				
7.1	中压电力电缆	型号；额定电压（V）；规格及截面（mm^2）	km		
7.2	低压电力电缆	型号；额定电压（V）；规格及截面（mm^2）	km		
7.3	中压电力电缆终端头	型号；额定电压（V）；规格及截面（mm^2）	个		
7.4	低压电力电缆终端头	型号；额定电压（V）；规格及截面（mm^2）	个		
8	其他				

表 4.4.4-3　　控制保护通信系统及安装工程

序　号	项　目　名　称	项目主要特征	单位	工程量	备　　注
1	控制保护系统				
1.1	继电保护系统				
1.1.1	机组保护盘（完全差动保护、不完全差动保护、单元件横差保护、裂相横差保护、定子绕组接地保护、带电流记忆的低压过流保护、过电压保护、过负荷保护、负序过流及转子表层过负荷保护、失磁保护、过励磁保护、失步保护、频率异常保护、励磁绕组过负荷保护、励磁回路接地保护、断路器失灵保护、轴电流保护等）		面		

续表

序　号	项　目　名　称	项目主要特征	单位	工程量	备　　注
1.1.2	主变压器保护盘（纵差保护、过电流保护或复合电压过流保护、过负荷保护、零序过电流保护、过励磁保护、瓦斯保护、绕组温度保护等）		面		
1.1.3	线路保护盘		套		
1）	光纤差动保护		套		
2）	光纤距离保护		套		
3）	高频保护（距离、方向）		套		
4）	距离保护、零序保护		套		
1.1.4	母线保护盘		面		
1.1.5	断路器保护盘		面		
1.1.6	短电缆保护盘		面		
1.1.7	短引线保护盘		面		
1.1.8	故障录波系统盘				
1）	机组故障录波盘		面		以机组为单元
2）	系统故障录波盘		面		
1.1.9	电抗器保护盘		面		
1.1.10	电容器保护盘		面		
1.1.11	保护管理系统		套		
1.1.12	电能计费系统		套		
1.1.13	安全自动装置		套		
1.1.14	相量测量装置		套		
1.1.15	竞价上网系统		套		
1.1.16	厂用电系统保护设备		套		
1.1.17	行波测距装置		套		
1.1.18	功角测量系统		套		
1.2	公用设备控制系统				
1.2.1	中压空压机控制盘		面		
1.2.2	低压空压机控制盘		面		
1.2.3	坝区渗漏排水泵控制盘		面		
1.2.4	厂内渗漏排水泵控制盘		面		
1.2.5	检修排水泵控制盘		面		
1.2.6	消防泵控制盘		面		
1.2.7	消防补水泵控制盘		面		
1.2.8	通风空调控制盘		面		
1.2.9	公用系统上位机及管理系统		套		
1.3	辅机设备控制系统				

续表

序　号	项　目　名　称	项目主要特征	单位	工程量	备　　注
1.3.1	主轴密封控制箱		个		
1.3.2	技术供水滤水器控制箱		个		
1.3.3	技术供水泵控制盘		套		
1.3.4	高压油泵控制箱		个		
1.3.5	推力外循环控制柜		个		
1.3.6	水导外循环控制箱		个		
1.3.7	油雾风扇控制箱		个		
1.3.8	粉尘收集控制箱		个		
1.3.9	调速器电气调节柜		面		
1.3.10	调速器油压装置控制柜		面		
1.3.11	调速器漏油装置控制箱		个		
1.3.12	进水阀控制柜		面		
1.3.13	进水阀油压装置控制柜		面		
1.3.14	进水阀漏油装置控制箱		个		
1.3.15	顶盖排水控制箱		个		
1.3.16	机组测温盘		面		
1.3.17	机组制动盘		面		
1.3.18	水力测量盘		面		
1.3.19	发电机端子箱		个		
1.3.20	水轮机端子箱		个		
2	计算机监控系统				
2.1	梯级集控中心				
2.1.1	应用服务器		台		
2.1.2	历史数据服务器		台		
2.1.3	操作员站		台		
2.1.4	工程师站		台		
2.1.5	培训工作站		台		
2.1.6	电站通信服务器		台		
2.1.7	调度通信服务器		台		
2.1.8	大屏幕		套		
2.1.9	模拟屏		套		
2.1.10	语音报警服务器		台		
2.1.11	生产信息管理服务器		台		
2.1.12	Web 服务器		台		
2.1.13	交换机		台		
2.1.14	逆变电源		套		
2.1.15	UPS 电源		套		

续表

序　号	项　目　名　称	项目主要特征	单位	工程量	备　　注
2.1.16	安全隔离装置		套		
2.1.17	操作台		套		
2.1.18	打印机		台		
2.2	电站计算机监控系统				
2.2.1	主控级设备				
1）	应用服务器（主机）		台		
2）	操作员工作站		台		
3）	工程师工作站		台		
4）	培训工作站		台		
5）	通信工作站		台		
6）	厂长工作站		台		
7）	历史数据服务器		台		
8）	语音报警服务器		台		
9）	报表服务器		台		
10）	WEB 浏览服务器		台		含网络设备
11）	GPS		套		
12）	模拟屏		套		
13）	大屏幕		套		
14）	UPS 电源		套		
15）	逆变电源		套		
16）	操作台		套		
17）	打印机		台		
18）	安全隔离装置		套		
2.2.2	现地控制单元设备				
1）	机组现地控制单元		套		
2）	公用现地控制单元		套		
3）	SFC 现地控制单元		套		
4）	厂用电系统现地控制单元		套		
5）	开关设备现地控制单元		套		
6）	坝区现地控制单元		套		
7）	上库现地控制单元		套		
8）	下库现地控制单元		套		
9）	尾水（尾调）现地控制单元		套		
10）	其他区域现地控制单元		套		
3	直流系统				
3.1	蓄电池组				
3.1.1	铅酸蓄电池组	容量（Ah）	组		

续表

序　号	项　目　名　称	项目主要特征	单位	工程量	备　　注
3.1.2	镉镍蓄电池组	容量（Ah）	组		
3.1.3	电池巡检装置		台		
3.2	充电屏（包括高频整流模块或可控硅整流装置，监控模块，电源进线开关等）		面		
3.3	联络屏		面		
3.4	馈电屏（包括馈线开关、直流电流互感器和绝缘监视装置等）		面		
3.5	有源逆变装置		套		
3.6	直流分盘（含绝缘监视装置）		面		
4	工业电视系统				
4.1	前端设备				
4.1.1	摄像机		台		
4.1.2	防护罩		个		
4.1.3	云台		台		
4.1.4	解码器		台		
4.1.5	支架		个		
4.1.6	射灯		个		
4.2	中心处理设备				
4.2.1	数字视频主机		台		
4.2.2	视频分配器		台		
4.2.3	视频控制矩阵		台		
4.2.4	码转换/分配器		台		
4.2.5	主控键盘		个		
4.2.6	中控室管理服务器		台		
4.2.7	等离子（液晶）电视机及电视墙架		套		
4.2.8	集中控制器		台		
4.2.9	多画面分割装置		台		
4.2.10	报警接口单元		台		
4.3	传输设备				
4.3.1	光端机		个		
4.3.2	网络交换机		个		
4.3.3	视频电缆		km		
4.3.4	控制电缆		km		
4.3.5	电源电缆		km		
4.4	备品备件		套		

续表

序 号	项 目 名 称	项目主要特征	单位	工程量	备 注
4.5	专用工具		套		
5	通信设备及安装工程				
5.1	卫星通信				
5.1.1	天线分系统（包括天线、馈电设备、驱动设备和跟踪设备）		套		
5.1.2	发射设备分系统（如高功率放大器等）		台		
5.1.3	接收设备分系统（如射频单元等）		套		
5.1.4	地面通信设备分系统（包括调制解调器、上/下变频器等）		套		
5.1.5	终端设备分系统		套		
	监视控制分系统		套		
5.1.6	通信电源（高频开关电源、蓄电池组及电力电缆等）		套		
5.2	光纤通信				
5.2.1	光端机（光中继机）		台		
5.2.2	PCM 设备		套		
5.2.3	网管监控设备		套		
5.2.4	光纤配线架		套		
5.2.5	数字配线架		套		
5.2.6	光缆		m		
5.2.7	通信电源（高频开关电源、蓄电池组及电力电缆等）		套		
5.3	微波通信				
5.3.1	微波收发信机		套		
5.3.2	PCM 多路复用设备		套		
5.3.3	网管监控设备		套		
5.3.4	天线		套		
5.3.5	馈线		套		
5.3.6	通信电源（高频开关电源、蓄电池组及电力电缆等）		套		
5.4	载波通信				
5.4.1	电力线载波机（高频收发信机）		台		
5.4.2	线路阻波器		台		
5.4.3	耦合电容器（电容式电压互感器		台		
5.4.4	结合滤波器		台		

续表

序　号	项　目　名　称	项目主要特征	单位	工程量	备　　注
5.4.5	高频电缆		m		
5.4.6	通信电源（高频开关电源、蓄电池组及电力电缆等）		套		
5.5	移动通信				
5.5.1	控制中心设备（包括网络控制器、网络管理终端等）		套		
5.5.2	基站设备（包括天馈线系统、无线收发信机和电源等）		个		
5.5.3	有线（无线）调度台		个		
5.5.4	移动终端设备（移动台或固定台）		个		
5.5.5	通信电源（高频开关电源、蓄电池组及电力电缆等）		套		
5.6	生产调度通信				
5.6.1	数字程控调度交换机		台		
5.6.2	调度操作台		个		
5.6.3	维护管理终端		套		
5.6.4	数字录音设备		套		
5.6.5	音频配线架		个		
5.6.6	电话分线盒		个		
5.6.7	电话机		部		
5.6.8	配线电缆		m		
5.6.9	电话用户线		m		
5.6.10	通信电源（高频开关电源、蓄电池组及电力电缆等）		套		
5.6.11	备品备件				
5.7	生产管理通信				
5.7.1	数字程控用户交换机		台		
5.7.2	维护管理终端		台		
5.7.3	音频配线架		个		
5.7.4	电话分线盒		个		
5.7.5	电话机		部		
5.7.6	配线电缆		m		
5.7.7	电话用户线		m		
5.7.8	通信电源（高频开关电源、蓄电池组及电力电缆等）		套		
6	电缆				
6.1	电力电缆	各种规格	km		
6.2	控制和保护电缆				

续表

序　号	项　目　名　称	项目主要特征	单位	工程量	备　　注
6.2.1	测量电缆	各种规格	km		
6.2.2	控制电缆	各种规格	km		
6.2.3	光缆	单模/多模	km		
7	其他				
7.1	主变冷却控制柜		面		
7.2	开关站现地控制柜		面		
7.3	大坝闸门控制系统		套		
7.4	上水库闸门控制系统		套		
7.5	尾水闸门控制系统		套		
7.6	上水库水喷淋控制系统		套		
7.7	下水库水喷淋控制系统		套		
7.8	充水泵控制系统		套		
8	备品备件		套		按合同提供
9	专用工具		套		按合同提供
10	其他				

表 4.4.4-4　　　　　机电设备及安装工程通风采暖、建筑给排水系统及安装工程

序　号	项　目　名　称	项目主要特征	单位	工程量	备　　注
1	通风（防排烟）设备				
1.1	通风机				
1.1.1	离心风机	风量（m^3/h）；风压（Pa）；电机输入功率（kW）	台/套		应按不同型号及规格分别列出（注明是含附件及减震器）
1.1.2	轴流式风机	风量（m^3/h）；风压（Pa）；电机输入功率（kW）	台		应按不同型号及规格分别列出
1.1.3	混流式风机	风量（m^3/h）；风压（Pa）；电机输入功率（kW）	台		应按不同型号及规格分别列出
1.1.4	斜流式风机	风量（m^3/h）；风压（Pa）；电机输入功率（kW）	台		应按不同型号及规格分别列出
1.1.5	排烟风机	风量（m^3/h）；风压（Pa）；电机输入功率（kW）	台		应按不同型号及规格分别列出
1.1.6	风机箱	风量（m^3/h）；风压（Pa）；电机输入功率（kW）	台、套		应按不同型号及规格分别列出（含风机及箱体）
1.1.7	屋顶风机	风量（m^3/h）；风压（Pa）；电机输入功率（kW）；运行重量	台		应按不同型号及规格分别列出
1.1.8	排气扇	风量（m^3/h）；风压（Pa）；电机输入功率（kW）	台		应按不同型号及规格分别列出（含轴流式、导管式）
1.1.9	其他				

续表

序号	项目名称	项目主要特征	单位	工程量	备注
1.2	风系统管道(含通风、空调等)				
1.2.1	金属管道		m^2		应按不同材质及规格分别列出
1.2.2	非金属管道		m^2		应按不同材质及规格分别列出
1.2.3	复合保温风管		m^2		应按不同材质及规格分别列出
1.2.4	管道保温工程	含保温材料、包扎材料等配料	m^3		应按不同材料、规格及做法报价
1.2.5	其他				
1.3	各类阀门、风口、软接材料及其他				
1.3.1	多叶调节阀(含密闭阀)	方形:宽×高(mm×mm);圆形:直径(mm)	个		应按不同类型及规格分别列出
1.3.2	蝶阀	方形:宽×高(mm×mm);圆形:直径(mm)	个		应按不同类型及规格分别列出
1.3.3	电动调节阀	方形:宽×高(mm×mm);圆形:直径(mm)	个		应按不同类型及规格分别列出(含阀体及电动执行装置)
1.3.4	防火阀(70℃)	方形:宽×高(mm×mm);圆形:直径(mm)	个		应按不同类型及规格分别列出(含阀体及电动、手动执行装置)
1.3.5	防火风口(70℃)	规格:宽×高(mm×mm)	个		应按不同类型及规格分别列出(含阀体及电动、手动执行装置)
1.3.6	排烟防火阀(280℃或其他温度)	方形:宽×高(mm×mm);圆形:直径(mm)	个		应按不同类型及规格分别列出(含阀体及电动、手动执行装置)
1.3.7	正压送风口	规格:宽×高(mm×mm)	个		应按不同类型及规格分别列出(含阀体及电动、手动执行装置)
1.3.8	排烟口(280℃)	规格:宽×高(mm×mm)	个		应按不同类型及规格分别列出(含阀体及电动、手动执行装置)
1.3.9	排烟阀(280℃)	方形:宽×高(mm×mm);圆形:直径(mm)	个		应按不同类型及规格分别列出(含阀体及电动、手动执行装置)
1.3.10	送、回风口(含单层、双层风口及其他风口)	方形:宽×高(mm×mm);圆形:直径(mm)	个		应按不同类型及规格分别列出
1.3.11	消声器	方形:宽×高×长(mm×mm×mm);圆形:直径×长(mm×mm)	个		应按不同类型及规格分别列出
1.3.12	空气过滤器	型号;规格;宽×高(mm×mm)	个		应按不同类型及规格分别列出
1.3.13	软接材料	规格	m^2		应按不同类型及规格分别列出

续表

序号	项目名称	项目主要特征	单位	工程量	备注
1.3.14	其他				
1.4	各类安装材料				应按不同类型及规格分别列出
1.4.1	角钢	规格	t		应按不同规格分别列出
1.4.2	槽钢	规格	t		应按不同规格分别列出
1.4.3	圆钢	规格	t		应按不同规格分别列出
1.4.4	钢板	规格	t		应按不同规格分别列出
1.4.5	其他				
1.5	防腐工程				
1.5.1	防锈漆、面漆等		m^2		
1.5.2	其他				
1.6	系统调试				
1.7	分部及总体验收				
2	空调设备				
2.1	空调主机设备				
2.1.1	风冷式冷水机组（含附件及减震器）	制冷量（kW）；制热量（kW）；用电量（kW）；冷冻水进、出水温度及水量（℃、m^3/h）；制冷剂；机组承压（MPa）；机组运行重量（t）；外形尺寸（mm×mm×mm）；配电、控制箱	台/套		应按不同型号及规格分别列出
2.1.2	水冷式冷水机组（含附件及减震器）	制冷量（kW）；制热量（kW）；用电量（kW）；冷冻、冷却水进、出水温度及水量（℃、m^3/h）；制冷剂；机组承压（MPa）；机组运行重量（t）；外形尺寸（mm×mm×mm）；配电、控制箱	台/套		应按不同型号及规格分别列出
2.1.3	水冷压缩冷凝机组（含附件及减震器）	制冷量（kW）；用电量（kW）；冷却水进、出水温度及水量（℃、m^3/h）；制冷剂；机组承压（MPa）；机组运行重量（t）；外形尺寸（mm×mm×mm）；配电、控制箱	台/套		应按不同型号及规格分别列出
2.1.4	冷却塔（含附件及减震器）	核定工况冷却水量（m^3/h）；用电量（kW）；冷却水进、出水温度（℃）；运行重量（t）；外形尺寸（mm×mm×mm）	台/套		应按不同型号及规格分别列出
2.1.5	水泵（含附件及减震器；包括冷却、冷冻水泵、给水、补水泵等）	水量（m^3/h）；扬程（m）；功率（kW）	台/套		应按不同型号及规格分别列出

续表

序　号	项　目　名　称	项目主要特征	单位	工程量	备　　注
2.1.6	定压补水装置（可含配电、控制箱）	机组补水量（m^3/h）；扬程（m）；用电量（kW）；机组承压（MPa）；机组运行重量（t）；外形尺寸（mm×mm×mm）；配电、控制箱	台/套		应按不同型号及规格分别列出
2.1.7	水箱（包括给、补水箱、膨胀水箱等；含水位计、检查口、内、外爬梯及配管接口等）	有效容积（m^3）；外形尺寸（mm×mm×mm）	台/套		应按不同型号及规格分别列出
2.1.8	水处理设备（软水、净水处理设备等）	处理水量（m^3/h）；用电量（kW）；外形尺寸（mm×mm×mm）	台/套		应按不同型号及规格分别列出
2.1.9	其他设备				
2.2	空调末端设备				
2.2.1	组合式空调机组（含附件及减震器）	风量（m^3/h）；出口余压（Pa）；用电量（kW）；表冷器、加热器排数、进水量（n、m^3/h）；制冷、制热量（kW）；表冷器承压（MPa）；机组运行重量（t）；外形尺寸（mm×mm×mm）；配电、控制箱	台/套		应按不同型号及规格分别列出
2.2.2	柜式空调机（含附件及减震器）	风量（m^3/h）；出口余压（Pa）；用电量（kW）；表冷器排数、进水量（n、m^3/h）；制冷、制热量（kW）；表冷器排数、承压（n、MPa）；机组运行重量（t）；外形尺寸	台/套		应按不同型号及规格分别列出
2.2.3	吊顶式空调机（含附件及减震吊架）	风量（m^3/h）；出口余压（Pa）；用电量（kW）；表冷器排数、进水量（n、m^3/h）；制冷、制热量（kW）；表冷器承压（MPa）；机组运行重量（t）；外形尺寸	台/套		应按不同型号及规格分别列出
2.2.4	新风换气机组（含附件及减震吊架）	风量（m^3/h）；出口余压（Pa）；用电量（kW）；热交换效率；机组运行重量（t）；外形尺寸	台/套		应按不同型号及规格分别列出
2.2.5	风机盘管空调器（含附件及减震吊架）	风量（m^3/h）；出口余压（Pa）；用电量（kW）；表冷器排数、进水量（n、m^3/h）；制冷、制热量（kW）；表冷器承压（MPa）；外形尺寸	台/套		应按不同型号及规格分别列出
2.2.6	水环热泵机组（含附件及减震吊架）	制冷量（kW）；制热量（kW）；用电量（kW）；冷冻水进、出水温度及水量（℃、m^3/h）；制冷剂；机组承压（MPa）；机组运行重量（t）；外形尺寸	台/套		应按不同型号及规格分别列出
2.2.7	空气幕（风幕机）	风量（m^3/h）；出口余压（Pa）；用电量（kW）；外形尺寸	台		应按不同型号及规格分别列出

续表

序　号	项　目　名　称	项目主要特征	单位	工程量	备　　注
2.2.8	其他设备				
2.3	整体式空调设备				
2.3.1	风冷式空调柜机（含附件及减震器）	风量（m^3/h）；制冷、热量（kW）；用电量（kW）；制冷剂；机组运行重量（t）；外形尺寸；配电、控制箱	台/套		应按不同型号及规格分别列出
2.3.2	水冷式空调柜机（含附件及减震器）	风量（m^3/h）；制冷、热量（kW）；用电量（kW）；冷却水进、出水温度及水量（℃、m^3/h）；制冷剂；机组承压（MPa）；机组运行重量（t）；外形尺寸；配电、控制箱	台/套		应按不同型号及规格分别列出
2.3.3	升温型除湿机（含移动或固定式）	除湿量（kg/h）；用电量（kW）；制冷剂；机组运行重量（t）；外形尺寸；配电、控制箱	台/套		应按不同型号及规格分别列出
2.3.4	恒温、降温型除湿机	除湿量（kg/h）；用电量（kW）；冷却水进、出水温度及水量（℃、m^3/h）；制冷剂；机组承压（MPa）；机组运行重量（t）；外形尺寸；配电、控制箱	台/套		应按不同型号及规格分别列出
2.3.5	其他设备				
2.4	采暖设备				
2.4.1	电加热器	加热量（kW）；用电量（kW）；重量（t）；外形尺寸；配电、控制箱	台/套		应按不同型号及规格分别列出
2.4.2	电热锅炉	加热量（kW）；用电量（kW）；热水进、出水温度及水量（℃、m^3/h）；机组承压（MPa）；机组运行重量（t）；外形尺寸；配电、控制箱	台/套		应按不同型号及规格分别列出
2.4.3	电暖风机	加热量（kW）；用电量（kW）；热水进、出水温度及水量（℃、m^3/h）重量（t）；外形尺寸；配电、控制箱	台/套		按不同型号及规格分别列出
2.4.4	电暖气	加热量（kW）；用电量（kW）	台		应按不同型号及规格分别列出
2.4.5	电辐射板	加热量（kW）；用电量（kW）	台		应按不同型号及规格分别列出
2.4.6	发电机余热供暖系统		套		
1）	管路		t		
2）	阀门		只		
3）	控制设备		套		
2.4.7	其他设备				

续表

序　号	项　目　名　称	项目主要特征	单位	工程量	备　　注
2.5	水系统管材、阀门及配件等				
2.5.1	无缝钢管	外径×壁厚（mm×mm）	t		按不同规格分别列出
2.5.2	焊接钢管	公称直径（mm）	t		按不同规格分别列出
2.5.3	不锈钢管	外径×壁厚（mm×mm）	t		按不同规格分别列出
2.5.4	镀锌钢管	公称直径（mm）	t		按不同规格分别列出
2.5.5	其他管材	公称直径（mm）	t		按不同规格分别列出
2.5.6	电动阀门（两通、三通调节阀、电动蝶阀等）	公称直径（mm）；名义工作压力（Pa）	个		按不同型号材质及规格分别列出
2.5.7	阀门（闸阀、蝶阀、截止阀等）	公称直径（mm）；名义工作压力（Pa）	个		按不同型号、材质及规格分别列出
2.5.8	水过滤器	公称直径（mm）；名义工作压力（Pa）	个		按不同型号、材质及规格分别列出
2.5.9	安全阀	公称直径（mm）；名义工作压力（Pa）	个		按不同型号、材质及规格分别列出
2.5.10	减压阀	公称直径（mm）；名义工作压力（Pa）	个		按不同型号、材质及规格分别列出
2.5.11	平衡阀	公称直径（mm）；名义工作压力（Pa）	个		按不同型号、材质及规格分别列出
2.5.12	自动化元件及压力表、温度计等		套		按不同型号及规格分别列出
2.5.13	流量、冷、热量计量装置		套		按不同型号及规格分别列出
2.5.14	管道保温工程		m^3		按不同材料、规格分别列出
2.5.15	软接材料		个		按不同型号及规格分别列出
2.5.16	其他				
2.6	各类安装材料角钢、槽钢、圆钢及钢板等		t		按不同型号及规格分别列出
2.7	分体式空调				
2.7.1	多联机中央空调				
1）	多联机设备		套		
2）	室外机（含附件及减震器）	制冷量（kW）；制热量（kW）；用电量（kW）；制冷剂；机组运行重量（t）；外形尺寸；配电、控制箱	台		按不同型号及规格分别列出
3）	室内机（含附件及减震吊架）	制冷量（kW）；制热量（kW）；用电量（kW）；机组运行重量（t）；外形尺寸	台		按不同型号及规格分别列出
4）	新风换气机组（含附件及减震吊架）	风量（m^3/h）；出口余压（Pa）；用电量（kW）；热交换效率；机组运行重量（t）；外形尺寸	台、套		按不同型号及规格分别列出

续表

序　号	项　目　名　称	项目主要特征	单位	工程量	备　　注
5）	冷媒管及管件	公称直径（mm）；名义工作压力（Pa）	m		按不同规格分别列出
6）	管道保温工程	含保温材料、包扎材料等配料	m^3		按不同材料、规格及做法报价
7）	其他设备				
2.7.2	风系统管道				
1）	金属管道		m^2		按不同材质及规格分别列出
2）	非金属管道		m^2		按不同材质及规格分别列出
3）	复合保温风管		m^2		按不同材质及规格分别列出
4）	管道保温工程	含保温材料、包扎材料等配料	m^3		按不同材料、规格及做法报价
5）	其他				
2.7.3	各类阀门、风口、软接材料及其他				
1）	调节阀	方形：宽×高（mm×mm）；圆形：直径（mm）	个		按不同类型及规格分别列出
2）	电动调节阀	方形：宽×高（mm×mm）；圆形：直径（mm）	个		应按不同类型及规格分别列出（含阀体及电动执行装置）
3）	防火阀（70℃）	方形：宽×高（mm×mm）；圆形：直径（mm）	个		应按不同类型及规格分别列出
4）	防火风口（70℃）	宽×高（mm×mm）	个		应按不同类型及规格分别列出
5）	排烟防火阀（280℃或其他温度）	方形：宽×高（mm×mm）；圆形：直径（mm）	个		应按不同类型及规格分别列出
6）	正压送风口	宽×高（mm×mm）	个		应按不同类型及规格分别列出
7）	排烟口（280℃）	宽×高（mm×mm）	个		应按不同类型及规格分别列出
8）	排烟阀（280℃）	方形：宽×高（mm×mm）；圆形：直径（mm）	个		应按不同类型及规格分别列出
9）	风口	方形：宽×高（mm×mm）；圆形：直径（mm）	个		应按不同类型及规格分别列出
10）	消声器	方形：宽×高（mm×mm）；圆形：直径（mm）	个		应按不同类型及规格分别列出
11）	空气过滤器	宽×高（mm×mm）	个		应按不同类型及规格分别列出
12）	软接材料		m^2		应按不同类型及规格分别列出
13）	各类安装材料角钢、槽钢、圆钢及钢板等				应按不同类型及规格分别列出
14）	其他				

续表

序　号	项　目　名　称	项目主要特征	单位	工程量	备　　注
2.7.4	分体机	制冷量(kW)；制热量(kW)；用电量（kW）；制冷剂	套		应按不同型号及规格分别列出
2.7.5	系统调试				
2.7.6	分部及总体验收				
2.8	其他				
3	建筑给排水系统				
3.1	给排水				
3.1.1	给（补）水泵（含附件及减震器）	流量（m^3/h）；扬程（m）；功率（kW）	台		应按不同型号及规格分别列出
3.1.2	稳压泵（含变频恒压供水设备；含配电、控制箱）	机组补水流量（m^3/h）；扬程（m）；功率（kW）；机组承压（MPa）；机组运行重量（t）；外形尺寸；配电、控制箱	台/套		应按不同型号及规格分别列出
3.1.3	排（污）水泵（含附件及减震器）	流量（m^3/h）；扬程（m）；功率：（kW）	台		应按不同型号及规格分别列出
3.1.4	给水处理设备（含净水、软水及过滤设备）	型号；规格；处理水量（m^3/h）；运行重量（t）；外形尺寸	台		应按不同型号及规格分别列出
3.1.5	污水处理设备（含生物、综合处理设备）	型号；规格；处理水量（m^3/h）；运行重量（t）；外形尺寸	套		应按不同型号及规格分别列出
3.1.6	水箱（包括给、补水箱、膨胀水箱等；含水位计，检查口，内、外爬梯及配管接口等）	有效容积（m^3）；外形尺寸	个		应按不同规格分别列出
3.1.7	其他设备				
3.2	水系统管材、阀门及配件等				
3.2.1	无缝钢管	外径×壁厚（mm×mm）	t		应按不同规格分别列出
3.2.2	焊接钢管	公称直径（mm）	t		应按不同规格分别列出
3.2.3	不锈钢管	外径×壁厚（mm×mm）	t		应按不同规格分别列出
3.2.4	镀锌钢管	公称直径（mm）	t		应按不同规格分别列出
3.2.5	排水铸铁管	公称直径（mm）	t		应按不同规格分别列出
3.2.6	其他管材	公称直径（mm）	t		应按不同规格分别列出
3.2.7	电动阀门（两通、三通调节阀、电动蝶阀等）	公称直径（mm）；名义工作压力（MPa）	个		应按不同型号材质及规格分别列出
3.2.8	阀门（球阀、闸阀、蝶阀、截止阀等）	公称直径（mm）；名义工作压力（MPa）	个		应按不同型号、材质及规格分别列出
3.2.9	水过滤器	公称直径（mm）；名义工作压力（MPa）	个		应按不同型号、材质及规格分别列出

续表

序　号	项　目　名　称	项目主要特征	单位	工程量	备　　注
3.2.10	安全阀	公称直径（mm）；名义工作压力（MPa）	个		应按不同型号、材质及规格分别列出
3.2.11	减压阀	公称直径（mm）；名义工作压力（MPa）	个		应按不同型号、材质及规格分别列出
3.2.12	平衡阀	公称直径（mm）；名义工作压力（MPa）	个		应按不同型号、材质及规格分别列出
3.2.13	自动化元件及压力表、温度计等	型号；规格	套		应按不同型号及规格分别列出
3.2.14	流量、水流计量装置	型号；规格	套		应按不同型号及规格分别列出
3.2.15	管道保温工程	规格	m^3		应按不同材料、规格分别列出
3.2.16	软接材料	规格	个		应按不同类型及规格分别列出
3.2.17	其他				
3.3	各类安装材料				
3.3.1	角钢、槽钢、圆钢及钢板等		t		应按不同类型及规格分别列出
3.4	防腐工程				
3.4.1	防锈漆		m^2		
3.4.2	面漆		m^2		
3.5	系统调试				
3.6	分部及总体验收				
3.7	其他				

表 4.4.4-5　　　　　　　　　机修设备及安装工程

序　号	项　目　名　称	项目主要特征	单位	工程量	备　　注
1	车床	型号	台		应按不同型号分别列出
2	钻床	型号	台		应按不同型号分别列出
3	刨床	型号	台		应按不同型号分别列出
4	直流电焊机	型号	台		应按不同型号分别列出
5	交流电焊机	型号	台		应按不同型号分别列出
6	砂轮机	型号	台		应按不同型号分别列出
7	试压泵	名义工作压力（MPa）；功率（kW）	台		
8	磨床	型号	台		应按不同型号分别列出

续表

序　号	项　目　名　称	项目主要特征	单位	工程量	备　　注
9	铣床	型号	台		应按不同型号分别列出
10	氧气瓶	型号	个		应按不同型号分别列出
11	其他				

表 4.4.4-6　　机电设备及安装工程升压变电设备及安装工程

序　号	项　目　名　称	项目主要特征	单位	工程量	备　　注
1	主变压器设备及安装工程				
1.1	变压器	型号；额定电压及调压范围（kV）；额定容量（kVA）；接线组别；阻抗电压（%）	t（台）		
1.2	轨道		双，10m		
1.3	轨道阻进器		t		
1.4	其他				
2	高压电气设备及安装工程				
2.1	高压断路器				
2.1.1	真空断路器	型号；额定电压（kV）；额定电流（A）；额定短路开断电流（kA）	台		
2.1.2	SF_6断路器	型号；额定电压（kV）；额定电流（A）；额定短路开断电流（kA）	台		
2.1.3	SF_6复合式组合电器	型号；额定电压（kV）；额定电流（A）；额定短路开断电流（kA）	组		
2.2	隔离开关				
2.2.1	隔离开关	型号；额定电压（kV）；额定电流（A）；额定短时耐受电流（kA）	台		
2.2.2	接地开关	型号；额定电压（kV）；额定电流（A）；额定短时耐受电流（kA）	台		
2.2.3	快速接地开关	型号；额定电压（kV）；额定电流（A）；额定短时耐受电流（kA）；额定短时关合电流（kA）	台		
2.3	电流互感器	型号；额定电压（kV）；变比	台		
2.4	电压互感器				
2.4.1	电磁式电压互感器	型号；额定电压（kV）；变比	台		
2.4.2	电容式电压互感器	型号；额定电压（kV）；变比	台		

续表

序　号	项　目　名　称	项目主要特征	单位	工程量	备　　注
2.5	高压负荷开关	型号；额定电压（kV）；额定电流（A）；额定短路开断电流（kA）；额定短时关合电流（kA）	台		
2.6	高压熔断器	型号；额定电压（kV）；额定电流（A）；开断电流（kA）	台		
2.7	避雷器	型号；额定电压（kV）；标称放电电流（A）	台		
2.8	阻波器	型号；额定电压（kV）；额定电流（A）；额定电感（mH）	台		
2.9	SF_6封闭式组合电器（GIS）				
2.9.1	进线间隔	型号；额定电压（kV）；额定电流（A）；额定短时耐受电流（kA）	间隔		
2.9.2	出线间隔	型号；额定电压（kV）；额定电流（A）；额定短时耐受电流（kA）	间隔		
2.9.3	母联间隔	型号；额定电压（kV）；额定电流（A）；额定短时耐受电流（kA）	间隔		
2.9.4	电压互感器避雷器间隔	型号；额定电压（kV）；额定电流（A）；额定短时耐受电流（kA）	间隔		
2.10	SF_6管道母线（GIL）				
2.10.1	SF_6管道母线	型号；额定电压（kV）；额定电流（A）；额定短时耐受电流（kA）	三相 m		
2.10.2	SF_6管道母线终端头	型号；额定电压（kV）；额定电流（A）；额定短时耐受电流（kA）	只		
2.10.3	SF_6空气高压套管	型号；额定电压（kV）；额定电流（A）；额定短时耐受电流（kA）	只		
2.11	高压电缆				
2.11.1	高压电缆	型号；额定电压（kV）；额定电流（A）；额定短时耐受电流（kA）	m		
2.11.2	高压电缆终端头	型号；额定电压（kV）；额定电流（A）；额定短时耐受电流（kA）	三相套		
2.12	其他				
3	一次拉线及其他安装工程				
3.1	设备联接导线	规格；截面（mm^2）	m		
3.2	管母线	规格；截面（mm^2）	m		
3.3	设备线夹		个		

续表

序　号	项　目　名　称	项目主要特征	单位	工程量	备　　注
3.4	绝缘子串		串		
3.5	安装附件及材料等		t		
3.6	其他				

表 4.4.4-7　　　　　　　　航运过坝电气设备及安装工程

序　号	项　目　名　称	项目主要特征	单位	工程量	备　　注
1	供电设备及安装工程				
1.1	架空线路				
1.1.1	架空线	型号；额定电压（V）；规格；截面（mm^2）	km		
1.1.2	户外跌落式熔断器	型号；额定电压（kV）；额定电流（A）	只		
1.1.3	柱上断路器	型号；额定电压（kV）；额定电流（A）	只		
1.1.4	户外隔离开关	型号；额定电压（kV）；额定电流（A）	只		
1.1.5	户外避雷器	型号；额定电压（kV）；标称放电电流（A）	只		
1.2	变压器	型号；额定电压及调压范围（kV）；额定容量（kVA）；接线组别；阻抗电压（%）	台		
1.3	箱式变电站	型号；额定电压及调压范围（kV）；额定容量（kVA）；接线组别；阻抗电压（%）	台		
2	配电装置				
2.1	高压开关柜	型号；额定电压（kV）；额定电流（A）；额定短时耐受电流（kA）	面		
2.2	低压配电盘	型号；额定电压（kV）；额定电流（A）；额定短时耐受电流（kA）	面		
2.3	低压配电柜	型号；额定电压（kV）；额定电流（A）；额定短时耐受电流（kA）	面		
2.4	低压动力箱	型号；额定电压（kV）；额定电流（A）；额定短时耐受电流（kA）	个		
2.5	低压动力插座箱	型号；额定电压（kV）；额定电流（A）	个		
2.6	低压母线槽	型号；额定电压（kV）；额定电流（A）；额定短时耐受电流（kA）	m		
2.7	电力电缆	型号；额定电压（V）；规格；截面（mm^2）	km		
2.8	电缆桥架				

续表

序　号	项　目　名　称	项目主要特征	单位	工程量	备　　注
2.8.1	钢制电缆桥架	长(mm)；宽(mm)；高(mm)	t		
2.8.2	铝合金电缆桥架	长(mm)；宽(mm)；高(mm)	t		
2.8.3	复合型电缆桥架	长(mm)；宽(mm)；高(mm)	t		
2.8.4	电缆桥架立柱	长（mm）	根		
2.8.5	预埋件、安装支架和保护网等		t		
2.8.6	膨胀螺栓		套		
3	控制设备及安装工程				
4	其他				

表 4.4.4-8　　消防设备及安装工程

序　号	项　目　名　称	项目主要特征	单位	工程量	备　　注
1	机电设备系统消防				
1.1	水源系统				
1.1.1	水泵及附件（离心泵或深井泵等）	流量（m^3/min）；扬程（m）；功率（kW）；电压等级	台		应按不同型号分别列出
1.1.2	减压阀	公称直径；名义工作压力（MPa）	台		
1.1.3	安全阀	公称直径；名义工作压力（MPa）	台		
1.1.4	全自动滤水器及控制箱等附件	公称直径；名义工作压力（MPa）	台		应按不同型号分别列出
1.1.5	逆止阀或泵控阀		台		应按不同型号分别列出
1.1.6	自动化元件及表计				宜应按数量、型号分别列出
1.1.7	气体蓄能装置		套		
1.2	发电机消防				
1.2.1	Y 型滤水器	公称直径；名义工作压力（MPa）	台		应按不同型号单独列出
1.2.2	雨淋阀组	公称直径；名义工作压力（MPa）	台		应按不同型号单独列出
1.2.3	喷雾头		个		应按不同型号分别列出
1.2.4	CO_2 灭火装置		台套		
1.2.5	备品备件				按合同提供
1.2.6	专用工具				按合同提供
1.2.7	其他				
1.3	主变压器消防				
1.3.1	Y 型滤水器	公称直径；名义工作压力（MPa）	台		应按不同型号单独列出

续表

序　号	项　目　名　称	项目主要特征	单位	工程量	备　　注
1.3.2	雨淋阀组	公称直径；名义工作压力（MPa）	台		应按不同型号单独列出
1.3.3	喷雾头		个		应按不同型号单独列出
1.3.4	充氮灭火装置		台套		
1.3.5	备品备件				按合同提供
1.3.6	专用工具				按合同提供
1.3.7	其他				
1.4	油系统消防				
1.4.1	Y 型滤水器	公称直径；名义工作压力（MPa）	台		应按不同型号单独列出
1.4.2	雨淋阀组	公称直径；名义工作压力（MPa）	台		应按不同型号单独列出
1.4.3	喷雾头		个		应按不同型号单独列出
1.4.4	备品备件				按合同提供
1.4.5	专用工具				按合同提供
1.4.6	其他				
1.5	管路系统				
1.5.1	焊接钢管	公称直径×壁厚（mm×mm）	t		宜按不同管径分别列出
1.5.2	镀锌无缝钢管	公称直径×壁厚（mm×mm）	t		宜按不同管径分别列出
1.5.3	不锈钢钢管	公称直径×壁厚（mm×mm）	t		宜按不同管径分别列出
1.5.4	铜管	公称直径×壁厚（mm×mm）	t		宜按不同管径分别列出
1.5.5	碳钢阀门（闸阀、蝶阀、球阀、截止阀等）	公称直径；名义工作压力（MPa）	个		宜按不同型式、口径及压力等级分别列出
1.5.6	不锈钢阀门（闸阀、蝶阀、球阀、截止阀等）	公称直径；名义工作压力（MPa）	个		宜按不同型式、口径及压力等级分别列出
1.5.7	管路附件	公称直径；名义工作压力（MPa）			宜按不同压力等级、规格分别列出或并入管材中
1）	法兰		t		含螺栓母、垫片
2）	三通、直角弯头、45°弯头、异径管、活接头、管堵、伸缩节等		t		
1.6	型材（角钢、槽钢、工字钢、钢筋、钢板等）		t		宜按不同型号、规格分别列出
1.7	埋件（地脚螺栓、型材）		t		宜按不同材质分别列出
1.8	油漆				

续表

序　号	项　目　名　称	项目主要特征	单位	工程量	备　　注
1）	底漆		t		宜按不同型号分别列出
2）	面漆		t		宜按不同型号分别列出
2	建筑消防系统				
2.1	消防设备				
2.1.1	消防车	型号；规格	辆		应按不同型号及规格分别列出
2.1.2	消防水泵（含附件及减震器）	流量（m^3/h）；扬程（m）；功率（kW）	台		应按不同型号及规格分别列出
2.1.3	稳压泵（含配电、控制箱）	机组补水流量（m^3/h）；扬程（m）；功率（kW）；机组承压（MPa）；机组运行重量（t）；外形尺寸（mm×mm×mm）；配电、控制箱	台		应按不同型号及规格分别列出
2.1.4	稳压水箱（含水位计、检查口、爬梯及配管接口等）	有效容积（m^3）；外形尺寸（mm×mm×mm）	个		
2.1.5	消防水箱（含水位计，检查口，内、外爬梯及配管接口等）	有效容积（m^3）；外形尺寸（mm×mm×mm）	个		应按不同型号及规格分别列出
2.1.6	给（补）水泵（含附件及减震器）	流量（m^3/h）；扬程（m）；功率（kW）；	台		应按不同型号及规格分别列出
2.1.7	室内消火栓（含栓、箱、水枪、水龙带）	外形尺寸（mm×mm×mm）；栓枪规格；水龙带（m）	个		应按不同型号及规格分别列出
2.1.8	室外消火栓（含栓、箱、水枪、水龙带）	外形尺寸（mm×mm×mm）；栓枪规格；水龙带（m）	个		应按不同型号及规格分别列出
2.1.9	试验用消火栓（含栓、箱、水枪、水龙带）	外形尺寸（mm×mm×mm）；栓枪规格；水龙带（m）	个		应按不同型号及规格分别列出
2.1.10	推车式灭火器	型号；规格；装药量	个		应按不同型号、类型及规格分别列出
2.1.11	手提式灭火器	型号；规格；装药量	只		应按不同型号、类型及规格分别列出
2.1.12	砂箱、铁铲	型号；规格	个		应按不同规格分别列出
2.1.13	防毒面具	型号；规格	副		应按不同规格分别列出
2.2	水系统管材、阀门及配件等				
2.2.1	焊接钢管	公称直径×壁厚（mm×mm）	t		应按不同规格分别列出
2.2.2	无缝钢管	公称直径×壁厚（mm×mm）	t		应按不同规格分别列出
2.2.3	不锈钢管	公称直径×壁厚（mm×mm）	t		应按不同规格分别列出
2.2.4	镀锌钢管	公称直径×壁厚（mm×mm）	t		应按不同规格分别列出

续表

序　号	项　目　名　称	项目主要特征	单位	工程量	备　　注
2.2.5	其他管材	公称直径×壁厚（mm×mm）	t		应按不同规格分别列出
2.2.6	碳钢阀门（闸阀、蝶阀、截止阀等）	公称直径；名义工作压力（MPa）	个		应按不同型号及规格分别列出
2.2.7	不锈钢钢阀门（闸阀、蝶阀、截止阀等）	公称直径；名义工作压力（MPa）	个		应按不同型号及规格分别列出
2.2.8	水过滤器	公称直径；名义工作压力（MPa）	台		应按不同型号、材质及规格分别列出
2.2.9	安全阀	公称直径；名义工作压力（MPa）	台		应按不同型号、材质及规格分别列出
2.2.10	减压阀	公称直径；名义工作压力（MPa）	台		应按不同型号、材质及规格分别列出
2.2.11	自动化元件及压力表、温度计等	型号；规格	只		宜按不同型号及规格分别列出
2.2.12	软接材料	规格	kg		应按不同类型及规格分别列出
2.3	各类安装材料				
2.3.1	槽钢		t		应按不同型号分别列出
2.3.2	角钢		t		应按不同型号分别列出
2.3.3	圆钢		t		应按不同型号分别列出
2.3.4	钢板		t		应按不同材质分别列出
2.4	防腐工程				
2.4.1	防锈漆		t		宜按不同型号分别列出
2.4.2	面漆等		t		宜按不同型号分别列出
3	火灾自动报警系统				
3.1	控制器及消防联动设备				
3.1.1	火灾自动报警控制器		台		
3.1.2	控制器接口卡件		个		
3.1.3	手动报警按钮		个		
3.1.4	监视模块		块		
3.1.5	控制模块		块		
3.1.6	隔离模块		块		
3.1.7	图文显示设备		台		
3.2	火灾探测设备				
3.2.1	感温探测器		个		
3.2.2	感烟探测器		个		

续表

序号	项目名称	项目主要特征	单位	工程量	备注
3.2.3	火焰探测器		个		
3.2.4	对射式感烟探测器		对		
3.2.5	线型感温探测器		套		
3.2.6	空气采样火灾探测器		台		
3.3	火灾应急广播				
3.3.1	广播音源		台		
3.3.2	广播功放		台		
3.3.3	扬声器		个		
3.4	火灾警报装置				
3.4.1	声光报警器		个		
3.4.2	警铃		个		
3.5	对讲电话装置				
3.5.1	电话主机		台		
3.5.2	手持电话分机		个		
3.5.3	固定电话分机		个		
3.6	UPS 电源	功率（kVA）	套		
3.7	联动直流电源	容量（Ah）	套		
3.8	信号电缆（线）		km		
4	其他				

表 4.4.4-9　　全厂接地、照明系统设备及安装工程

序号	项目名称	项目主要特征	单位	工程量	备注
1	全厂接地				
1.1	镀锌扁钢		t		
1.2	镀锌角钢		t		
1.3	镀锌钢管	公称直径（mm）	t		
1.4	镀锌圆钢	外径（mm）	t		
1.5	铜带	截面（mm^2）	t		
1.6	降阻剂		t		
1.7	接地铜材及附件				
1.7.1	铜绞线	截面（mm^2）	km		
1.7.2	离子接地棒	外径（mm）；长度（mm）	根		
1.7.3	焊粉		支		
1.7.4	模具		套		
1.7.5	模具夹		套		
1.7.6	操作工具		套		
1.7.7	接地测量装置		套		
1.8	控制保护等电位接地网				

续表

序　号	项　目　名　称	项目主要特征	单位	工程量	备　　注
1.8.1	接地铜排	截面（mm^2）	km		
1.8.2	接地裸铜绞线	截面（mm^2）	km		
1.9	其他				
2	照明				
2.1	工作照明配电盘	型号；额定电压（kV）；额定电流（A）；额定短时耐受电流（kA）	面		
2.2	事故照明配电盘	型号；额定电压（kV）；额定电流（A）；额定短时耐受电流（kA）	面		
2.3	应急照明电源装置	型号；额定电压（kV）；额定容量（kW）；应急照明时间（min）	套		
2.4	工作照明配电箱	型号；额定电压（kV）；额定电流（A）	面		
2.5	事故照明配电箱	型号；额定电压（kV）；额定电流（A）	面		
2.6	照明电线	型号；额定电压（V）；规格及截面（mm^2）	km		
2.7	照明灯具（包括灯头盒）	型号；额定电压（V）；额定功率（W）	套		
2.8	照明插座	型号；额定电压（V）；额定电流（A）	套		
2.9	照明开关	型号；额定电压（V）；额定电流（A）	套		
2.10	接线盒	型号；额定电压（V）；额定电流（A）	套		
2.11	照明电线保护管				
2.11.1	镀锌钢管	公称直径（mm）	km		
2.11.2	照明塑料管	公称直径（mm）	km		
2.12	照明预埋件及安装支架		t		
2.13	膨胀螺栓		套		
3	其他		项		

表 4.4.4-10　　　　　　　　　　其他设备及安装工程

序　号	项　目　名　称	项目主要特征	单位	工程量	备　　注
1	电梯设备及安装工程				
1.1	大坝电梯	提升高度；载重量	台		
1.2	厂房电梯	提升高度；载重量	台		
1.3	升船机（船闸）电梯	提升高度；载重量	台		
2	梯级集控中心设备		项		
3	地震监测站（台）网设备		项		
4	交通设备		辆		分项计列

4.5 金属结构设备及安装工程

4.5.1 规划阶段

1）“表 4.5.1 规划阶段金属结构设备及安装工程工程量清单”为水电站或抽水蓄能电站规划阶段的金属结构设备通用的工程量清单。本阶段闸门、拦污栅设备宜根据初拟的孔口尺寸和设计水头，按已建工程资料类比初拟闸门、拦污栅及其埋件的工程量。

2）本阶段启闭、拦污宜根据初拟的启闭机容量、清污量按已建工程资料类比初拟工程量。

3）本阶段宜根据初拟的航运过坝工程型式按已建工程类比初拟航运过坝工程金属结构设备工程量。

4）钢管工程量根据初估管径和长度拟定。

4.5.2 预可行性研究阶段

1）“表 4.5.2 预可行性研究阶段金属结构设备及安装工程工程量清单”为水电站或抽水蓄能电站预可阶段的金属结构设备通用的工程量清单。本阶段闸门、拦污栅设备宜根据初拟的孔口尺寸和设计水头，按已建工程资料类比初拟闸门、拦污栅及其埋件的工程量。

2）本阶段启闭、拦污宜根据初拟的启闭机容量、清污量按已建工程资料类比初拟工程量，并计入移动式启闭机轨道。

3）本阶段宜根据初拟的航运过坝工程型式、规模按已建工程类比初拟工程量。

4）钢管工程量根据拟定管径、壁厚和长度确定，并计入钢管附件（加劲环、支承环等）工程量。

4.5.3 可行性研究阶段

1）“表 4.5.3 可行性研究阶段金属结构设备及安装工程工程量清单”为水电站或抽水蓄能电站可研阶段的金属结构设备通用的工程量清单。本阶段闸门、拦污栅设备宜根据选定的闸门、拦污栅的型式、孔口尺寸、设计水头以及各闸门、拦污栅的运行工况，确定闸门、拦污栅及其埋件的工程量，并应计闸门拦污栅的各附属设备工程量，包括闸门压重、拉杆、锁定梁等设备。

2）本阶段启闭、拦污宜根据选定的启闭机型式、清污机型式，选定各设备的主要参数，从而确定各设备的工程量，并应计各设备的附属设备工程量，如轨道、检修设备、自动挂脱梁等设备。

3）本阶段宜根据选定的航运过坝工程型式、各设备主要参数，确定各设备工程量。

4）钢管工程量根据选定的管径、壁厚和长度确定，并计入钢管附件（加劲环、支承环等）工程量。

5）本阶段所有金属结构设备应选定设备防腐方式，并估算防腐面积。

4.5.4 招标设计阶段

1）“表 4.5.4 招标设计阶段金属结构设备及安装工程工程量清单”为水电站或抽水蓄能电站招标阶段的金属结构设备通用的工程量清单。本阶段闸门、拦污栅设备宜根据选定的闸门、拦污栅的型式、孔口尺寸、设计水头以及各闸门、拦污栅的运行工况，计算确定闸门、拦污栅及其埋件的工程量，并应计闸门、拦污栅的各附属设备工程量，包括闸门压重、拉杆、锁定梁等设备。

2）本阶段启闭、拦污宜根据选定的启闭机型式、清污机型式，选定各设备的主要参数，从而确定各设备的工程量，并应计各设备的附属设备工程量，如轨道、检修设备、自动挂脱梁等设备。

3）本阶段宜根据选定的航运过坝工程型式、各设备主要参数，确定各设备工程量。

4）钢管工程量根据选定的管径、壁厚和长度确定，并计入钢管附件（加劲环、支承环等）工程量。

5）本阶段所有金属结构设备应选定设备防腐方式，并计算防腐面积。

4.5.5 施工图设计阶段

“表 4.5.5 施工图设计阶段金属结构设备及安装工程工程量清单”为水电站或抽水蓄能电站施工图设计阶段的金属结构设备通用的工程量清单。本阶段金属结构设备工程量可在招标设计阶段工程量的基础上进行细化，根据设计图纸按照施工阶段工程量清单中所列细项分别计算。

表 4.5.1　　　　　　规划阶段金属结构设备及安装工程工程量清单

序　号	项　目　名　称	项目主要特征	单位	工程量	备　　注
1	挡水工程				
1.1	闸门设备及安装工程	宽（m）×高（m）—设计水头（m）	t		
1.2	启闭设备及安装工程	额定启门力（kN）；自重（t）	台		
1.3	拦污设备及安装工程	自重（t）	台		
2	泄水工程				
2.1	闸门设备及安装工程	宽（m）×高（m）—设计水头（m）	t		
2.2	启闭设备及安装工程	额定启门力（kN）；自重（t）	台		
2.3	拦污设备及安装工程	自重（t）	台		
3	输水工程				
3.1	闸门设备及安装工程	宽（m）×高（m）—设计水头（m）	t		
3.2	启闭设备及安装工程	额定启门力（kN）；自重（t）	台		
3.3	拦污设备及安装工程	自重（t）	台		
3.4	钢管制作及安装工程	管径（m）；长度（m）	t		
4	施工导流工程				
4.1	闸门设备及安装工程	宽（m）×高（m）—设计水头（m）	t		
4.2	启闭设备及安装工程	额定启门力（kN）；自重（t）	台		
5	升压变电工程				
	钢构架				
6	航运过坝工程				
6.1	闸门设备及安装工程	宽（m）×高（m）—设计水头（m）	t		
6.2	启闭设备及安装工程	额定启门力（kN）；自重（t）	台		
6.3	升船机设备及安装工程	升船机吨位（t）；自重（t）	台		
7	灌溉渠道工程				
7.1	闸门设备及安装工程	宽（m）×高（m）—设计水头（m）	t		
7.2	启闭设备及安装工程	额定启门力（kN）；自重（t）	台		
8	其他工程				

表 4.5.2　　预可行性研究阶段金属结构设备及安装工程工程量清单

序　号	项　目　名　称	项目主要特征	单位	工程量	备　　注
1	挡水工程				
1.1	闸门设备及安装工程	宽（m）×高（m）—设计水头（m）	t		
1.2	启闭设备及安装工程	额定启门力（kN）；自重（t）	台		
1.3	拦污设备及安装工程	自重（t）	t		
1.4	其他				
2	泄水工程				
2.1	闸门设备及安装工程	宽（m）×高（m）—设计水头（m）	t		
2.2	启闭设备及安装工程	额定启门力（kN）；自重（t）	台		
2.3	拦污设备及安装工程	自重（t）	t		
2.4	其他				
3	输水工程				
3.1	闸门设备及安装工程	宽（m）×高（m）—设计水头（m）	t		
3.2	启闭设备及安装工程	额定启门力（kN）；自重（t）	台		
3.3	拦污设备及安装工程	自重（t）	t		
3.4	钢管制作及安装工程	管径（m）；长度（m）	t		
3.5	其他				
4	施工导流工程				
4.1	闸门设备及安装工程	宽（m）×高（m）—设计水头（m）	t		
4.2	启闭设备及安装工程	额定启门力（kN）；自重（t）	台		
4.3	其他				
5	升压变电工程				
	钢构架		t		
6	航运过坝工程				
6.1	闸门设备及安装工程	宽（m）×高（m）—设计水头（m）	t		
6.2	启闭设备及安装工程	额定启门力（kN）；自重（t）	台		
6.3	升船机设备及安装工程	自重（t）	t		
6.4	其他				
7	灌溉渠道工程				
7.1	闸门设备及安装工程	宽（m）×高（m）—设计水头（m）	t		
7.2	启闭设备及安装工程	额定启门力（kN）；自重（t）	台		
8	其他				

表 4.5.3　　可行性研究阶段金属结构设备及安装工程工程量清单

序　号	项　目　名　称	项目主要特征	单位	工程量	备　　注
1	挡水工程				
1.1	闸门设备及安装工程				
1.1.1	平板门	宽（m）×高（m）—设计水头（m）	t		
1.1.2	弧形门	宽（m）×高（m）—设计水头（m）	t		
1.1.3	埋件		t		按不同门型分别计算
1.1.4	闸门压重		t		
1.1.5	防腐	涂料防腐（m^2）；金属喷涂（m^2）	m^2		
1.1.6	其他				
1.2	启闭设备及安装工程				
1.2.1	卷扬式启闭机	额定启门力（kN）；扬程（m）	台		
1.2.2	门式、台车式启闭机	额定启门力（kN）；总扬程/轨上扬程（m）	台		
1.2.3	液压启闭机	额定启门力（kN）；行程（m）			
1.2.4	螺杆启闭机	额定启门力（kN）；行程（m）	套		
1.2.5	手拉葫芦		套		
1.2.6	电动葫芦		套		
1.2.7	行走小车		套		
1.2.8	轨道		双 m		
1.2.9	防腐	涂料防腐（m^2）；金属喷涂（m^2）	m^2		
1.2.10	其他				
1.3	拦污设备及安装工程		t		
1.3.1	拦污栅	宽（m）×高（m）—设计水头（m）	t		
1.3.2	埋件		t		
1.3.3	清污机		台		
1.3.4	拦污排		t		
1.3.5	防腐	涂料防腐（m^2）；金属喷涂（m^2）	m^2		
1.3.6	其他				
1.4	门库设备				
1.5	其他				
2	泄水工程				
2.1	闸门设备及安装工程				
2.1.1	平板门	宽（m）×高（m）—设计水头（m）	t		

续表

序　号	项　目　名　称	项目主要特征	单位	工程量	备　　注
2.1.2	弧形门	宽（m）×高（m）—设计水头（m）			
2.1.3	埋件		t		按不同门型分别计算
2.1.4	闸门压重		t		
2.1.5	防腐	涂料防腐（m^2）；金属喷涂（m^2）	m^2		
2.1.6	其他				
2.2	启闭设备及安装工程				
2.2.1	卷扬式启闭机	额定启门力（kN）；扬程（m）	台		
2.2.2	门式、台车式启闭机	额定启门力（kN）；总扬程/轨上扬程（m）	台		
2.2.3	液压启闭机	额定启门力（kN）；行程（m）	套		
2.2.4	螺杆启闭机	额定启门力（kN）；行程（m）	套		
2.2.5	手拉葫芦		台		
2.2.6	电动葫芦		台		
2.2.7	轨道		双 m		
2.2.8	防腐	防腐面积（m^2）	m^2		
2.2.9	其他				
2.3	拦污设备及安装工程				
2.3.1	拦污栅	宽（m）×高（m）—设计水头（m）	t		
2.3.2	埋件				
2.3.3	清污机				
2.3.4	拦污排		t		
2.3.5	防腐	涂料防腐（m^2）；金属喷涂（m^2）	m^2		
2.3.6	其他				
2.4	门库设备				
2.5	其他				
3	输水工程				
3.1	闸门设备及安装工程				
3.1.1	平板门	宽（m）×高（m）—设计水头（m）			
3.1.2	弧形门	宽（m）×高（m）—设计水头（m）	t		
3.1.3	埋件		t		按不同门型分别计算
3.1.4	闸门压重		t		
3.1.5	防腐	涂料防腐（m^2）；金属喷涂（m^2）	m^2		
3.1.6	其他				

续表

序号	项目名称	项目主要特征	单位	工程量	备注
3.2	启闭设备及安装工程				
3.2.1	卷扬式启闭机	额定启门力（kN）；扬程（m）	台		
3.2.2	门式、台车式启闭机	额定启门力（kN）；总扬程/轨上扬程（m）	台		
3.2.3	液压启闭机	额定启门力（kN）；行程（m）	套		
3.2.4	螺杆启闭机	额定启门力（kN）；行程（m）	套		
3.2.5	手拉葫芦		台		
3.2.6	电动葫芦		台		
3.2.7	轨道		双 m		
3.2.8	防腐	涂料防腐（m^2）；金属喷涂（m^2）	m^2		
3.2.9	其他				
3.3	拦污设备及安装工程				
3.3.1	拦污栅	宽（m）×高（m）—设计水头（m）	t		
3.3.2	埋件				
3.3.3	清污机				
3.3.4	拦污排		t		
3.3.5	防腐	涂料防腐（m^2）；金属喷涂（m^2）	m^2		
3.3.6	其他				
3.4	钢管制作及安装工程		t		
3.4.1	直管		t		
3.4.2	弯管		t		
3.4.3	渐变管		t		
3.4.4	岔管		t		
3.4.5	伸缩节		t		
3.4.6	凑合节		t		
3.4.7	加劲环		t		
3.4.8	支承环		t		
3.4.9	阻水环		t		
3.4.10	埋件		t		
3.4.11	防腐涂装		t		
3.4.12	进人孔		t		
3.4.13	其他附件		t		
4	施工导流工程				
4.1	闸门设备及安装工程				
4.1.1	平板门	宽（m）×高（m）—设计水头（m）	t		

续表

序　号	项　目　名　称	项目主要特征	单位	工程量	备　　注
4.1.2	埋件		t		
4.1.3	闸门压重		t		
4.1.4	防腐	涂料防腐（m^2）；金属喷涂（m^2）	m^2		
4.1.5	其他				
4.2	启闭设备及安装工程				
4.2.1	卷扬式启闭机	额定启门力（kN）；扬程（m）	台		
4.2.2	门式、台车式启闭机	额定启门力（kN）；总扬程/轨上扬程（m）	台		
4.2.3	轨道		双 m		
4.2.4	防腐	涂料防腐（m^2）；金属喷涂（m^2）	m^2		
4.2.5	其他				
5	升压变电工程				
	钢构架				
6	航运过坝工程				
6.1	闸门设备及安装工程				
6.1.1	平板门	宽（m）×高（m）—设计水头（m）	t		
6.1.2	弧形门	宽（m）×高（m）—设计水头（m）	t		
6.1.3	埋件		t		按不同门型分别计算
6.1.4	闸门压重		t		
6.1.5	防腐	涂料防腐（m^2）；金属喷涂（m^2）	m^2		
6.1.6	其他				
6.2	启闭设备及安装工程				
6.2.1	卷扬式启闭机	额定启门力（kN）；扬程（m）	台		
6.2.2	门式、台车式启闭机	额定启门力（kN）；总扬程/轨上扬程（m）	台		
6.2.3	液压启闭机	额定启门力（kN）；行程（m）	套		
6.2.4	螺杆启闭机	额定启门力（kN）；行程（m）	套		
6.2.5	手拉葫芦		台		
6.2.6	电动葫芦		台		
6.2.7	轨道		双 m		
6.2.8	防腐	涂料防腐（m^2）；金属喷涂（m^2）	m^2		
6.2.9	其他				
6.3	升船机设备及安装工程				

续表

序　号	项　目　名　称	项目主要特征	单位	工程量	备　　注
6.3.1	垂直升船机	运载规模吨级（t）	套		
6.3.2	斜面升船机	运载规模吨级（t）	套		
6.3.3	防腐	涂料防腐（m^2）；金属喷涂（m^2）	m^2		
6.3.4	其他				
7	灌溉渠道工程				
7.1	闸门设备及安装工程				
7.1.1	平板门	宽（m）×高（m）—设计水头（m）			
7.1.2	埋件		t		按不同门型分别计算
7.1.3	闸门压重	重量（t）	t		
7.1.4	防腐	涂料防腐（m^2）；金属喷涂（m^2）	m^2		
7.1.5	其他				
7.2	启闭设备及安装工程				
7.2.1	卷扬式启闭机	额定启门力（kN）；扬程（m）	台		
7.2.2	门式、台车式启闭机	额定启门力（kN）；总扬程/轨上扬程（m）	台		
7.2.3	液压启闭机	额定启门力（kN）；行程（m）	套		
7.2.4	螺杆启闭机	额定启门力（kN）；行程（m）	套		
7.2.5	手拉葫芦		台		
7.2.6	电动葫芦		台		
7.2.7	轨道		双 m		
7.2.8	防腐	涂料防腐（m^2）；金属喷涂（m^2）	m^2		
8	其他				

表 4.5.4　招标设计阶段金属结构设备及安装工程工程量清单

序　号	项　目　名　称	项目主要特征	单位	工程量	备　注
1	挡水工程				
1.1	闸门设备及安装工程				
1.1.1	平板门	宽（m）×高（m）—设计水头（m）	t		
1）	滑动闸门	宽（m）×高（m）—设计水头（m）	t		
2）	定轮闸门	宽（m）×高（m）—设计水头（m）	t		
3）	升卧式闸门	宽（m）×高（m）—设计水头（m）	t		
4）	横拉闸门	宽（m）×高（m）—设计水头（m）	t		
5）	舌瓣闸门	宽（m）×高（m）—设计水头（m）	t		
6）	浮体门	宽（m）×高（m）—设计水头（m）	t		
7）	叠梁门	宽（m）×高（m）—设计水头（m）	t		
1.1.2	弧形门	宽（m）×高（m）—设计水头（m）	t		
1）	弧形闸门	宽（m）×高（m）—设计水头（m）	t		
2）	下沉式弧形闸门	宽（m）×高（m）—设计水头（m）	t		
1.1.3	埋件				按不同门型分别计算
1）	门槽埋件		t		
2）	一期预埋件		t		
1.1.4	闸门压重		t		
1）	铸铁配重		t		
2）	混凝土配重		t		
3）	铁砂混凝土配重		t		
1.1.5	防腐	涂料防腐（m^2）；金属喷涂（m^2）	m^2		
1）	涂料防腐		m^2		
2）	金属喷涂		m^2		
1.1.6	其他				
1.2	启闭设备及安装工程				
1.2.1	卷扬式启闭机				
1）	启闭机	额定启门力（kN）；扬程（m）	台		
2）	电气设备		套		
3）	备品备件及专用工具		项		

续表

序号	项目名称	项目主要特征	单位	工程量	备注
4）	启闭机试验		项		
5）	其他				
1.2.2	门式、台车式启闭机				
1）	启闭机	额定启门力（kN）；总扬程/轨上扬程（m）	台		
2）	电气设备		套		
3）	备品备件及专用工具		项		
4）	负荷试验		项		
5）	自动挂脱梁	额定启吊力（kN）	套		
6）	其他				
1.2.3	液压启闭机				
1）	启闭机	额定启门力（kN）；行程（m）	套		
2）	电气设备		套		
3）	备品备件及专用工具		项		
1.2.4	螺杆启闭机				
1）	启闭机	额定启门力（kN）；行程（m）	套		
2）	电气设备		套		
1.2.5	手拉葫芦		套		
1.2.6	电动葫芦		套		
1.2.7	行走小车		套		
1.2.8	轨道		双 m		
1）	钢轨		双 m		
2）	埋件		t		
3）	轨道阻进器		t		
1.2.9	防腐	涂料防腐（m^2）；金属喷涂（m^2）	m^2		
1）	涂料防腐		m^2		
2）	金属喷涂		m^2		
1.2.10	其他				
1.3	拦污设备及安装工程		t		
1.3.1	拦污栅栅叶	宽（m）×高（m）—设计水头（m）	t		
1.3.2	埋件				
1）	栅槽埋件		t		
2）	一期埋件		t		
1.3.3	清污机				
1）	清污机		台		
2）	电气设备				

续表

序　号	项　目　名　称	项目主要特征	单位	工程量	备　　注
1.3.4	拦污排		t		
1）	拦污排		t		
2）	埋件		t		
1.3.5	防腐	涂料防腐（m^2）；金属喷涂（m^2）	m^2		
1）	涂料防腐		m^2		
2）	金属喷涂		m^2		
1.3.6	其他				
1.4	门库设备				
1.5	其他设备				
2	泄水工程				
2.1	闸门设备及安装工程				
2.1.1	平板门	宽（m）×高（m）—设计水头（m）	t		
1）	滑动闸门	宽（m）×高（m）—设计水头（m）	t		
2）	定轮闸门	宽（m）×高（m）—设计水头（m）	t		
3）	链轮闸门	宽（m）×高（m）—设计水头（m）	t		
4）	升卧式闸门	宽（m）×高（m）—设计水头（m）	t		
5）	横拉闸门	宽（m）×高（m）—设计水头（m）	t		
6）	舌瓣闸门	宽（m）×高（m）—设计水头（m）	t		
7）	浮体门	宽（m）×高（m）—设计水头（m）	t		
8）	叠梁门	宽（m）×高（m）—设计水头（m）	t		
9）	其他				
2.1.2	弧形门	宽（m）×高（m）—设计水头（m）			
1）	弧形闸门	宽（m）×高（m）—设计水头（m）	t		
2）	下沉式弧形闸门	宽（m）×高（m）—设计水头（m）	t		
2.1.3	埋件		t		按不同门型分别计算
1）	门槽埋件		t		
2）	一期预埋件		t		
2.1.4	闸门压重		t		
1）	铸铁配重		t		

续表

序　号	项　目　名　称	项目主要特征	单位	工程量	备　　注
2）	混凝土配重		t		
3）	铁砂混凝土配重		t		
2.1.5	防腐	涂料防腐（m^2）；金属喷涂（m^2）	m^2		
1）	涂料防腐		m^2		
2）	金属喷涂		m^2		
2.1.6	其他				
2.2	启闭设备及安装工程				
2.2.1	卷扬式启闭机	额定启门力（kN）；扬程（m）	台		
1）	卷扬式启闭机	额定启门力（kN）；扬程（m）	台		
2）	电气设备		套		
3）	备品备件及专用工具		套		
4）	启闭机试验		项		
5）	其他				
2.2.2	门式、台车式启闭机	额定启门力（kN）；总扬程/轨上扬程（m）	台		
1）	门式、台车式启闭机	额定启门力（kN）；总扬程/轨上扬程（m）	台		
2）	电气设备		套		
3）	备品备件及专用工具		套		
4）	负荷试验		项		
5）	自动挂脱梁	额定启吊力（kN）	套		
6）	其他				
2.2.3	液压启闭机	额定启门力（kN）；行程（m）	套		
1）	液压启闭机	额定启门力（kN）；行程（m）	套		
2）	电气设备		套		
3）	备品备件及专用工具		套		
2.2.4	螺杆启闭机	额定启门力（kN）；行程（m）	套		
1）	螺杆启闭机	额定启门力（kN）；行程（m）	套		
2）	电气设备		套		
2.2.5	手拉葫芦		台		
2.2.6	电动葫芦		台		
2.2.7	轨道		双 m		
1）	钢轨				
2）	埋件				
3）	轨道阻进器				
2.2.8	防腐	涂料防腐（m^2）；金属喷涂（m^2）	m^2		
1）	涂料防腐		m^2		

续表

序　号	项　目　名　称	项目主要特征	单位	工程量	备　　注
2）	金属喷涂		m^2		
2.2.9	其他				
2.3	拦污设备及安装工程				
2.3.1	拦污栅栅叶	宽（m）×高（m）—设计水头（m）	t		
2.3.2	埋件				
1）	栅槽埋件		t		
2）	一期埋件		t		
2.3.3	清污机				
1）	清污机		台		
2）	电气设备				
2.3.4	拦污排		t		
1）	拦污排		t		
2）	埋件		t		
2.3.5	防腐	涂料防腐（m^2）；金属喷涂（m^2）	m^2		
1）	涂料防腐		m^2		
2）	金属喷涂		m^2		
2.3.6	其他				
2.4	门库				
2.5	其他设备				
3	输水工程				
3.1	闸门设备及安装工程				
3.1.1	平板门	宽（m）×高（m）—设计水头（m）			
1）	滑动闸门	宽（m）×高（m）—设计水头（m）	t		
2）	定轮闸门	宽（m）×高（m）—设计水头（m）	t		
3）	升卧式闸门	宽（m）×高（m）—设计水头（m）	t		
4）	横拉闸门	宽（m）×高（m）—设计水头（m）	t		
5）	舌瓣闸门	宽（m）×高（m）—设计水头（m）	t		
6）	浮体门	宽（m）×高（m）—设计水头（m）	t		
7）	叠梁门	宽（m）×高（m）—设计水头（m）	t		
3.1.2	弧形门	宽（m）×高（m）—设计水头（m）	t		

续表

序　号	项　目　名　称	项目主要特征	单位	工程量	备　　注
1）	弧形闸门	宽（m）×高（m）—设计水头（m）	t		
3.1.3	埋件		t		按不同门型分别计算
1）	门槽埋件		t		
2）	一期预埋件		t		
3.1.4	闸门压重		t		
1）	铸铁配重		t		
2）	混凝土配重		t		
3）	铁砂混凝土配重		t		
3.1.5	防腐	涂料防腐（m^2）；金属喷涂（m^2）	m^2		
1）	涂料防腐		m^2		
2）	金属喷涂		m^2		
3.1.6	其他				
3.2	启闭设备及安装工程				
3.2.1	卷扬式启闭机	额定启门力（kN）；扬程（m）	台		
1）	卷扬式启闭机	额定启门力（kN）；扬程（m）	台		
2）	电气设备	套	套		
3）	备品备件及专用工具		套		
4）	启闭机试验		项		
5）	其他				
3.2.2	门式、台车式启闭机	额定启门力（kN）；总扬程/轨上扬程（m）	台		
1）	门式、台车式启闭机	额定启门力（kN）；总扬程/轨上扬程（m）	台		
2）	电气设备		套		
3）	备品备件及专用工具		套		
4）	负荷试验		项		
5）	自动挂脱梁	额定启吊力（kN）	套		
6）	其他				
3.2.3	液压启闭机	额定启门力（kN）；行程（m）	套		
1）	液压启闭机	额定启门力（kN）；行程（m）	套		
2）	电气设备		套		
3）	备品备件及专用工具		套		
3.2.4	螺杆启闭机	额定启门力（kN）；行程（m）	套		
1）	螺杆启闭机	额定启门力（kN）；行程（m）	套		
2）	电气设备		套		
3.2.5	手拉葫芦		台		

续表

序　号	项　目　名　称	项目主要特征	单位	工程量	备　　注
3.2.6	电动葫芦		台		
3.2.7	轨道		双 m		
1）	钢轨				
2）	埋件				
3）	轨道阻进器				
3.2.8	防腐	涂料防腐（m^2）；金属喷涂（m^2）	m^2		
1）	涂料防腐		m^2		
2）	金属喷涂		m^2		
3.2.9	其他				
3.3	拦污设备及安装工程				
3.3.1	拦污栅栅叶	宽（m）×高（m）—设计水头（m）	t		
3.3.2	埋件				
1）	栅槽埋件		t		
2）	一期埋件		t		
3.3.3	清污机				
1）	清污机		台		
2）	电气设备				
3.3.4	拦污排		t		
1）	拦污排		t		
2）	埋件		t		
3.3.5	防腐	涂料防腐（m^2）；金属喷涂（m^2）	m^2		
1）	涂料防腐		m^2		
2）	金属喷涂		m^2		
3.3.6	其他				
3.4	钢管制作及安装工程		t		
3.4.1	直管		t		
3.4.2	弯管		t		
3.4.3	渐变管		t		
3.4.4	岔管		t		
3.4.5	伸缩节		t		
3.4.6	凑合节		t		
3.4.7	加劲环		t		
3.4.8	支承环		t		
3.4.9	阻水环		t		
3.4.10	埋件		t		

续表

序　号	项　目　名　称	项目主要特征	单位	工程量	备　　注
3.4.11	防腐涂装		t		
3.4.12	进人孔		t		
3.4.13	其他附件		t		
3.5	其他设备				
4	施工导流工程				
4.1	闸门设备及安装工程				
4.1.1	平板门	宽（m）×高（m）—设计水头（m）	t		
1）	滑动闸门	宽（m）×高（m）—设计水头（m）	t		
2）	定轮闸门	宽（m）×高（m）—设计水头（m）	t		
3）	叠梁门	宽（m）×高（m）—设计水头（m）	t		
4.1.2	埋件		t		
1）	门槽埋件		t		
2）	一期预埋件		t		
4.1.3	闸门压重		t		
1）	铸铁配重		t		
2）	混凝土配重		t		
3）	铁砂混凝土配重		t		
4.1.4	防腐	涂料防腐（m^2）；金属喷涂（m^2）	m^2		
1）	涂料防腐		m^2		
2）	金属喷涂		m^2		
4.1.5	其他				
4.2	启闭设备及安装工程				
4.2.1	卷扬式启闭机	额定启门力（kN）；扬程（m）	台		
1）	卷扬式启闭机	额定启门力（kN）；扬程（m）	台		
2）	电气设备	套	套		
3）	备品备件及专用工具		套		
4）	启闭机试验		项		
5）	其他				
4.2.2	门式、台车式启闭机	额定启门力（kN）；总扬程/轨上扬程（m）	台		
1）	门式、台车式启闭机本体	额定启门力（kN）；总扬程/轨上扬程（m）	台		
2）	电气设备		套		
3）	备品备件及专用工具		套		

续表

序　号	项　目　名　称	项目主要特征	单位	工程量	备　　注
4）	负荷试验		项		
5）	自动挂脱梁	额定启吊力（kN）	套		
6）	其他				
4.2.3	轨道		双 m		
1）	钢轨				
2）	埋件				
3）	轨道阻进器				
4.2.4	防腐	涂料防腐（m^2）；金属喷涂（m^2）	m^2		
1）	涂料防腐		m^2		
2）	金属喷涂		m^2		
4.2.5	其他				
5	升压变电工程				
	钢构架				
6	航运过坝工程				
6.1	闸门设备及安装工程				
6.1.1	平板门	宽（m）×高（m）—设计水头（m）	t		
1）	滑动闸门	宽（m）×高（m）—设计水头（m）	t		
2）	定轮闸门	宽（m）×高（m）—设计水头（m）	t		
3）	人字闸门、一字闸门	宽（m）×高（m）—设计水头（m）	t		
4）	横拉闸门	宽（m）×高（m）—设计水头（m）	t		
5）	浮体门	宽（m）×高（m）—设计水头（m）	t		
6）	叠梁门	宽（m）×高（m）—设计水头（m）	t		
6.1.2	弧形门	宽（m）×高（m）—设计水头（m）	t		
1）	弧形闸门	宽（m）×高（m）—设计水头（m）	t		
2）	反向弧形闸门	宽（m）×高（m）—设计水头（m）	t		
6.1.3	埋件		t		按不同门型分别计算
1）	门槽埋件		t		
2）	一期预埋件		t		
6.1.4	闸门压重		t		
1）	铸铁配重		t		

续表

序　号	项　目　名　称	项目主要特征	单位	工程量	备　　注
2）	混凝土配重		t		
3）	铁砂混凝土配重		t		
6.1.5	防腐	涂料防腐（m^2）；金属喷涂（m^2）	m^2		
1）	涂料防腐		m^2		
2）	金属喷涂		m^2		
6.1.6	其他				
6.2	启闭设备及安装工程				
6.2.1	卷扬式启闭机	额定启门力（kN）；扬程（m）	台		
1）	卷扬式启闭机	额定启门力（kN）；扬程（m）	台		
2）	电气设备	套	套		
3）	备品备件及专用工具		套		
4）	启闭机试验		项		
5）	其他				
6.2.2	门式、台车式启闭机	额定启门力（kN）；总扬程/轨上扬程（m）	台		
1）	门式、台车式启闭机	额定启门力（kN）；总扬程/轨上扬程（m）	台		
2）	电气设备		套		
3）	备品备件及专用工具		套		
4）	负荷试验		项		
5）	自动挂脱梁	额定启吊力（kN）	套		
6）	其他				
6.2.3	液压启闭机	额定启门力（kN）；行程（m）	套		
1）	液压启闭机	额定启门力（kN）；行程（m）	套		
2）	电气设备		套		
3）	备品备件及专用工具		套		
6.2.4	螺杆启闭机	额定启门力（kN）；行程（m）	套		
1）	螺杆启闭机	额定启门力（kN）；行程（m）	套		
2）	电气设备		套		
6.2.5	手拉葫芦		台		
6.2.6	电动葫芦		台		
6.2.7	轨道		双 m		
1）	钢轨				
2）	埋件				
3）	轨道阻进器				
6.2.8	防腐	涂料防腐（m^2）；金属喷涂（m^2）	m^2		
1）	涂料防腐		m^2		

续表

序　号	项　目　名　称	项目主要特征	单位	工程量	备　　注
2）	金属喷涂		m^2		
6.2.9	其他				
6.3	升船机设备及安装工程				
6.3.1	垂直升船机	运载规模吨级（t）	套		
1）	垂直升船机	运载规模吨级（t）			
2）	埋件		t		
3）	轨道		双 m		
4）	电气设备				
5）	其他				
6.3.2	斜面升船机	运载规模吨级（t）	套		
1）	斜面升船机	运载规模吨级（t）			
2）	埋件		t		
3）	轨道		双 m		
4）	电气设备		套		
6.3.3	防腐	涂料防腐（m^2）；金属喷涂（m^2）	m^2		
1）	涂料防腐		m^2		
2）	金属喷涂		m^2		
6.3.4	其他				
7	灌溉渠道工程				
7.1	闸门设备及安装工程				
7.1.1	平板门	宽（m）×高（m）—设计水头（m）			
1）	滑动闸门	宽（m）×高（m）—设计水头（m）	t		
2）	定轮闸门	宽（m）×高（m）—设计水头（m）	t		
3）	叠梁门	宽（m）×高（m）—设计水头（m）	t		
7.1.2	埋件		t		按不同门型分别计算
1）	门槽埋件		t		
2）	一期预埋件		t		
7.1.3	闸门压重	质量（t）	t		
1）	铸铁配重	质量（t）	t		
2）	混凝土配重	质量（t）	t		
3）	铁砂混凝土配重	质量（t）	t		
7.1.4	防腐	涂料防腐（m^2）；金属喷涂（m^2）	m^2		
1）	涂料防腐		m^2		

续表

序　号	项　目　名　称	项目主要特征	单位	工程量	备　　注
2）	金属喷涂		m^2		
7.1.5	其他				
7.2	启闭设备及安装工程				
7.2.1	卷扬式启闭机	额定启门力（kN）；扬程（m）	台		
1）	卷扬式启闭机	额定启门力（kN）；扬程（m）	台		
2）	电气设备	套	套		
3）	备品备件及专用工具		套		
4）	启闭机试验		项		
5）	其他				
7.2.2	门式、台车式启闭机	额定启门力（kN）；总扬程/轨上扬程（m）	台		
1）	门式、台车式启闭机	额定启门力（kN）；总扬程/轨上扬程（m）	台		
2）	电气设备		套		
3）	备品备件及专用工具		套		
4）	负荷试验		项		
5）	自动挂脱梁	额定启吊力（kN）	套		
6）	其他				
7.2.3	液压启闭机	额定启门力（kN）；行程（m）	套		
1）	液压启闭机	额定启门力（kN）；行程（m）	套		
2）	电气设备		套		
3）	备品备件及专用工具		套		
7.2.4	螺杆启闭机	额定启门力（kN）；行程（m）	套		
1）	螺杆启闭机	额定启门力（kN）；行程（m）	套		
2）	电气设备		套		
7.2.5	手拉葫芦		台		
7.2.6	电动葫芦		台		
7.2.7	轨道		双 m		
1）	钢轨				
2）	埋件				
3）	轨道阻进器				
7.2.8	防腐	涂料防腐（m^2）；金属喷涂（m^2）	m^2		
1）	涂料防腐		m^2		
2）	金属喷涂		m^2		
8	其他				

表 4.5.5　　施工图设计阶段金属结构设备及安装工程工程量清单

序　号	项　目　名　称	项目主要特征	单位	工程量	备　　注
1	挡水工程				
1.1	闸门设备及安装工程		t		
1.1.1	平板门	宽（m）×高（m）—设计水头（m）	t		
1）	滑动闸门	宽（m）×高（m）—设计水头（m）	t		
（1）	门叶结构		t		
（2）	滑动支承装置		t		
（3）	止水装置		t		
（4）	充水阀装置		t		
（5）	吊耳装置		t		
（6）	侧向支承装置		t		
（7）	反向支承装置		t		
（8）	锁定装置		t		
（9）	拉杆装置		t		
（10）	其他		t		
2）	定轮闸门	宽（m）×高（m）—设计水头（m）	t		
（1）	门叶结构		t		
（2）	主轮装置		t		
（3）	止水装置		t		
（4）	充水阀装置		t		
（5）	吊耳装置		t		
（6）	侧向支承装置		t		
（7）	反向支承装置		t		
（8）	锁定装置		t		
（9）	拉杆装置		t		
（10）	其他		t		
3）	升卧式闸门	宽（m）×高（m）—设计水头（m）	t		
（1）	门叶结构		t		
（2）	主轮装置		t		
（3）	止水装置		t		
（4）	吊耳装置		t		
（5）	侧向支承装置		t		
（6）	反向支承装置		t		
（7）	锁定装置		t		
（8）	其他		t		

续表

序　号	项　目　名　称	项目主要特征	单位	工程量	备　　注
4）	横拉闸门	宽（m）×高（m）—设计水头（m）	t		
（1）	门叶结构		t		
（2）	止水装置		t		
（3）	支承装置		t		
（4）	导向装置		t		
（5）	锁定装置		t		
（6）	防腐		t		
（7）	其他		t		
5）	舌瓣闸门	宽（m）×高（m）—设计水头（m）	t		
（1）	门叶结构		t		
（2）	止水装置		t		
（3）	支承装置		t		
（4）	转铰装置		t		
（5）	其他		t		
6）	浮体门	宽（m）×高（m）—设计水头（m）	t		
（1）	门叶结构		t		
（2）	止水装置		t		
（3）	支承装置		t		
（4）	充排水装置		t		
（5）	其他		t		
7）	叠梁门	宽（m）×高（m）—设计水头（m）	t		
（1）	门叶结构		t		
（2）	滑动支承装置		t		
（3）	止水装置		t		
（4）	充水阀装置		t		
（5）	吊耳装置		t		
（6）	侧向支承装置		t		
（7）	反向支承装置		t		
（8）	锁定装置		t		
（9）	拉杆装置		t		
（10）	其他		t		
1.1.2	弧形门	宽（m）×高（m）—设计水头（m）	t		
1）	弧形闸门	宽（m）×高（m）—设计水头（m）	t		

续表

序　号	项　目　名　称	项目主要特征	单位	工程量	备　　注
（1）	门叶结构		t		
（2）	支臂结构		t		
（3）	支铰装置		t		
（4）	止水装置		t		
（5）	侧向支承装置		t		
（6）	锁定装置		t		
（7）	拉杆装置		t		
（8）	其他		t		
2）	下沉式弧形闸门	宽（m）×高（m）—设计水头（m）	t		
（1）	门叶结构		t		
（2）	支臂结构		t		
（3）	支铰装置		t		
（4）	止水装置		t		
（5）	侧向支承装置		t		
（6）	拉杆装置		t		
（7）	其他		t		
1.1.3	埋件				按不同门型分别计算
1）	门槽埋件		t		
（1）	主轨		t		
（2）	侧轨		t		
（3）	副轨		t		
（4）	底槛		t		
（5）	门楣		t		
（6）	支铰基础		t		
（7）	钢衬		t		
（8）	人字门底枢		t		
（9）	人字门顶枢		t		
（10）	人字门枕垫		t		
（11）	护角		t		
（12）	其他		t		
2）	一期预埋件		t		
（1）	锚筋		t		
（2）	锚板		t		
（3）	钢板		t		
（4）	角钢		t		
（5）	其他		t		

续表

序　号	项　目　名　称	项目主要特征	单位	工程量	备　　注
1.1.4	闸门压重		t		
1）	铸铁配重		t		
2）	混凝土配重		t		
3）	铁砂混凝土配重		t		
1.1.5	防腐	防腐面积（m^2）	m^2		
1）	涂料防腐		m^2		
2）	金属喷涂		m^2		
1.1.6	其他				
1.2	启闭设备及安装工程		台		
1.2.1	卷扬式启闭机	额定启门力（kN）；扬程（m）	台		
1）	卷扬式启闭机	额定启门力（kN）；扬程（m）	台		
（1）	卷扬装置				
（2）	滑轮组				
（3）	电动机				
（4）	减速器				
（5）	制动器				
（6）	联轴器				
（7）	起升高度检测及主令控制装置				
（8）	荷重仪和负荷限制装置				
（9）	机架				
（10）	钢丝绳				
（11）	其他				
2）	电气设备		套		
（1）	控制柜				
（2）	电缆				
3）	备品备件及专用工具		项		
4）	启闭机试验		项		
5）	其他				
1.2.2	门式、台车式启闭机	额定启门力（kN）；总扬程/轨上扬程（m）	台		
1）	门式、台车式启闭机	额定启门力（kN）；总扬程/轨上扬程（m）	台		
（1）	卷扬装置		台		
（2）	滑轮组				
（3）	电动机				
（4）	减速器				
（5）	制动器				

续表

序　号	项　目　名　称	项目主要特征	单位	工程量	备　　注
（6）	联轴器				
（7）	起升高度检测及主令控制装置				
（8）	荷重仪和负荷限制装置				
（9）	机架				
（10）	钢丝绳				
（11）	门架				
（12）	机房				
（13）	大车行走机构				
（14）	小车行走机构				
（15）	行程限制器				
（16）	回转式起重机				
（17）	司机室				
（18）	走梯、平台和栏杆				
（19）	其他				
2）	电气设备		套		
（1）	控制柜				
（2）	电缆				
3）	备品备件及专用工具		项		
4）	负荷试验		项		
（1）	负荷试验框				
（2）	负荷试验块				
（3）	负荷试验机				
5）	自动挂脱梁	额定启吊力（kN）	套		
（1）	机械自动挂脱梁				
（2）	液压自动挂脱梁				
6）	其他				
1.2.3	液压启闭机	额定启门力（kN）；行程（m）			
1）	液压启闭机	额定启门力（kN）；行程（m）	套		
（1）	液压缸				
（2）	油泵电动机组				
（3）	油箱及附件				
（4）	控制阀组				
（5）	开度仪及闸门位置指示器				
（6）	机架及管路附件				
（7）	液压油				
（8）	埋件				

续表

序　号	项　目　名　称	项目主要特征	单位	工程量	备　　注
（9）	其他				
2）	电气设备		套		
（1）	电气控制柜				
（2）	电缆				
3）	备品备件及专用工具		项		
1.2.4	螺杆启闭机	额定启门力（kN）；行程（m）	套		
1）	螺杆启闭机	额定启门力（kN）；行程（m）	套		
2）	电气设备		套		
1.2.5	手拉葫芦		套		
1.2.6	电动葫芦		套		
1.2.7	行走小车		套		
1.2.8	轨道		双 m		
1）	钢轨		双 m		
2）	埋件		t		
3）	轨道阻进器		t		
1.2.9	防腐	防腐面积（m^2）	m^2		
1）	涂料防腐		m^2		
2）	金属喷涂		m^2		
1.2.10	其他				
1.3	拦污设备及安装工程		t		
1.3.1	拦污栅	宽（m）×高（m）—设计水头（m）	t		
1）	拦污栅栅叶	宽（m）×高（m）—设计水头（m）	t		
（1）	栅叶结构		t		
（2）	支承装置		t		
（3）	启吊装置		t		
（4）	拉杆		t		
（5）	锁定装置		t		
（6）	其他				
1.3.2	埋件				
1）	栅槽埋件		t		
（1）	导轨		t		
（2）	底槛		t		
（3）	框架		t		
2）	一期埋件		t		
（1）	锚筋		t		
（2）	锚板		t		

续表

序 号	项 目 名 称	项目主要特征	单位	工程量	备 注
（3）	钢板		t		
（4）	角钢		t		
（5）	其他				
1.3.3	清污机				
1）	清污机		台		
（1）	提升机构				
（2）	耙污斗				
（3）	集污斗				
（4）	行走机构				
（5）	控制室				
（6）	防腐				
（7）	其他				
2）	电气设备				
（1）	电气控制柜		套		
（2）	电缆				
1.3.4	拦污排		t		
1）	拦污排		t		
（1）	浮筒		t		
（2）	格栅		t		
（3）	其他				
2）	埋件		t		
1.3.5	防腐	防腐面积（m^2）	m^2		
1）	涂料防腐		m^2		
2）	金属喷涂		m^2		
1.3.6	其他				
1.4	门库设备				
1.5	其他设备				
2	泄水工程				
2.1	闸门设备及安装工程		t		
2.1.1	平板门	宽（m）×高（m）—设计水头（m）	t		
1）	滑动闸门	宽（m）×高（m）—设计水头（m）	t		
（1）	门叶结构		t		
（2）	滑动支承装置		t		
（3）	止水装置		t		
（4）	充水阀装置		t		
（5）	吊耳装置		t		

续表

序号	项目名称	项目主要特征	单位	工程量	备注
（6）	侧向支承装置		t		
（7）	反向支承装置		t		
（8）	锁定装置		t		
（9）	拉杆装置		t		
（10）	其他				
2）	定轮闸门	宽（m）×高（m）—设计水头（m）	t		
（1）	门叶结构		t		
（2）	主轮装置		t		
（3）	止水装置		t		
（4）	充水阀装置		t		
（5）	吊耳装置		t		
（6）	侧向支承装置		t		
（7）	反向支承装置		t		
（8）	锁定装置		t		
（9）	拉杆装置		t		
（10）	其他				
3）	链轮闸门	宽（m）×高（m）—设计水头（m）	t		
（1）	门叶结构		t		
（2）	链轮装置		t		
（3）	止水装置		t		
（4）	充水阀装置		t		
（5）	吊耳装置		t		
（6）	侧向支承装置		t		
（7）	反向支承装置		t		
（8）	锁定装置		t		
（9）	拉杆装置		t		
（10）	其他				
4）	升卧式闸门	宽（m）×高（m）—设计水头（m）	t		
（1）	门叶结构		t		
（2）	主轮装置		t		
（3）	止水装置		t		
（4）	吊耳装置		t		
（5）	侧向支承装置		t		
（6）	反向支承装置		t		
（7）	锁定装置		t		

续表

序　号	项　目　名　称	项目主要特征	单位	工程量	备　　注
（8）	其他				
5）	横拉闸门	宽（m）×高（m）—设计水头（m）	t		
（1）	门叶结构		t		
（2）	止水装置		t		
（3）	支承装置		t		
（4）	导向装置		t		
（5）	锁定装置		t		
（6）	其他				
6）	舌瓣闸门	宽（m）×高（m）—设计水头（m）	t		
（1）	门叶结构		t		
（2）	止水装置		t		
（3）	支承装置		t		
（4）	转铰装置		t		
（5）	其他				
7）	浮体门	宽（m）×高（m）—设计水头（m）	t		
（1）	门叶结构		t		
（2）	止水装置		t		
（3）	支承装置		t		
（4）	充排水装置		t		
（5）	其他				
8）	叠梁门	宽（m）×高（m）—设计水头（m）	t		
（1）	门叶结构		t		
（2）	滑动支承装置		t		
（3）	止水装置		t		
（4）	充水阀装置		t		
（5）	吊耳装置		t		
（6）	侧向支承装置		t		
（7）	反向支承装置		t		
（8）	锁定装置		t		
（9）	拉杆装置		t		
（10）	其他				
9）	其他				
2.1.2	弧形门	宽（m）×高（m）—设计水头（m）			
1）	弧形闸门	宽（m）×高（m）—设计水头（m）	t		

续表

序　号	项　目　名　称	项目主要特征	单位	工程量	备　　注
（1）	门叶结构		t		
（2）	支臂结构		t		
（3）	支铰装置		t		
（4）	止水装置		t		
（5）	侧向支承装置		t		
（6）	锁定装置		t		
（7）	拉杆装置		t		
（8）	其他				
2）	下沉式弧形闸门	宽（m）×高（m）—设计水头（m）	t		
（1）	门叶结构		t		
（2）	支臂结构		t		
（3）	支铰装置		t		
（4）	止水装置		t		
（5）	侧向支承装置		t		
（6）	拉杆装置		t		
（7）	其他				
2.1.3	埋件		t		按不同门型分别计算
1）	门槽埋件		t		
（1）	主轨		t		
（2）	侧轨		t		
（3）	副轨		t		
（4）	底槛		t		
（5）	门楣		t		
（6）	支铰基础		t		
（7）	钢衬		t		
（8）	护角		t		
（9）	其他				
2）	一期预埋件		t		
（1）	锚筋		t		
（2）	锚板		t		
（3）	钢板		t		
（4）	角钢		t		
（5）	其他				
2.1.4	闸门压重		t		
1）	铸铁配重		t		
2）	混凝土配重		t		

续表

序　号	项　目　名　称	项目主要特征	单位	工程量	备　　注
3）	铁砂混凝土配重		t		
2.1.5	防腐	防腐面积（m^2）	m^2		
1）	涂料防腐		m^2		
2）	金属喷涂		m^2		
2.1.6	其他				
2.2	启闭设备及安装工程		台		
2.2.1	卷扬式启闭机	额定启门力（kN）；扬程（m）	台		
1）	卷扬式启闭机	额定启门力（kN）；扬程（m）	台		
（1）	卷扬装置				
（2）	滑轮组				
（3）	电动机				
（4）	减速器				
（5）	制动器				
（6）	联轴器				
（7）	起升高度检测及主令控制装置				
（8）	荷重仪和负荷限制装置				
（9）	机架				
（10）	钢丝绳				
（11）	其他				
2）	电气设备		套		
（1）	控制柜				
（2）	电缆				
3）	备品备件及专用工具		套		
4）	启闭机试验		项		
5）	其他				
2.2.2	门式、台车式启闭机	额定启门力（kN）；总扬程/轨上扬程（m）	台		
1）	门式、台车式启闭机	额定启门力（kN）；总扬程/轨上扬程（m）	台		
（1）	卷扬装置				
（2）	滑轮组				
（3）	电动机				
（4）	减速器				
（5）	制动器				
（6）	联轴器				
（7）	起升高度检测及主令控制装置				

续表

序　号	项　目　名　称	项目主要特征	单位	工程量	备　　注
(8)	荷重仪和负荷限制装置				
(9)	机架				
(10)	钢丝绳				
(11)	门架				
(12)	机房				
(13)	大车行走机构				
(14)	小车行走机构				
(15)	行程限制器				
(16)	回转式起重机				
(17)	司机室				
(18)	走梯、平台和栏杆				
(19)	其他				
2)	电气设备		套		
(1)	控制柜				
(2)	电缆				
3)	备品备件及专用工具		套		
4)	负荷试验		项		
(1)	负荷试验框				
(2)	负荷试验块				
(3)	负荷试验机				
5)	自动挂脱梁	额定启吊力（kN）	套		
(1)	机械自动挂脱梁				
(2)	液压自动挂脱梁				
6)	其他				
2.2.3	液压启闭机	额定启门力(kN)；行程(m)	套		
1)	液压启闭机	额定启门力(kN)；行程(m)	套		
(1)	液压缸				
(2)	油泵电动机组				
(3)	油箱及附件				
(4)	控制阀组				
(5)	开度仪及闸门位置指示器				
(6)	机架及管路附件				
(7)	液压油				
(8)	埋件				
(9)	其他				
2)	电气设备		套		
(1)	电气控制柜				

续表

序　号	项　目　名　称	项目主要特征	单位	工程量	备　　注
（2）	电缆				
3）	备品备件及专用工具		套		
2.2.4	螺杆启闭机	额定启门力（kN）；行程（m）	套		
1）	螺杆启闭机	额定启门力（kN）；行程（m）	套		
2）	电气设备		套		
2.2.5	手拉葫芦		台		
2.2.6	电动葫芦		台		
2.2.7	轨道		双 m		
1）	钢轨				
2）	埋件				
3）	轨道阻进器				
2.2.8	防腐	防腐面积（m^2）	m^2		
1）	涂料防腐		m^2		
2）	金属喷涂		m^2		
2.2.9	其他				
2.3	拦污设备及安装工程		t		
2.3.1	拦污栅	宽（m）×高（m）—设计水头（m）	t		
1）	拦污栅栅叶	宽（m）×高（m）—设计水头（m）	t		
（1）	栅叶结构		t		
（2）	支承装置		t		
（3）	启吊装置		t		
（4）	拉杆		t		
（5）	锁定装置		t		
（6）	其他				
2.3.2	埋件				
1）	栅槽埋件		t		
（1）	导轨		t		
（2）	底槛		t		
（3）	框架		t		
2）	一期埋件		t		
（1）	锚筋		t		
（2）	锚板		t		
（3）	钢板		t		
（4）	角钢		t		
（5）	其他				

续表

序　号	项　目　名　称	项目主要特征	单位	工程量	备　　注
2.3.3	清污机				
1）	清污机		台		
（1）	提升机构				
（2）	耙污斗				
（3）	集污斗				
（4）	行走机构				
（5）	控制室				
（6）	防腐				
（7）	其他				
2）	电气设备				
（1）	电气控制柜		套		
（2）	电缆				
2.3.4	拦污排		t		
1）	拦污排		t		
（1）	浮筒		t		
（2）	格栅		t		
（3）	其他				
2）	埋件		t		
2.3.5	防腐	防腐面积（m^2）	m^2		
1）	涂料防腐		m^2		
2）	金属喷涂		m^2		
2.3.6	其他				
2.4	门库				
2.5	其他设备				
3	输水工程				
3.1	闸门设备及安装工程				
3.1.1	平板门	宽（m）×高（m）—设计水头（m）	t		
1）	滑动闸门	宽（m）×高（m）—设计水头（m）	t		
（1）	门叶结构		t		
（2）	滑动支承装置		t		
（3）	止水装置		t		
（4）	充水阀装置		t		
（5）	吊耳装置		t		
（6）	侧向支承装置		t		
（7）	反向支承装置		t		
（8）	锁定装置		t		

续表

序　号	项　目　名　称	项目主要特征	单位	工程量	备　　注
(9)	拉杆装置		t		
(10)	其他				
2)	定轮闸门	宽(m)×高(m)—设计水头(m)	t		
(1)	门叶结构		t		
(2)	主轮装置		t		
(3)	止水装置		t		
(4)	充水阀装置		t		
(5)	吊耳装置		t		
(6)	侧向支承装置		t		
(7)	反向支承装置		t		
(8)	锁定装置		t		
(9)	拉杆装置		t		
(10)	其他				
3)	升卧式闸门	宽(m)×高(m)—设计水头(m)	t		
(1)	门叶结构		t		
(2)	主轮装置		t		
(3)	止水装置		t		
(4)	吊耳装置		t		
(5)	侧向支承装置		t		
(6)	反向支承装置		t		
(7)	锁定装置		t		
(8)	其他				
4)	横拉闸门	宽(m)×高(m)—设计水头(m)	t		
(1)	门叶结构		t		
(2)	止水装置		t		
(3)	支承装置		t		
(4)	导向装置		t		
(5)	锁定装置		t		
(6)	其他				
5)	舌瓣闸门	宽(m)×高(m)—设计水头(m)	t		
(1)	门叶结构		t		
(2)	止水装置		t		
(3)	支承装置		t		
(4)	转铰装置		t		

续表

序　号	项　目　名　称	项目主要特征	单位	工程量	备　　注
（5）	其他				
6）	浮体门	宽（m）×高（m）—设计水头（m）	t		
（1）	门叶结构		t		
（2）	止水装置		t		
（3）	支承装置		t		
（4）	充排水装置		t		
（5）	其他				
7）	叠梁门	宽（m）×高（m）—设计水头（m）	t		
（1）	门叶结构		t		
（2）	滑动支承装置		t		
（3）	止水装置		t		
（4）	充水阀装置		t		
（5）	吊耳装置		t		
（6）	侧向支承装置		t		
（7）	反向支承装置		t		
（8）	锁定装置		t		
（9）	拉杆装置		t		
（10）	其他				
3.1.2	弧形门	宽（m）×高（m）—设计水头（m）	t		
1）	弧形闸门	宽（m）×高（m）—设计水头（m）	t		
（1）	门叶结构		t		
（2）	支臂结构		t		
（3）	支铰装置		t		
（4）	止水装置		t		
（5）	侧向支承装置		t		
（6）	锁定装置		t		
（7）	拉杆装置		t		
（8）	其他				
3.1.3	埋件		t		按不同门型分别计算
1）	门槽埋件		t		
（1）	主轨				
（2）	侧轨				
（3）	副轨				
（4）	底槛				

续表

序　号	项　目　名　称	项目主要特征	单位	工程量	备　　注
（5）	门楣				
（6）	支铰基础				
（7）	钢衬				
（8）	护角				
（9）	其他				
2）	一期预埋件		t		
（1）	锚筋				
（2）	锚板				
（3）	钢板				
（4）	角钢				
（5）	其他				
3.1.4	闸门压重		t		
1）	铸铁配重		t		
2）	混凝土配重		t		
3）	铁砂混凝土配重		t		
3.1.5	防腐	防腐面积（m^2）	m^2		
1）	涂料防腐		m^2		
2）	金属喷涂		m^2		
3.1.6	其他				
3.2	启闭设备及安装工程				
3.2.1	卷扬式启闭机	额定启门力（kN）；扬程（m）	台		
1）	卷扬式启闭机	额定启门力（kN）；扬程（m）	台		
（1）	卷扬装置				
（2）	滑轮组				
（3）	电动机				
（4）	减速器				
（5）	制动器				
（6）	联轴器				
（7）	起升高度检测及主令控制装置				
（8）	荷重仪和负荷限制装置				
（9）	机架				
（10）	钢丝绳				
（11）	其他				
2）	电气设备	套	套		
（1）	控制柜				
（2）	电缆				

续表

序　号	项　目　名　称	项目主要特征	单位	工程量	备　　注
3）	备品备件及专用工具		套		
4）	启闭机试验		项		
5）	其他				
3.2.2	门式、台车式启闭机	额定启门力（kN）；总扬程/轨上扬程（m）	台		
1）	门式、台车式启闭机	额定启门力（kN）；总扬程/轨上扬程（m）	台		
（1）	卷扬装置				
（2）	滑轮组				
（3）	电动机				
（4）	减速器				
（5）	制动器				
（6）	联轴器				
（7）	起升高度检测及主令控制装置				
（8）	荷重仪和负荷限制装置				
（9）	机架				
（10）	钢丝绳				
（11）	门架				
（12）	机房				
（13）	大车行走机构				
（14）	小车行走机构				
（15）	行程限制器				
（16）	回转式起重机				
（17）	司机室				
（18）	走梯、平台和栏杆				
（19）	其他				
2）	电气设备		套		
（1）	控制柜				
（2）	电缆				
3）	备品备件及专用工具		套		
4）	负荷试验		项		
（1）	负荷试验框				
（2）	负荷试验块				
（3）	负荷试验机				
5）	自动挂脱梁	额定启吊力（kN）	套		
（1）	机械自动挂脱梁				
（2）	液压自动挂脱梁				

续表

序　号	项　目　名　称	项目主要特征	单位	工程量	备　　注
6）	其他				
3.2.3	液压启闭机	额定启门力（kN）；行程（m）	套		
1）	液压启闭机	额定启门力（kN）；行程（m）	套		
（1）	液压缸				
（2）	油泵电动机组				
（3）	油箱及附件				
（4）	控制阀组				
（5）	开度仪及闸门位置指示器				
（6）	机架及管路附件				
（7）	液压油				
（8）	埋件				
（9）	其他				
2）	电气设备		套		
（1）	电气控制柜				
（2）	电缆				
3）	备品备件及专用工具		套		
3.2.4	螺杆启闭机	额定启门力（kN）；行程（m）	套		
1）	螺杆启闭机	额定启门力（kN）；行程（m）	套		
2）	电气设备		套		
3.2.5	手拉葫芦		台		
3.2.6	电动葫芦		台		
3.2.7	轨道		双 m		
1）	钢轨				
2）	埋件				
3）	轨道阻进器				
3.2.8	防腐	防腐面积（m^2）	m^2		
1）	涂料防腐		m^2		
2）	金属喷涂		m^2		
3.2.9	其他				
3.3	拦污设备及安装工程				
3.3.1	拦污栅	宽（m）×高（m）—设计水头（m）	t		
1）	拦污栅栅叶	宽（m）×高（m）—设计水头（m）	t		
（1）	栅叶结构		t		
（2）	支承装置		t		
（3）	启吊装置		t		
（4）	拉杆		t		

续表

序　号	项　目　名　称	项目主要特征	单位	工程量	备　　注
（5）	锁定装置		t		
（6）	其他				
3.3.2	埋件				
1）	栅槽埋件		t		
（1）	导轨		t		
（2）	底槛		t		
（3）	框架		t		
2）	一期埋件		t		
（1）	锚筋		t		
（2）	锚板		t		
（3）	钢板		t		
（4）	角钢		t		
（5）	其他				
3.3.3	清污机				
1）	清污机		台		
（1）	提升机构				
（2）	耙污斗				
（3）	集污斗				
（4）	行走机构				
（5）	控制室				
（6）	防腐				
（7）	其他				
2）	电气设备				
（1）	电气控制柜		套		
（2）	电缆				
3.3.4	拦污排		t		
1）	拦污排		t		
（1）	浮筒		t		
（2）	格栅		t		
（3）	其他				
2）	埋件		t		
3.3.5	防腐	防腐面积（m^2）	m^2		
1）	涂料防腐		m^2		
2）	金属喷涂		m^2		
3.3.6	其他				
3.4	钢管制作及安装工程		t		
3.4.1	直管		t		

续表

序　号	项　目　名　称	项目主要特征	单位	工程量	备　　注
3.4.2	弯管		t		
3.4.3	渐变管		t		
3.4.4	岔管		t		
3.4.5	伸缩节		t		
3.4.6	凑合节		t		
3.4.7	加劲环		t		
3.4.8	支承环		t		
3.4.9	阻水环		t		
3.4.10	埋件		t		
3.4.11	防腐涂装		t		
3.4.12	进人孔		t		
3.4.13	其他附件		t		
3.5	其他				
4	施工导流工程				
4.1	闸门设备及安装工程				
4.1.1	平板门	宽（m）×高（m）—设计水头（m）	t		
1）	滑动闸门	宽（m）×高（m）—设计水头（m）	t		
（1）	门叶结构				
（2）	滑动支承装置				
（3）	止水装置				
（4）	充水阀装置				
（5）	吊耳装置				
（6）	侧向支承装置				
（7）	反向支承装置				
（8）	锁定装置				
（9）	拉杆装置				
（10）	其他				
2）	定轮闸门	宽（m）×高（m）—设计水头（m）	t		
（1）	门叶结构				
（2）	主轮装置				
（3）	止水装置				
（4）	充水阀装置				
（5）	吊耳装置				
（6）	侧向支承装置				
（7）	反向支承装置				

续表

序　号	项　目　名　称	项目主要特征	单位	工程量	备　　注
（8）	锁定装置				
（9）	拉杆装置				
（10）	其他				
3）	叠梁门	宽（m）×高（m）—设计水头（m）	t		
（1）	门叶结构				
（2）	滑动支承装置				
（3）	止水装置				
（4）	充水阀装置				
（5）	吊耳装置				
（6）	侧向支承装置				
（7）	反向支承装置				
（8）	锁定装置				
（9）	拉杆装置				
（10）	其他				
4.1.2	埋件		t		按不同门型分别计算
1）	门槽埋件		t		
（1）	主轨				
（2）	侧轨				
（3）	副轨				
（4）	底槛				
（5）	门楣				
（6）	护角				
（7）	其他				
2）	一期预埋件		t		
（1）	锚筋				
（2）	锚板				
（3）	钢板				
（4）	角钢				
（5）	其他				
4.1.3	闸门压重		t		
1）	铸铁配重		t		
2）	混凝土配重		t		
3）	铁砂混凝土配重		t		
4.1.4	防腐	防腐面积（m^2）	m^2		
1）	涂料防腐		m^2		
2）	金属喷涂		m^2		

续表

序　号	项　目　名　称	项目主要特征	单位	工程量	备　　注
4.1.5	其他				
4.2	启闭设备及安装工程				
4.2.1	卷扬式启闭机	额定启门力(kN)；扬程(m)	台		
1）	卷扬式启闭机	额定启门力(kN)；扬程(m)	台		
（1）	卷扬装置				
（2）	滑轮组				
（3）	电动机				
（4）	减速器				
（5）	制动器				
（6）	联轴器				
（7）	起升高度检测及主令控制装置				
（8）	荷重仪和负荷限制装置				
（9）	机架				
（10）	钢丝绳				
（11）	其他				
2）	电气设备	套	套		
（1）	控制柜				
（2）	电缆				
3）	备品备件及专用工具		套		
4）	启闭机试验		项		
5）	其他				
4.2.2	门式、台车式启闭机	额定启门力（kN）；总扬程/轨上扬程（m）	台		
1）	门式、台车式启闭机本体	额定启门力（kN）；总扬程/轨上扬程（m）	台		
（1）	卷扬装置				
（2）	滑轮组				
（3）	电动机				
（4）	减速器				
（5）	制动器				
（6）	联轴器				
（7）	起升高度检测及主令控制装置				
（8）	荷重仪和负荷限制装置				
（9）	机架				
（10）	钢丝绳				
（11）	门架				

续表

序　号	项　目　名　称	项目主要特征	单位	工程量	备　　注
（12）	机房				
（13）	大车行走机构				
（14）	小车行走机构				
（15）	行程限制器				
（16）	走梯、平台和栏杆				
（17）	其他				
2）	电气设备		套		
（1）	控制柜				
（2）	电缆				
3）	备品备件及专用工具		套		
4）	负荷试验		项		
（1）	负荷试验框				
（2）	负荷试验块				
（3）	负荷试验机				
5）	自动挂脱梁	额定启吊力（kN）	套		
（1）	机械自动挂脱梁				
（2）	液压自动挂脱梁				
4.2.3	轨道		双 m		
1）	钢轨				
2）	埋件				
3）	轨道阻进器				
4.2.4	防腐	防腐面积（m^2）	m^2		
1）	涂料防腐		m^2		
2）	金属喷涂		m^2		
4.2.5	其他				
5	升压变电工程				
	钢构架				
6	航运过坝工程				
6.1	闸门设备及安装工程				
6.1.1	平板门	宽（m）×高（m）—设计水头（m）	t		
1）	滑动闸门	宽（m）×高（m）—设计水头（m）	t		
（1）	门叶结构		t		
（2）	滑动支承装置		t		
（3）	止水装置		t		
（4）	充水阀装置		t		

续表

序　号	项　目　名　称	项目主要特征	单位	工程量	备　　注
（5）	吊耳装置		t		
（6）	侧向支承装置		t		
（7）	反向支承装置		t		
（8）	锁定装置		t		
（9）	拉杆装置		t		
（10）	其他				
2）	定轮闸门	宽（m）×高（m）—设计水头（m）	t		
（1）	门叶结构		t		
（2）	主轮装置		t		
（3）	止水装置		t		
（4）	充水阀装置		t		
（5）	吊耳装置		t		
（6）	侧向支承装置		t		
（7）	反向支承装置		t		
（8）	锁定装置		t		
（9）	拉杆装置		t		
（10）	其他				
3）	人字闸门、一字闸门	宽（m）×高（m）—设计水头（m）	t		
（1）	门叶结构		t		
（2）	顶枢装置		t		
（3）	止水装置		t		
（4）	底枢装置		t		
（5）	支承装置		t		
（6）	锁定装置		t		
（7）	防撞装置		t		
（8）	其他				
4）	横拉闸门	宽（m）×高（m）—设计水头（m）	t		
（1）	门叶结构		t		
（2）	止水装置		t		
（3）	支承装置		t		
（4）	导向装置		t		
（5）	锁定装置		t		
（6）	其他				
5）	浮体门	宽（m）×高（m）—设计水头（m）	t		

续表

序　号	项　目　名　称	项目主要特征	单位	工程量	备　　注
（1）	门叶结构		t		
（2）	止水装置		t		
（3）	支承装置		t		
（4）	充排水装置		t		
（5）	其他				
6）	叠梁门	宽（m）×高（m）—设计水头（m）	t		
（1）	门叶结构		t		
（2）	滑动支承装置		t		
（3）	止水装置		t		
（4）	充水阀装置		t		
（5）	吊耳装置		t		
（6）	侧向支承装置		t		
（7）	反向支承装置		t		
（8）	锁定装置		t		
（9）	拉杆装置		t		
（10）	其他				
6.1.2	弧形门	宽（m）×高（m）—设计水头（m）	t		
1）	弧形闸门	宽（m）×高（m）—设计水头（m）	t		
（1）	门叶结构		t		
（2）	支臂结构		t		
（3）	支铰装置		t		
（4）	止水装置		t		
（5）	侧向支承装置		t		
（6）	锁定装置		t		
（7）	拉杆装置		t		
（8）	其他				
2）	反向弧形闸门	宽（m）×高（m）—设计水头（m）	t		
（1）	门叶结构		t		
（2）	支臂结构		t		
（3）	支铰装置		t		
（4）	止水装置		t		
（5）	侧向支承装置		t		
（6）	拉杆装置		t		
（7）	其他				

续表

序　号	项　目　名　称	项目主要特征	单位	工程量	备　　注
6.1.3	埋件		t		按不同门型分别计算
1）	门槽埋件		t		
（1）	主轨		t		
（2）	侧轨		t		
（3）	副轨		t		
（4）	底槛		t		
（5）	门楣		t		
（6）	支铰基础		t		
（7）	钢衬		t		
（8）	人字门底枢		t		
（9）	人字门顶枢		t		
（10）	人字门枕垫		t		
（11）	护角		t		
（12）	其他				
2）	一期预埋件		t		
（1）	锚筋				
（2）	锚板				
（3）	钢板				
（4）	角钢				
（5）	其他				
6.1.4	闸门压重		t		
1）	铸铁配重		t		
2）	混凝土配重		t		
3）	铁砂混凝土配重		t		
6.1.5	防腐	防腐面积（m^2）	m^2		
1）	涂料防腐		m^2		
2）	金属喷涂		m^2		
6.1.6	其他				
6.2	启闭设备及安装工程				
6.2.1	卷扬式启闭机	额定启门力（kN）；扬程（m）	台		
1）	卷扬式启闭机	额定启门力（kN）；扬程（m）	台		
（1）	卷扬装置				
（2）	滑轮组				
（3）	电动机				
（4）	减速器				
（5）	制动器				
（6）	联轴器				

续表

序　号	项　目　名　称	项目主要特征	单位	工程量	备　　注
（7）	起升高度检测及主令控制装置				
（8）	荷重仪和负荷限制装置				
（9）	机架				
（10）	钢丝绳				
（11）	其他				
2）	电气设备	套	套		
（1）	控制柜				
（2）	电缆				
3）	备品备件及专用工具		套		
4）	启闭机试验		项		
5）	其他				
6.2.2	门式、台车式启闭机	额定启门力（kN）；总扬程/轨上扬程（m）	台		
1）	门式、台车式启闭机	额定启门力（kN）；总扬程/轨上扬程（m）	台		
（1）	卷扬装置				
（2）	滑轮组				
（3）	电动机				
（4）	减速器				
（5）	制动器				
（6）	联轴器				
（7）	起升高度检测及主令控制装置				
（8）	荷重仪和负荷限制装置				
（9）	机架				
（10）	钢丝绳				
（11）	门架				
（12）	机房				
（13）	大车行走机构				
（14）	小车行走机构				
（15）	行程限制器				
（16）	回转式起重机				
（17）	司机室				
（18）	走梯、平台和栏杆				
（19）	其他				
2）	电气设备		套		
（1）	控制柜				

续表

序　号	项　目　名　称	项目主要特征	单位	工程量	备　　注
（2）	电缆				
3）	备品备件及专用工具		套		
4）	负荷试验		项		
（1）	负荷试验框				
（2）	负荷试验块				
（3）	负荷试验机				
5）	自动挂脱梁	额定启吊力（kN）	套		
（1）	机械自动挂脱梁				
（2）	液压自动挂脱梁				
6）	其他				
6.2.3	液压启闭机	额定启门力（kN）；行程（m）	套		
1）	液压启闭机	额定启门力（kN）；行程（m）	套		
（1）	液压缸				
（2）	油泵电动机组				
（3）	油箱及附件				
（4）	控制阀组				
（5）	开度仪及闸门位置指示器				
（6）	机架及管路附件				
（7）	液压油				
（8）	埋件				
（9）	其他				
2）	电气设备		套		
（1）	电气控制柜				
（2）	电缆				
3）	备品备件及专用工具		套		
6.2.4	螺杆启闭机	额定启门力（kN）；行程（m）	套		
1）	螺杆启闭机	额定启门力（kN）；行程（m）	套		
2）	电气设备		套		
6.2.5	手拉葫芦		台		
6.2.6	电动葫芦		台		
6.2.7	轨道		双 m		
1）	钢轨				
2）	埋件				
3）	轨道阻进器				
6.2.8	防腐	防腐面积（m^2）	m^2		
1）	涂料防腐		m^2		
2）	金属喷涂		m^2		
6.2.9	其他				
6.3	升船机设备及安装工程				

续表

序　号	项　目　名　称	项目主要特征	单位	工程量	备　　注
6.3.1	垂直升船机	运载规模吨级（t）	套		
1）	垂直升船机	运载规模吨级（t）			
（1）	主提升设备				
（2）	承船厢				
（3）	平衡系统				
（4）	对接装置				
（5）	防撞装置				
（6）	夹紧（撑紧、锁定）装置				
（7）	承船厢调平装置				
（8）	检修吊运设备				
（9）	防腐				
（10）	其他				
2）	埋件		t		
（1）	导轨				
（2）	基础埋件				
3）	轨道		双 m		
4）	电气设备				
（1）	供配电设备				
（2）	主拖动设备				
（3）	检测设备				
（4）	计算机监控设备				
（5）	工业电视监视设备				
（6）	通航信号及通信设备				
（7）	其他				
5）	其他				
6.3.2	斜面升船机	运载规模吨级（t）	套		
1）	斜面升船机	运载规模吨级（t）			
（1）	斜架车				
（2）	承船车				
（3）	卷扬机				
2）	埋件		t		
（1）	导轨				
（2）	基础埋件				
3）	轨道		双 m		
4）	电气设备		套		
（1）	供配电设备				
（2）	主拖动设备				
（3）	检测设备				
（4）	计算机监控设备				

续表

序　号	项　目　名　称	项目主要特征	单位	工程量	备　　注
（5）	工业电视监视设备				
（6）	通航信号及通信设备				
（7）	其他				
6.3.3	防腐	防腐面积（m^2）	m^2		
1）	涂料防腐		m^2		
2）	金属喷涂		m^2		
6.3.4	其他				
7	灌溉渠道工程				
7.1	闸门设备及安装工程				
7.1.1	平板门	宽（m）×高（m）—设计水头（m）			
1）	滑动闸门	宽（m）×高（m）—设计水头（m）	t		
（1）	门叶结构		t		
（2）	滑动支承装置		t		
（3）	止水装置		t		
（4）	充水阀装置		t		
（5）	吊耳装置		t		
（6）	侧向支承装置		t		
（7）	反向支承装置		t		
（8）	锁定装置		t		
（9）	拉杆装置		t		
（10）	其他				
2）	定轮闸门	宽（m）×高（m）—设计水头（m）	t		
（1）	门叶结构		t		
（2）	主轮装置		t		
（3）	止水装置		t		
（4）	充水阀装置		t		
（5）	吊耳装置		t		
（6）	侧向支承装置		t		
（7）	反向支承装置		t		
（8）	锁定装置		t		
（9）	拉杆装置		t		
（10）	其他				
3）	叠梁门	宽（m）×高（m）—设计水头（m）	t		
（1）	门叶结构		t		
（2）	滑动支承装置		t		
（3）	止水装置		t		
（4）	充水阀装置		t		

续表

序　号	项　目　名　称	项目主要特征	单位	工程量	备　　注
（5）	吊耳装置		t		
（6）	侧向支承装置		t		
（7）	反向支承装置		t		
（8）	锁定装置		t		
（9）	拉杆装置		t		
（10）	其他				
7.1.2	埋件		t		按不同门型分别计算
1）	门槽埋件		t		
（1）	主轨		t		
（2）	侧轨		t		
（3）	副轨		t		
（4）	底槛		t		
（5）	门楣		t		
（6）	护角		t		
（7）	其他				
2）	一期预埋件		t		
（1）	锚筋		t		
（2）	锚板		t		
（3）	钢板		t		
（4）	角钢		t		
（5）	其他				
7.1.3	闸门压重	质量（t）	t		
1）	铸铁配重	质量（t）	t		
2）	混凝土配重	质量（t）	t		
3）	铁砂混凝土配重	质量（t）	t		
7.1.4	防腐	防腐面积（m^2）	m^2		
1）	涂料防腐		m^2		
2）	金属喷涂		m^2		
7.1.5	其他				
7.2	启闭设备及安装工程				
7.2.1	卷扬式启闭机	额定启门力（kN）；扬程（m）	台		
1）	卷扬式启闭机	额定启门力（kN）；扬程（m）	台		
（1）	卷扬装置				
（2）	滑轮组				
（3）	电动机				
（4）	减速器				
（5）	制动器				
（6）	联轴器				
（7）	起升高度检测及主令控制装置				

续表

序　号	项　目　名　称	项目主要特征	单位	工程量	备　　注
(8)	荷重仪和负荷限制装置				
(9)	机架				
(10)	钢丝绳				
(11)	其他				
2)	电气设备	套	套		
(1)	控制柜				
(2)	电缆				
3)	备品备件及专用工具		套		
4)	启闭机试验		项		
5)	其他				
7.2.2	门式、台车式启闭机	额定启门力（kN）；总扬程/轨上扬程（m）	台		
1)	门式、台车式启闭机	额定启门力（kN）；总扬程/轨上扬程（m）	台		
(1)	卷扬装置				
(2)	滑轮组				
(3)	电动机				
(4)	减速器				
(5)	制动器				
(6)	联轴器				
(7)	起升高度检测及主令控制装置				
(8)	荷重仪和负荷限制装置				
(9)	机架				
(10)	钢丝绳				
(11)	门架				
(12)	机房				
(13)	大车行走机构				
(14)	小车行走机构				
(15)	行程限制器				
(16)	回转式起重机				
(17)	司机室				
(18)	走梯、平台和栏杆				
(19)	其他				
2)	电气设备		套		
(1)	控制柜				
(2)	电缆				
3)	备品备件及专用工具		套		

续表

序　号	项　目　名　称	项目主要特征	单位	工程量	备　　注
4）	负荷试验		项		
（1）	负荷试验框				
（2）	负荷试验块				
（3）	负荷试验机				
5）	自动挂脱梁	额定启吊力（kN）	套		
（1）	机械自动挂脱梁				
（2）	液压自动挂脱梁				
（3）	防腐				
6）	其他				
7.2.3	液压启闭机	额定启门力（kN）；行程（m）	套		
1）	液压启闭机	额定启门力（kN）；行程（m）	套		
（1）	液压缸				
（2）	油泵电动机组				
（3）	油箱及附件				
（4）	控制阀组				
（5）	开度仪及闸门位置指示器				
（6）	机架及管路附件				
（7）	液压油				
（8）	埋件				
（9）	其他				
2）	电气设备		套		
（1）	电气控制柜				
（2）	电缆				
3）	备品备件及专用工具		套		
7.2.4	螺杆启闭机	额定启门力（kN）；行程（m）	套		
1）	螺杆启闭机	额定启门力（kN）；行程（m）	套		
2）	电气设备		套		
7.2.5	手拉葫芦		台		
7.2.6	电动葫芦		台		
7.2.7	轨道		双 m		
1）	钢轨				
2）	埋件				
3）	轨道阻进器				
7.2.8	防腐	防腐面积（m^2）	m^2		
1）	涂料防腐		m^2		
2）	金属喷涂		m^2		
8	其他				

4.6 建设征地移民安置

建设征地移民安置项目划分为农村部分、城集镇部分、专业项目、库底清理、环境保护和水土保持等部分。

农村部分是指因项目建设引起项目建设征地前属乡、镇人民政府管辖的农村集体经济组织及地区迁建的相关项目；进入集镇、城市安置的农村集体经济组织的成员，其基础设施建设部分纳入相应的城市集镇部分，其他项目仍纳入农村部分。农村部分包括：土地的征收和征用、搬迁补助、附着物拆迁处理（含房屋、附属建筑物、零星树木、企业单位、行政事业单位、农副业及文化宗教设施拆迁处理等）、青苗和林木的处理、农村居民点建设（新址征地、附作物拆迁处理、基础设施建设）和其他补偿补助等项目。

城集镇部分，是指列入城市集镇原址的实物指标处理、新址实物指标处理和基础设施建设的项目，包括：搬迁补助、附着物拆迁处理（含房屋、附属建筑物、零星树木、企业单位、行政事业单位、农副业及个人所有文化设施拆迁处理等）、城集镇建设（含新址征地、附作物拆迁处理、基础设施建设）和其他补偿补助项目等。已纳入农村部分的内容，不在城集镇部分中重复。

专业项目，是指受项目影响的迁（改）建或新建的专业项目，包括铁路工程、公路工程、航运工程、水利工程、水电工程、电力工程、电信工程、广播电视工程、企事业单位（工矿企业）、防护工程、文物古迹以及其他等。铁路、公路线路工程量以 km 为单位计量中，已包含桥梁、涵洞、隧道等建筑物工程量。

库底清理，包括建筑物清理、卫生清理、林木清理和其他清理等。特殊清理项目是指特殊清理范围内为开发水域各项事业而需要进行特殊清理的项目。

环境保护和水土保持工程是指在移民安置区、生产开发区、城市和集镇迁建区、专项设施复建区，为减轻或消除移民安置对环境造成的不良影响以及保护移民生活环境所进行的保护工程。环境保护和水土保持主要包括水环境保护、陆生动植物保护、生活垃圾处理、人群健康保护、水土保持和环境监测等。各阶段工程量清单参照本规定 4.3（环境保护和水土保持工程）相应内容编制。

4.6.1 规划阶段工程量清单

规划阶段具体工程量清单见表 4.6.1。

4.6.2 预可行性研究阶段工程量清单

预可行性研究阶段具体工程量清单见表 4.6.2。

4.6.3 可行性研究阶段工程量清单

可行性研究阶段具体工程量清单见表 4.6.3。

表 4.6.1　　规划阶段建设征地移民安置工程量清单

序号	项目名称	项目主要特征	单位	工程量	备注
1	农村部分				
1.1	征收征用土地		亩		
1.1.1	征收土地		亩		
1）	农用地		亩		
（1）	耕地		亩		
a）	水田		亩		
b）	旱地		亩		
（2）	园地		亩		
（3）	林地		亩		
（4）	牧草地		亩		
（5）	其他农用地		亩		
2）	建设用地		亩		
3）	未利用地		亩		
1.2	青苗补偿		亩		
1.2.1	耕地		亩		下级项目参见本表1.1.1中1）的（1）
1.3	林木补偿		亩		
1.3.1	园地		亩		
1.3.2	林地		亩		
1.4	农用地复垦		亩		
1.4.1	耕地		亩		下级项目参见本表1.1.1中1）的（1）
1.4.2	园地		亩		
1.4.3	林地		亩		
1.5	搬迁补助费用		人		
1.6	附着物拆迁处理补偿费用				
1.6.1	房屋		m^2		
1）	钢筋混凝土结构		m^2		
2）	混合结构		m^2		
3）	砖木结构		m^2		
4）	土木结构		m^2		
5）	木（竹）结构		m^2		
6）	窑洞		m^2		
7）	其他		m^2		
1.6.2	附属建筑物		人		
1.6.3	零星树木		棵		

续表

序　号	项　目　名　称	项目主要特征	单位	工程量	备　　注
1.6.4	农副业及文化宗教设施拆迁处理补偿费用				
1）	小型水利电力设施和设备				
（1）	小水电站		kW		
（2）	提灌设施		kW		
（3）	灌渠		km		
（4）	排涝设施		kW		
2）	不可搬迁设施		人		
3）	文化设施		座		
4）	宗教设施		座		
5）	其他设施		座		
1.6.5	企业		个		
1.6.6	行政事业单位		个		
1.7	农村居民点建设费用		人		
1.7.1	新址用地费				下级项目参见本表1.1.1
1.7.2	基础设施工程		人		
1.8	其他补偿补助费用				
1.8.1	义务教育和卫生防疫设施增容补助费		人		
1.8.2	照明补助费		人		
1.8.3	建房困难户补助费		人		
1.8.4	房屋装修处理费				
1.8.5	其他补助费				
2	城（集）镇				
2.1	搬迁补助费用				
2.1.1	个人搬迁补助		人		
2.1.2	行政企事业单位补助		个		
2.2	附着物拆迁处理补偿费用				
2.2.1	房屋		m^2		下级项目参见本表1.6.1
2.2.2	附属建筑物		人		
2.2.3	零星树木		棵		
2.2.4	企业		个		

续表

序　号	项　目　名　称	项目主要特征	单位	工程量	备　　注
2.2.5	行政事业单位		个		
2.3	城（集）镇建设		人		下级项目参见本表1.7
2.4	其他补偿补助费用				下级项目参见本表1.8
3	专业项目				
3.1	工矿企业		个		
3.2	铁路工程				
3.2.1	站场		座		
3.2.2	线路		km		
3.2.3	其他				
3.3	公路工程				
3.3.1	高速公路		km		
3.3.2	二级公路		km		
3.3.3	三级公路		km		
3.3.4	四级公路		km		
3.3.5	汽车便道		km		
3.3.6	机耕道		km		
3.4	水运工程				
3.4.1	客运码头		座		
3.4.2	货运码头		座		
3.4.3	渡口		座		
3.5	水利工程				
3.5.1	水库		m^3		
3.5.2	水泵站		kW		
3.5.3	水电站		kW		
3.5.4	水文站		座		
3.5.5	渠道		km		
3.6	防护工程				
3.6.1	防洪堤		km		
3.6.2	排洪渠		km		
3.6.3	垫高工程		m^3		
3.6.4	排涝泵站		kW		
3.7	电力工程				

续表

序　号	项　目　名　称	项目主要特征	单位	工程量	备　　注
3.7.1	110kV 电力线路		km		
3.7.2	35kV 电力线路		km		
3.7.3	10kV 电力线路		km		
3.8	电信工程				
3.8.1	基站		个		
3.8.2	传输线		km		
3.9	广播电视工程		km		
3.9.1	信号接收站		个		
3.9.2	传输线		km		
3.10	文物古迹保护		处		
4	库底清理		km^2		

注　表格备注中的“下级项目参见本表”，均指下级项目参见本表表格“1 农村部分”的内容。

表 4.6.2　　　　预可行性研究阶段建设征地移民安置工程量清单

序　号	项　目　名　称	项目主要特征	单位	工程量	备　　注
1	农村部分				
1.1	征收征用土地		亩		
1.1.1	征收土地		亩		
1)	农用地		亩		
(1)	耕地		亩		
a)	水田		亩		
b)	旱地		亩		
c)	水浇地		亩		
(2)	园地		亩		
(3)	鱼塘		亩		
(4)	林地		亩		
(5)	牧草地		亩		
(6)	其他农用地		亩		
2)	建设用地		亩		
3)	未利用地		亩		
4)	征用土地		亩		下级项目参见本表1.1.1
1.2	青苗补偿		亩		
1.2.1	耕地		亩		下级项目参见本表1.1.1 中 1）的（1）
1.3	林木补偿		亩		
1.3.1	园地		亩		
1.3.2	林地		亩		
1.4	农用地复垦		亩		
1.4.1	耕地		亩		下级项目参见本表1.1.1 中 1）的（1）
1.4.2	园地		亩		
1.4.3	林地		亩		
1.5	搬迁补助费用		人		
1.6	附着物拆迁处理补偿费用				
1.6.1	房屋		m^2		
1)	钢筋混凝土结构		m^2		
2)	混合结构		m^2		
3)	砖木结构		m^2		
4)	土木结构		m^2		
5)	木（竹）结构		m^2		

续表

序　号	项　目　名　称	项目主要特征	单位	工程量	备　　注
6）	窑洞		m^2		
7）	其他		m^2		
1.6.2	附属建筑物				
1.6.3	零星树木		棵		
1.6.4	农副业及文化宗教设施拆迁处理补偿费用				
1）	小型水利电力设施和设备				
（1）	小水电站		kW		
（2）	提灌设施		kW		
（3）	灌渠		km		
（4）	排涝设施		kW		
2）	农副业加工设施和设备				
（1）	石灰窑		座		
（2）	砖瓦窑		座		
3）	不可搬迁设施		人		
4）	文化设施		座		
5）	宗教设施		座		
6）	其他设施		座		
7）	企业		个		
1.6.5	行政事业单位		个		
1.7	农村居民点建设费用				
1.7.1	新址用地费				下级项目参见本表1.1.1
1.7.2	基础设施工程		人		
1.8	其他补偿补助费用				
1.8.1	义务教育和卫生防疫设施增容补助费		人		
1.8.2	照明补助费		人		
1.8.3	建房困难户补助费		人		
1.8.4	房屋装修处理费				
1.8.5	其他补助费				
2	城（集）镇				
2.1	搬迁补助费用				
2.1.1	人员搬迁补助费		人		
2.1.2	物资设备搬迁运输		t・km		
2.1.3	建房期补助费		人		
2.1.4	临时交通设施费				
2.2	附着物拆迁处理补偿费用				
2.2.1	房屋		m^2		下级项目参见本表1.6.1

续表

序　号	项　目　名　称	项目主要特征	单位	工程量	备　　注
2.2.2	附属建筑物				下级项目参见本表 1.6.2
2.2.3	零星树木		棵		
2.2.4	企业		个		
2.2.5	行政事业单位		个		
2.3	城（集）镇建设				
2.3.1	新址征地				下级项目参见本表 1.1.1
2.3.2	基础设施工程		人		
2.4	其他补偿补助费用				下级项目参见本表 1.8
3	专业项目				
3.1	工矿企业				
3.1.1	搬迁安置补偿费				
1）	设施和设备的拆迁处理补偿费				
2）	物资处理补偿费				
3）	物资损失补偿费				
4）	停产损失补助费				
5）	房屋				下级项目参见本表 1.6.1
6）	附属建筑物				下级项目参见本表 1.6.2
3.1.2	货币补偿处理费				
3.2	铁路工程				
3.2.1	站场		座		
3.2.2	线路		km		
3.2.3	其他				
3.3	公路工程				
3.3.1	高速公路		km		
3.3.2	二级公路		km		
3.3.3	三级公路		km		
3.3.4	四级公路		km		
3.3.5	汽车便道		km		
3.3.6	机耕道		km		
3.3.7	人行道		km		
3.4	水运工程				
3.4.1	客运码头		座		
3.4.2	货运码头		座		
3.4.3	渡口		个		
3.5	水利工程				
3.5.1	水库		m^3		

续表

序　号	项　目　名　称	项目主要特征	单位	工程量	备　　注
3.5.2	水泵站		kW		
3.5.3	水电站		kW		
3.5.4	水文站		座		
3.5.5	渠道		km		
3.5.6	水电站		kW		
3.6	防护工程				
3.6.1	防洪堤		km		
3.6.2	排洪渠		km		
3.6.3	垫高工程		m^3		
3.6.4	排涝泵站		kW		
3.7	电力工程				
3.7.1	110kV 电力线路		km		
3.7.2	35kV 电力线路		km		
3.7.3	10kV 电力线路		km		
3.7.4	变压器	变压器容量	kVA/台		
3.7.5	变电所	变压器容量	kVA/台		
3.8	电信工程				
3.8.1	光缆	芯数	km		
3.8.2	电缆	芯数	km		
3.8.3	中继器、路由		个		
3.8.4	基站		个		
3.9	广播电视工程				
3.9.1	光缆	芯数	km		
3.9.2	电缆	芯数	km		
3.9.3	中继器、路由		个		
3.9.4	基站		个		
3.9.5	文物古迹保护		处		
4	库底清理				
4.1	房屋		m^2		下级项目参见本表 1.6.1
4.2	附属建筑物				下级项目参见本表 1.6.2
4.3	林木清理				
4.3.1	林（园）地清理		亩		
4.3.2	零星树木清理		棵		
4.4	构筑物		座		
4.5	坟墓		个		
4.6	厕所		个		

注　表格备注中的“下级项目参见本表”，均指下级项目参见本表表格“1 农村部分”的内容。

表 4.6.3　　可行性研究阶段建设征地移民安置工程量清单

序　号	项　目　名　称	项目主要特征	单位	工程量	备　　注
1	农村部分				
1.1	征收征用土地		亩		
1.1.1	征收土地		亩		
1）	农用地		亩		
（1）	耕地		亩		
a）	水田		亩		
b）	旱地		亩		
	其中 25° 以上坡地		亩		
c）	水浇田		亩		
d）	菜地		亩		
（2）	园地		亩		
a）	芭蕉		亩		
b）	核桃		亩		
c）	柑橘		亩		
d）	桃梨		亩		
e）	茶叶		亩		
f）	其他园地		亩		
（3）	鱼塘		亩		
（4）	林地		亩		
a）	经济林		亩		
（a）	紫胶		亩		
（b）	油桐		亩		
（c）	其他		亩		
b）	用材林		亩		
c）	灌木林		亩		
d）	疏林地		亩		
（5）	牧草地		亩		
（6）	其他农用地		亩		
2）	建设用地		亩		
3）	未利用地		亩		
1.1.2	征用土地		亩		下级项目参见本表 1.1.1
1.2	青苗补偿		亩		
1.2.1	耕地		亩		下级项目参见本表 1.1.1 中 1）的（1）
1.3	林木补偿		亩		
1.3.1	园地		亩		下级项目参见本表 1.1.1 中 1）的（2）

续表

序　号	项　目　名　称	项目主要特征	单位	工程量	备　　注
1.3.2	林地		亩		下级项目参见本表1.1.1中1）的（4）
1.4	农用地复垦		亩		
1.4.1	耕地		亩		下级项目参见本表1.1.1中1）的（1）
1.4.2	园地		亩		下级项目参见本表1.1.1中1）的（2）
1.4.3	林地		亩		下级项目参见本表1.1.1中1）的（4）
1.5	搬迁补助费用				
1.5.1	人员搬迁补助费用				
1）	搬迁交通运输补助		人		
2）	搬迁期保险费		人		
3）	搬迁途中食宿及医疗		人		
4）	搬迁误工		人		
1.5.2	物资设备搬迁运输				
1）	物质设备运输		t·km		
2）	物质设备损失		t·km		
1.5.3	建房期补助费		人		
1）	临时居住补助费		人		
2）	交通补助费		人		
1.5.4	临时交通设施费				
1）	临时道路	路基、路肩、路面等级	km		
2）	临时渡口		个		
3）	临时码头		座		
1.6	附着物拆迁处理补偿费用				
1.6.1	房屋		m^2		
1）	钢筋混凝土结构		m^2		
2）	混合结构		m^2		
3）	砖木结构		m^2		
4）	土木结构		m^2		
（1）	木（竹）结构		m^2		
（2）	窑洞		m^2		
（3）	其他		m^2		
1.6.2	附属建筑物				
1）	大门		m^2		
2）	混凝土晒场（地坪）		m^2		
3）	素土晒场（地坪）		m^2		
4）	砖（石）围墙		m^2		
5）	素土围墙		m^2		
6）	炉灶		个		
7）	水池		m^3		

续表

序　号	项　目　名　称	项目主要特征	单位	工程量	备　　注
8）	水管		m		
9）	粪池（厕坑）		个		
10）	沼气池		m^3		
11）	其他附属建筑物				
1.6.3	零星树木				
1）	用材树	成树	棵		
2）	用材树	幼树	棵		
3）	经济树	成树	棵		
4）	经济树	幼树	棵		
5）	果木树	成树	棵		
6）	果木树	幼树	棵		
7）	景观树		棵		
1.6.4	农副业及文化宗教设施拆迁处理补偿费用				
1）	小型水利电力设施和设备				
（1）	小水电站		kW		
（2）	提灌设施		kW		
（3）	灌渠		km		
（4）	排涝设施		kW		
2）	农副业加工设施和设备				
（1）	石灰窑		座		
（2）	砖瓦窑		座		
3）	不可搬迁设施		人		
4）	文化设施		座		
5）	宗教设施		座		
6）	其他设施		座		
1.6.5	企业				
1）	搬迁安置补偿费				
（1）	设施和设备处理补偿费				
a）	设施处理补偿费				
b）	设备处理补偿费				
（2）	物资处理补偿费				
a）	物资运输费				
b）	物资损失补偿费				
（3）	停产损失补助费				
（4）	房屋及附属建筑物拆迁处理补偿费				
a）	房屋				下级项目参见本表1.6.1
b）	附属建筑物				下级项目参见本表1.6.2

续表

序　号	项　目　名　称	项目主要特征	单位	工程量	备　　注
2）	货币补偿处理费				
1.6.6	行政事业单位拆迁补偿费				
1）	设施和设备的拆迁处理补偿费				
（1）	物资设备拆卸费				
（2）	物资设备运输费				
（3）	物资设备损失补偿费				
（4）	设备安装费				
（5）	设备调试费				
2）	房屋				下级项目参见本表1.6.1
3）	附属建筑物				下级项目参见本表1.6.2
1.7	农村居民点建设费用				
1.7.1	新址用地费				下级项目参见本表1.1.1
1.7.2	场地清理费				
1）	房屋				下级项目参见本表1.6.1
2）	附属建筑物				下级项目参见本表1.6.2
3）	零星树木				下级项目参见本表1.6.3
4）	青苗补偿				下级项目参见本表1.2
5）	林木补偿				下级项目参见本表1.3
1.7.3	基础设施工程				按相关行业初步设计要求计算工程量
1.8	生产安置措施补助费				
1.9	其他补偿补助费用				
1.9.1	义务教育和卫生防疫设施增容补助费		人		
1.9.2	照明补助费		人		
1.9.3	建房困难户补助费		m^2		
1.9.4	房屋装修处理费				
1.9.5	其他补助费				
2	城（集）镇迁建部分补偿费用				
2.1	搬迁补助费用				
2.1.1	人员搬迁补助费用				下级项目参见本表1.5.1
2.1.2	物资设备搬迁运输				下级项目参见本表1.5.2

续表

序　号	项　目　名　称	项目主要特征	单位	工程量	备　　注
2.1.3	建房期补助费		人		下级项目参见本表1.5.3
2.1.4	临时交通设施费				下级项目参见本表1.5.4
2.2	附着物拆迁处理补偿费用				
2.2.1	房屋		m^2		下级项目参见本表1.6.1
2.2.2	附属建筑物				下级项目参见本表1.6.2
2.2.3	零星树木				下级项目参见本表1.6.3
2.2.4	企业				下级项目参见本表1.6.5
2.2.5	行政事业单位				下级项目参见本表1.6.6
2.3	基础设施恢复费				
2.3.1	新址征地				下级项目参见本表1.1.1
2.3.2	场地清理费				
1）	房屋				下级项目参见本表1.6.1
2）	附属建筑物				下级项目参见本表1.6.2
3）	零星树木				下级项目参见本表1.6.3
4）	青苗补偿				下级项目参见本表1.2
5）	林木补偿				下级项目参见本表1.3
2.3.3	基础设施工程				按相关行业初步设计要求计算工程量
2.4	其他补偿补助费用				下级项目参见本表1.9
3	专业项目				补偿项目按下表所列项目提出工程量；复建项目按相关行业初步设计要求计算工程量
3.1	铁路工程				
	项目 1				
	项目 2				
	…				
3.2	公路工程				
3.2.1	高速公路		km		
3.2.2	一级公路		km		
3.2.3	二级公路		km		
3.2.4	三级公路		km		

续表

序　号	项　目　名　称	项目主要特征	单位	工程量	备　　注
3.2.5	四级公路		km		
3.2.6	汽车便道		km		
3.2.7	机耕道		km		
3.2.8	人行道		km		
3.3	水运工程				
3.3.1	客运码头		座		
3.3.2	货运码头		座		
3.3.3	渡口		个		
3.4	水利水电工程				
3.4.1	水库		m^3		
3.4.2	水泵站		kW		
3.4.3	水电站		kW		
3.4.4	水文站		座		
3.4.5	渠道		km		
3.4.6	排涝泵站		kW		
3.5	防护工程				
3.5.1	防洪堤		km		
3.5.2	排洪渠		km		
3.5.3	垫高工程		m^3		
3.5.4	排涝泵站		kW		
3.6	电力工程				
3.6.1	110kV 电力线路		km		
3.6.2	35kV 电力线路		km		
3.6.3	10kV 电力线路		km		
3.6.4	变压器	变压器容量	kVA/台		
3.6.5	变电所	变压器容量	kVA/台		
3.7	电信工程				
3.7.1	光缆	芯数	km		
3.7.2	电缆	芯数	km		
3.7.3	中继器、路由		个		
3.7.4	基站		个		
3.8	广播电视工程				
3.8.1	光缆	芯数	km		
3.8.2	电缆	芯数	km		
3.8.3	中继器、路由		个		
3.8.4	基站		个		
3.9	工矿企业				
3.9.1	搬迁安置补偿费				
1）	设施和设备处理补偿费				
（1）	设施拆迁处理补偿费				

续表

序　号	项　目　名　称	项目主要特征	单位	工程量	备　　注
（2）	设备拆迁处理补偿费				
2）	物资处理补偿费				
（1）	物资运输费				
（2）	物资损失补偿费				
3）	停产损失补助费				
4）	房屋及附属建筑物拆迁处理补偿费				
（1）	房屋				下级项目参见本表1.6.1
（2）	附属建筑物				下级项目参见本表1.6.2
3.9.2	货币补偿处理费				
3.10	文物古迹保护		处		
4	库底清理				依据有关规范分项、分类计列
4.1	卫生清理				
4.1.1	一般污染源清理				
4.1.2	传染性污染源清理				
4.1.3	生物类污染源清理				
4.1.4	一般固体废物处理处置				
4.1.5	危险废物处理处置				
4.1.6	废放射源处理处置				
4.2	建（构）筑物拆除与清理				
4.2.1	建筑物拆除与清理				
4.2.2	构筑物拆除与清理				
4.2.3	地下工程				
4.2.4	易漂浮物清理				
4.3	林木清理				
4.3.1	林（园）地清理				下级项目参见本表1.3
4.3.2	零星树木清理				下级项目参见本表1.6.3
4.3.3	易漂浮物清理				
4.4	其他清理				
5	环境保护和水土保持费用				
5.1	环境保护				参照本规定相应章节要求分项计列
5.2	水土保持				参照本规定相应章节要求分项计列

4.7 其 他 工 程

4.7.1 交通工程

交通工程主要包括：公路工程、铁路专用线及转运站、水运工程、施工支洞、道路（桥涵）加固工程、斜坡卷扬道及架空索道工程。

交通工程按交通、铁道行业标准设计时，工程量计算应符合相关行业的有关规定。

1 公路工程

1）一般规定。

（1）水电工程的对外交通运输和场内交通运输均有公路工程（含对外交通专用公路工程）。公路工程项目包括路基工程、路面工程、桥梁涵洞工程、隧道工程、安全设施及预埋管线工程、绿化及环境保护设施及其他工程等。

（2）公路工程占地除路线占用土地外，还包括渣场用地、取土场用地和接线、平交道、施工临时便道用地。场内交通运输的公路工程占地可计入枢纽工程区用地，不单独列项。

（3）独立大桥和独立隧道按交通行业桥梁和隧道的相应要求计算工程量。

（4）工程量计算规定。

a）路基工程。

土石方运输按需要运输的土石方天然密实体积数量与运距之积计算。

钢筋按其类型分别计列，其工程量为钢筋的设计质量，除需搭接时搭接长度的数量应在钢筋的设计质量内计算外，其余钢筋数量均不计算。

护坡按不同结构类型分别计算。生态植被护坡、混凝土护坡按坡面防护面积计算。钢筋石笼、木笼、竹笼、铁丝笼等填石护坡（岸）按填石体积计算。砌筑工程按结构类型和砌体的组成材料分别计列，包括构成砌体的砂浆体积。预应力锚索按锚索（钢绞线）长度与锚固力分别计列。锚杆按不同锚杆长度、直径和材料分别计列。锚筋束按钢筋直径、组成根数和长度以束计列。抗滑桩按不同断面尺寸和施工方案分别计列。灌浆按灌注材料，种类以质量为单位分别计列。

排水按不同功能、不同结构类型及部位分别按长度和体积计算。雨水井和检查井按需要设置的数量单独计列。

b）路面工程。

按不同结构层的厚度和强度以其顶面面积计算。路缘石按不同材料以长度计列。

c）桥梁、涵洞。

桥梁工程适用于常规的梁桥、刚构桥、拱桥、悬索桥、斜拉桥，具体工程项目应根据桥梁型式选用。

桥梁基坑围堰按围堰类别分别计算填筑量。桥梁基坑开挖工程量按基坑容积分水上、水下分别计算，基坑挡土板按坑内需支挡的实际侧面积计算。桥梁混凝土按不同部位、不同结构类型分别计列。涵洞按不同结构类型及尺寸以涵洞洞身长度计列。

d）隧道工程。

洞身开挖工程量按设计断面（成洞断面加衬砌断面）计算。混凝土衬砌工程量按不同部位、强度分别计列。防水板、明洞防水层的工程量按敷设面积计算，不包括搭接面积。止水带（条）、盲沟、透水管（排水管）的工程量按不同型式、尺寸分别计算。喷混凝土按混凝土强度、厚度分别计算。格栅钢架、型钢钢架工程量应包括连接钢筋的质量。管棚、小导管的工程量按不同规格计算。供电只计算隧道口至洞内的部分，洞外的电力架设及设备配置未计列时，需单独另计。电气设备中的其他需根据实际需要进行补充。

e）安全设施根据道路等级分别设置，沿线设施的管理用房，其他工程项目中的渡口、码头应参照有关行业规定计算。

f）施工支洞、临时道路（桥梁）应根据施工需要按长度计列。需提出详细工程量时应相应按隧道、道路（桥梁）的工程细目进行计列。

g）平面交叉、立体交叉的道路部分应按道路设计的要求提出相应的工程量，立体交叉的跨线桥、人行天桥及渡槽应按桥梁设计要求提出相应的工程量。

h）安全措施费应按国家有关规定计列。

2）规划阶段计算规定。

（1）本阶段应根据水电工程实际情况，结合地方交通发展规划，通过现场调查，宜在1:50 000～1:500 000的地形图上示出对外交通的路线方案。

（2）本阶段应估列出公路路线长度和跨江（河）的主要大桥及特长（长）隧道长度及座数。

3）预可行性研究阶段计算规定。

（1）预可行性研究阶段对外交通运输的公路工程应根据工程实际情况，结合地方交通规划发展，通过现场调查，宜在1:50 000～1:200 000的地形图上示出对外交通的路线方案（包括比较方案）起讫点、控制点、地形、主要城镇，与其他交通的关系等；简明示出大桥、隧道、主要路线交叉（互通）及沿线设施等位置，并应估列出公路等级、路线长度、路面型式、大中桥桥梁型式及长度和座数、隧道长度及座数、立交处数及其他工程的处数等。

（2）场内交通工程按估列出的公路等级、路线长度和跨江（河）的主要大桥及特长（长）隧道长度计算工程量。

4）可行性研究阶段计算规定。

可行性研究阶段对外交通运输的公路工程应根据水电工程实际情况，结合水电工程设计的有关审批意见，参照《公路工程基本建设项目设计文件编制办法》（交公路发〔2007〕358号）初步设计的要求，利用已有的勘探资料和1:500～1:5000的地形图基本确定路线方案，以及路基、路面、桥涵、隧道、沿线设施、绿化及环境保护设施、其他工程的方案、结构类型及主要尺寸等，提出相应的工程量。

场内主要交通干线公路应结合施工总布置设计，参照《公路工程基本建设项目设计文件编制办法》初步设计的要求，基本确定路线方案以及路基、路面、桥涵、隧道等布置方案，提出相应的工程量。

5）招标设计和施工图设计阶段计算规定。

（1）施工图设计阶段应根据水电工程实际情况，结合水电工程及公路工程的有关审批意见，参照《公路工程基本建设项目设计文件编制办法》施工图设计的要求进行工程量计算。确定路线具体位置；确定路基标准横断面和高填深挖路基、特殊路基横断面，绘制路基超高、加宽设计图；计算土石方数量并进行调配；确定路基取土、弃土的位置；确定路基路面排水系统和支挡、防护工程的结构类型及尺寸；确定高填深挖、陡坡路堤及特殊路基设计的结构型式及尺寸；确定各路段的路面结构类型及结构尺寸；确定特大、大、中桥梁位置、孔数及孔径、结构类型及各部尺寸；确定小桥、涵洞、漫水桥及过水路面等的位置、孔数及孔径、结构类型及各部尺寸；确定隧道及其附属设施的形式及尺寸；确定路线交叉形式、结构类型及各部尺寸；确定交通工程及沿线设施的各项工程的位置、类型及各部尺寸；确定改路、改渠（河）等其他工程的位置、结构型式及尺寸并提出具体工程量。

公路工程招标设计阶段计算的工程量，根据工程项目的实际情况，在施工图设计阶段要求的基础上可适当简化，其工程量计算项目应不少于可行性研究阶段的要求。

2 铁路专用线及转运站

1）一般规定。

（1）水电工程铁路专用线及转运站包括：轨道、路基、桥梁、涵洞、隧道、通信、信号、消防、电力、房屋、站场设备、接触网、通暖、机务、散装水泥和粉煤灰储运设施、施工临时工程等项目。

（2）租赁转运站按项计列。

（3）工程量计算规定。

a）轨道。

轨道按结构型式、轨道类型分别按长度计列。铺设枕木按抗压强度、材质和适用部位分别按长度计列。道渣填筑分面渣、底渣和洼垄，按体积计列。

b）路基工程。

路基工程包括挖土石方、填土石方、挡土墙、护墙、护岸、抗滑桩、板桩墙、防护网、锚杆喷混凝土支护、预应力锚索和迁移等主要工程项目。

挖土石方：路基土石方开挖包括边沟、排水沟、截水沟、挖除旧路基路面，按路线中线长度乘以横断面面积进行计算。

填土石方：填筑路堤的土石方数量，按不同来源（包括利用土方、利用石方和借方等）以压实的体积分别计算。零星填挖路段的换填土，分别按挖方和填方计列。

抗滑桩和板桩墙：按断面尺寸及深度计量。混凝土按不同强度等级计量。

防护网：柔性防护网分不同规格按面积计列。

迁移：道路、房屋、圬工等建筑的拆除和迁建，道路按长度计列，房屋按建筑面积计列，圬工拆除按体积计列。

用地：新增的路基、站场用地和租用铁路车站的用地，以及取土、弃渣场地的用地等，按面积计列。

c）桥梁。

桥梁钢筋及附件已包含在相关钢筋混凝土中，不单独计量。

桥梁基础包括圬工、明挖基础或桩基承台的基坑开挖与回填，以及与之有关的排水、支撑、围堰等的有关工程量。

基础挖方取用底、顶面间平均高度的棱柱体体积，分干处、水下按体积（m^3）计列；基坑回填及浆砌片石以体积（m^3）计量；基坑土的运输不另行计量。

桥梁钻孔灌注桩、挖孔（井）灌注桩分不同桩径、桩深按桩长计列。混凝土桩无破损检测及所预埋的钢管等材料作为混凝土桩的附属工程，不另行计量。

混凝土按不同结构类型及强度等级分别计算。直径小于200mm的管子、钢筋、锚固件、管道、泄水孔或桩所占混凝土体积不予扣除。

桥面工程包括人行道、避车台、检查设备、护轮轨及其附属设施工程量，桥面泄水管及桥面铺装接缝等作为桥面铺装的附属工程，不另行计量。

支座按不同的类型以套计列。

d）涵洞。

涵洞包括盖板涵、框架箱涵、矩形涵、拱涵、圆涵、倒虹吸管以及交通涵等工程。分不同孔数及孔宽按洞身长度计，其余工程项目不计。

e）隧道。

隧道包括洞门工程、洞身开挖、洞身衬砌、运营通风设施、防水与排水、洞内道床等，以及相关工程。

洞口坡面挂网喷混凝土防护工程，按不同厚度分别计量。钢筋网及与之配套施工的锚杆等作为其附属工程不另行计量。

截水沟按圬工计量，土石方开挖和砂砾垫层等不单独计量。

洞门、端墙、挡墙、边仰坡等的土石方开挖、回填、整平、隧道名牌等均已包括在相应圬工中，不单独进行计量。

隧道洞身开挖包括隧道洞身、大小避车洞、绝缘梯车洞、变压器室、信号继电箱洞、无人增音站洞、风机控制箱洞、辅助坑道和明洞暗挖部分等的全部开挖工程量。洞内开挖土石方按隧道设计横断面（不含允许超挖量）不分围岩类（级）别计算。隧道开挖过程中洞内采取的施工防排水措施、临时支撑等不单独计列。

支护的喷混凝土按喷射内外轮廓线计算，分不同厚度和强度等级计列。

洞身超前支护所需的各种规格的超前锚杆或小钢管、管棚、注浆小导管、锚杆按不同直径、长度计量。

洞身衬砌分不同强度等级混凝土和圬工计量。基底处理的浆砌片石，按不同强度等级计量。

洞内永久排水用的排水管分不同类型、规格按长度计列。

衬砌背后注浆或拱顶回填注浆的材料按隧道长度计量。

防水层按所用材料（防水板、无纺布等）分别计量；止水带、止水条按不同型号分别计量。

预制或现场浇筑的边沟及电缆沟盖板按不同强度等级分别计列。

f）通信种类包括行车电话、货运电话、站场无线调车系统、铁路地区自动电话和计算机网络，按台套计列。

g）电缆分不同种类、型号和适用条件长度计列。

h）信号设备包括行车指挥设备、区间闭塞设备、车站设备、机车信号、微机监测、调度监督、DIMS 和列车计轴设备系统。

i）房屋包括有转运办公房、机务办公房、板道房、设备房、物料房、水泵房等，按面积计列。

j）站场设备有各类起重机、叉车、围墙、大门和道路等，按台套计列。

k）接触网包括有新增到发线电化挂网、对牵出线电化挂网、接触网各锚段改造、设置接触网软横跨支柱、附加导线（回流线、架空地线）并改等。

l）通暖按房屋通暖要求，选择暖气设备。

m）散装水泥和粉煤灰罐按容积计列，空压站设备、吸尘设备按台套计列。

n）环境保护及水土保持包括施工期间的环境保护和绿化工程量两部分。

o）施工临时工程分不同路基宽度和路面结构型式按长度计列。临时桥梁分不同桥型，按长度计列。临时防排水工程分不同结构类型按长度计列。临时房屋分不同结构类型按建筑面积计列。

2）规划阶段计算规定。

本阶段计入其他施工辅助工程，不单独计列。

3）预可行性研究阶段计算规定。

（1）铁路专用线及转运站的设计应参照《铁路建设项目预可行性、可行性研究和设计文件编制办法》（铁建设〔2007〕152 号）规划阶段的深度要求，确定通过铁路转运站的运输总量、铁路专用线和转运站主要技术标准和规模。

（2）工程量计算规定。

a）专用线及转运站线按长度计列。

b）桥梁、隧道按长度计量。

c）散装水泥和粉煤灰储运设施按建设规模面积、容积分别计量。

4）可行性研究阶段计算规定。

在水电工程坝址坝型确定的条件下，铁路专用线及转运站设计应参照《铁路建设项目预可行性、可行性研究和设计文件编制办法》可行性研究阶段的深度要求，先期确定铁路专用线和转运站主要技术标准和规模、主要技术设备的设计原则，提出主要工程项目的工程量、主要设备概数，用地及拆迁概数，拟定环保和水土保持初步方案等。

可行性研究阶段的铁路专用线及转运站的新建、改（扩）建工程应参照《铁路建设项目预可行性、可行性研究和设计文件编制办法》初步设计阶段的深度要求，确定各项工程设计原则、设计方案，提出各项工程量、主要设备数量，用地及拆迁数量，环保和水土保持措施工程量等。

5）招标设计及施工图设计阶段计算规定。

施工图设计阶段水电工程铁路专用线及转运站的新建、改扩建设计应参照《铁路建设项目预可行性、可行性研究和设计文件编制办法》施工图设计阶段的深度和内容要求进行。

招标设计阶段计算的工程量，根据工程项目的实际情况，在施工图设计阶段要求的基础上可适当简化，其工程量计算项目应不少于可行性研究阶段的要求。

3 水运工程

1）一般规定。

水运工程一般包括港池工程、码头工程、锚地、连接道路及配套设施等项目。

2）规划阶段计算规定。

本阶段水运工程不单独计算工程量，计入其他施工辅助工程中。

3）预可行性研究阶段计算规定。

本阶段按初拟的通航规模等，按项计列。

4）可行性研究阶段计算规定。

本阶段水运工程按施工期通航工程的相关项目要求计算工程量。

5）招标设计和施工图设计阶段计算规定。

招标设计和施工图设计阶段水运工程按施工期通航工程的相关项目要求计算工程量。

4 道路、桥涵加固工程

1）一般规定。

重大件运输包括水电工程的发电机定子、水轮机转轮、下机架、转子中心体、推力头、桥式起重机的主梁、主变压器、大型施工设备等设备及部件从制造厂至水电工程工地仓库的运输。

2）规划阶段和预可行性研究阶段计算规定。

规划阶段和预可行性研究阶段不单独计量。

3）可行性研究阶段计算规定。

本阶段拟定的重大件运输方案包括需要改（扩）建或新的公路等级、路线长度，特大、大中桥的长度及座数，中隧道、长隧道及特长隧道的长度和座数，需加固的桥梁长度及座数、码头处数等内容。本阶段重大件运输不单独计算工程量。

4）招标设计和施工图设计阶段计算规定。

施工图设计阶段应根据确定的重大件运输方案，按本阶段相应的公路（含桥梁、隧道）工程、水运工程的要求提出工程量清单。

招标设计阶段计算的工程量，根据工程项目的实际情况，在施工图设计阶段要求的基础上可适当简化。

5 施工支洞

规划阶段不单独计量。

预可行性研究阶段分不同的断面尺寸，按长度计列。

可行性研究、招标设计和施工图设计阶段施工支洞按土石方明挖、洞挖、支护、混凝土、钢筋、排水、边坡防护、封堵等工程量计列。

6 斜坡卷扬道及架空索道工程

规划阶段不单独计量。

预可行性研究阶段分不同的吨位按长度计列工程量。

可行性研究、招标设计和施工图设计阶段斜坡卷扬道及架空索道工程按不同部位分别计算土建工程量，钢轨、钢丝绳按不同型号、规格分别计列，施工便道按长度计列。

表 4.7.1-1　　规划阶段交通工程工程量清单

序　号	项　目　名　称	项目主要特征	单位	工程量	备　　注
1	公路	等级、标准	km		
2	桥梁	标准、桥型、跨径	m/座		特大桥、大桥
3	隧道	建筑限界、断面尺寸	m/座		

表 4.7.1-2　　预可行性研究阶段交通工程工程量清单

序　号	项　目　名　称	项目主要特征	单位	工程量	备　　注
1	公路工程				
1.1	公路	等级和标准	km		
1.2	桥梁				
	大、中桥	跨径、桥型	m/座		
	技术复杂大桥、特大桥	跨径、桥型	m/座		
1.3	隧道				
	中、短隧道	建筑限界、断面尺寸	m/座		
	长、特长隧道	建筑限界、断面尺寸	m/座		
2	铁路专用线及转运站工程				
2.1	线路		km		
2.2	桥梁	跨径、桥型	m		
2.3	隧道	建筑限界、断面尺寸	m/座		
2.4	转运站	规模、转运量	座		
3	水运工程		项		
4	施工支洞、斜坡卷扬道及架空索道工程				
4.1	施工支洞	断面型式、条数	m		
4.2	斜坡卷扬道	规模、长度	m		
4.3	架空索道	规模、长度	m		

表 4.7.1-3　　可行性研究阶段交通工程工程量清单

序　号	项　目　名　称	项目主要特征	单位	工程量	备　　注
1	公路工程				
1.1	路基工程				

续表

序　号	项　目　名　称	项目主要特征	单位	工程量	备　　注
1.1.1	清理与掘除				
	清理现场		m^2		
	挖除旧路面		m^2		
	拆除结构物		m^3		
1.1.2	挖方				
1）	路基挖方				
	挖土方		m^3		
	挖石方		m^3		
	土石方运输		$m^3 \cdot km$		
2）	改河、改渠、改路				
	挖土方		m^3		
	挖石方		m^3		
3）	借土挖方				
	借土（石）方		m^3		
	借方超运		$m^3 \cdot km$		
1.1.3	填方				
1）	路基填筑				
	填土石方		m^3		
	借土填方		m^3		
	粉煤灰路堤		m^3		
2）	改河、改渠、改路填筑		m^3		
1.1.4	特殊路基处理				
	软土地基处理		m^3		
	滑坡处理		m^3		
	岩溶洞回填		m^3		
	黄土处理		m^3		
	盐渍土处理		m^2		
1.1.5	排水				
	水沟		m		
	雨水井		个		
	检查井		个		
	急流槽		m^3		
1.1.6	路基防护				
1）	护坡				
	拱形护坡		m^3		
	方格护坡		m^3		
2）	护面墙		m^3		

续表

序　号	项　目　名　称	项目主要特征	单位	工程量	备　　注
3）	挡土墙				
	浆砌片（块、料）石		m^3		
	混凝土	强度等级	m^3		
	钢筋		kg		
4）	锚杆挡土墙				
	混凝土立柱		m^3		
	混凝土挡板		m^3		
	钢筋		kg		
5）	加筋土挡土墙				
	钢筋混凝土带		m^3		
	聚丙烯土工带		m^3		
6）	预应力锚索	单根长度、吨位	根		
7）	混凝土抗滑桩				
	混凝土抗滑桩	断面形式	m		
	钢筋混凝土挡板		m^3		
8）	锚杆	直径、长度	根		
9）	锚筋束	钢筋直径、根数、长度	束		
10）	固结灌浆		kg		
1.1.7	河道防护				
	浆砌片石河床铺砌		m^3		
	浆砌片石坝		m^3		
	浆砌片石护坡		m^3		
	抛片石		m^3		
	钢筋石笼		m^3		
1.1.8	取、弃土场				
	浆砌石挡土墙		m^3		
	干砌石挡土墙		m^3		
	浆砌石水沟	规格	m		
	挖排水沟	规格	m		
1.2	路面工程				
1.2.1	路面垫层				
	碎石垫层		m^2		
	砂砾垫层		m^2		
1.2.2	路面底基层				
	石灰稳定土（或粒料）底基层	厚度	m^2		
	水泥稳定土（或粒料）底基层	厚度	m^2		
	石灰粉煤灰稳定土（或粒料）底基层	厚度	m^2		
	级配碎（砾）石底基层	厚度	m^2		

续表

序　号	项　目　名　称	项目主要特征	单位	工程量	备　　注
1.2.3	路面基层				
	水泥稳定粒料基层	厚度	m^2		
	石灰粉煤灰稳定粒料基层	厚度	m^2		
	石灰工业废渣稳定粒料基层	厚度	m^2		
	级配碎石（砾石）基层	厚度	m^2		
	贫混凝土基层	厚度	m^2		
	沥青稳定碎石基层	厚度	m^2		
1.2.4	透层、粘层、封层				
	透层		m^2		
	粘层		m^2		
	封层		m^2		
1.2.5	路面面层				
1）	沥青混凝土	厚度	m^2		
2）	改性沥青混凝土	厚度	m^2		
3）	水泥混凝土	厚度	m^2		
4）	表面处理及其他面层				
	沥青表面处理	厚度	m^2		
	沥青贯入式面层	厚度	m^2		
	泥结碎（砾）石	厚度	m^2		
	级配碎（砾）石	厚度	m^2		
	天然砂砾石面层	厚度	m^2		
1.2.6	路肩、分隔带及路缘石				
	路肩加固	厚度	m^2		
	中央分隔带回填土		m^3		
	混凝土预制块路缘石		m		
1.3	桥梁				
1.3.1	钢筋、锚杆、锚索				
	基础钢筋（包括灌注桩、承台、沉桩、沉井等）		kg		
	下部结构钢筋		kg		
	上部结构钢筋		kg		
	附属结构钢筋		kg		
	锚杆	直径、长度	根		
	预应力锚索	单根长度、吨位	根		
1.3.2	基础挖方				
	干处挖土石方		m^3		
	水下挖土石方		m^3		
	基坑挡土板		m^2		

续表

序　号	项　目　名　称	项目主要特征	单位	工程量	备　　注
1.3.3	混凝土灌注桩				
	水中钻孔灌注桩	结构尺寸	m		
	陆上钻孔灌注桩	结构尺寸	m		
	人工挖孔灌注桩	结构尺寸	m		
1.3.4	沉桩				
	钢筋混凝土沉桩		m		
	预应力混凝土沉桩		m		
1.3.5	沉井				
	钢筋混凝土沉井		m^3		
	钢沉井		m^3		
1.3.6	结构混凝土				
	混凝土基础	强度等级	m^3		
	混凝土下部结构	强度等级	m^3		
	混凝土上部结构	强度等级	m^3		
	附属结构	强度等级	m^3		
1.3.7	预应力钢绞线		kg		
1.3.8	钢材及其他构件				
	钢管拱钢材		kg		
	索鞍		kg		
	拉杆、弦杆、吊杆		kg		
	锚具		kg		
	索夹		kg		
	钢桁梁		kg		
	风缆		kg		
	主缆		kg		
	其他				
1.3.9	砌石工程				
	浆砌片石		m^3		
	浆砌块石		m^3		
	浆砌料石		m^3		
	浆砌预制混凝土块		m^3		
1.3.10	桥面铺装				
	沥青混凝土桥面铺装	厚度	m^2		
	水泥混凝土桥面铺装	厚度	m^2		
	防水层	厚度	m^2		
	挂钢筋网		kg		
1.3.11	桥梁支座				

续表

序　号	项　目　名　称	项目主要特征	单位	工程量	备　　注
	矩形板式橡胶支座		个		
	圆形板式橡胶支座		个		
	球冠圆板式橡胶支座		个		
	盆式支座		套		
	球形支座		套		
1.3.12	伸缩缝		m		
1.3.13	围堰		m^3		
1.3.14	通道		m		
1.4	涵洞		m		
1.5	隧道工程				
1.5.1	洞口及明洞工程				
1）	洞口、明洞开挖				
	土方		m^3		
	石方		m^3		
	弃方超运		m^3·km		
2）	防排水				
	水沟（边沟、截水沟、排水沟、渗沟、暗沟）		m		
	排水管		m		
	混凝土挡水块		m^3		
	防水混凝土		m^3		
	黏土隔水层		m^3		
	复合防水板		m^2		
	复合土工膜		m^2		
3）	洞口坡面防护				
	圬工		m^3		
	混凝土	强度等级	m^3		
	喷射混凝土	强度等级	m^2		
	锚杆	直径、长度	根		
	锚筋束		束		
	预应力锚索	长度、吨位	根		
	挂钢筋网		kg		
	洞顶防护网		m^2		
4）	洞门		个		
5）	明洞衬砌				
	浆砌片（块、料、混凝土预制块）石		m^3		
	混凝土	强度等级	m^3		

续表

序　号	项　目　名　称	项目主要特征	单位	工程量	备　　注
	钢筋		kg		
6）	明洞路面				
	底基层		m^2		
	基层		m^2		
	面层		m^2		
7）	洞顶回填（土石方）		m^3		
8）	洞外挡土墙		m^3		
1.5.2	洞身工程				
1）	洞身开挖				
	土方		m^3		
	石方		m^3		
	弃方超运		m^3·km		
2）	超前支护				
	超前锚杆	规格	根		
	小钢管	规格	根		
	管棚	规格	根		
	注浆小导管	规格	根		
	型钢	规格	kg		
	格栅钢架		kg		
3）	喷锚支护				
	喷射混凝土（钢纤维）		m^2		
	锚杆	规格	根		
	挂钢筋网		kg		
4）	洞身衬砌				
	混凝土（砖、石）	强度等级	m^3		
	钢筋		kg		
5）	仰拱、铺底填充		m^3		
6）	洞内路面				
	底基层	厚度	m^2		
	基层	厚度	m^2		
	面层	厚度	m^2		
7）	防水与排水				
	复合防水板		m^2		
	复合土工防水层		m^2		
	止水带	型号	m		
	止水条	型号	m		
	压注水泥—水玻璃浆液		t		

续表

序　号	项　目　名　称	项目主要特征	单位	工程量	备　　注
	压注水泥浆液		t		
	压浆钻孔		m		
	排水沟（管）		m		
8）	洞内防火涂料		m^2		
9）	洞内装饰		m^2		
10）	监控量测		项		
1.5.3	消防设施				
	蓄水池		座		
	阀门及阀门井		个		
	取水泵房		座		
	水管		m		
	灭火器材箱（含灭火器、水枪）	型号	套		
1.5.4	电气设备及安装				
	变电站	型号	座		
	风机、照明灯具控制箱（系统）		套		
	风机	型号	台		
	电缆桥架（含接零扁钢）	型号	t		
	隧道灯具		套		
	路灯		套		
	电缆分线箱		只		
	插座箱及插座电缆分线箱		套		
	电缆	型号	m		
	接地网		处		
	车道控制标志		套		
	车辆检测系统		套		
	交通信号系统		项		
	监控系统		项		
1.6	安全设施及预埋管线				
1.6.1	护栏				
	浆砌石护栏		m^3		
	混凝土护栏		m		
	单面波形梁钢护栏		m		
	双面波形梁钢护栏		m		
	活动式钢护栏		m		
	波形梁钢护栏起、终端头		个		
	钢缆索护栏		m		

续表

序 号	项 目 名 称	项目主要特征	单位	工程量	备 注
	混凝土基础		m^3		
1.6.2	隔离设施				
	隔离栅		m		
	桥上防护网		m		
	立柱（钢柱、钢筋混凝土）		根		
	隔离墙		m		
1.6.3	道路交通标志				
	单柱式交通标志		块		
	双柱式交通标志		块		
	三柱式交通标志		块		
	门架式交通标志		块		
	单悬臂式交通标志		块		
	双悬臂式交通标志		块		
	悬挂式交通标志		块		
	里程碑		个		
	公路界碑		个		
	百米桩		个		
	示警桩		个		
1.6.4	道路标线				
	热熔型涂料路面标线		m^2		
	溶剂常温涂料路面标线		m^2		
	溶剂加热涂料路面标线		m^2		
	突起路标		个		
	轮廓标		个		
1.6.5	防眩设施				
	防眩板		m		
	防眩网		m		
1.6.6	管线及预埋件				
	人（手）孔		个		
	紧急电话平台		个		
	管道工程		m		
1.6.7	管养设施				
	管养用房		m^2		参照房屋建筑要求计列
	运行维护设备		台套		
1.7	绿化及环境保护设施				
1.7.1	撒播草种		m^2		

续表

序　号	项　目　名　称	项目主要特征	单位	工程量	备　　注
1.7.2	铺（植）草皮		m^2		
1.7.3	人工植树		株		
1.7.4	声屏障				
	消声板声屏障		m		
	吸声砖声屏障		m^3		
	砖墙声屏障		m^3		
1.8	其他工程				
1.8.1	平面交叉		处		
1.8.2	立体交叉				
	跨线桥		m^2		参照桥梁要求计列
	被交道	公路等级	km		参照公路要求计列
1.8.3	人行天桥及渡槽				参照桥梁要求计列
1.8.4	渡口码头		处		参照渡口码头要求计列
1.9	临时工程				
1.9.1	临时道路		km		
1.9.2	临时桥梁		m/座		
1.9.3	施工支洞		m		
1.10	征地拆迁				电站场内道路不计列
1.10.1	用地				
1）	耕地				
	水田		亩		
	旱地		亩		
2）	林地				
	经济林地		亩		
	灌木林地		亩		
3）	荒地		亩		
4）	其他		亩		
1.10.2	拆迁赔偿				
1）	房屋		m^2		
2）	电力设施	电压等级	杆公里		
3）	电信设施				
	基站		座		
	电信线路		杆公里		
4）	青苗赔偿		亩		
5）	其他管线		km		
1.11	安全措施				

续表

序号	项目名称	项目主要特征	单位	工程量	备注
1.12	电站施工期道路养护维修				
2	铁路专用线及转运站				
2.1	轨道				
	混凝土枕		根/km		
	混凝土桥枕		根/km		
	钢轨		kg		
	道岔		组		
	道渣　面渣、底渣、洼垄		m^3		
2.2	路基工程				
2.2.1	路基				
1）	土石方工程				
	填土方		m^3		
	填石方		m^3		
	挖土方		m^3		
	挖石方		m^3		
2）	防护、支挡工程				
	挡土墙				
	挡土墙挖基土石方		m^3		
	混凝土	强度等级	m^3		
	水泥砂浆砌片石	砂浆强度等级	m^3		
	水泥砂浆砌片石防撞墩	砂浆强度等级	m^3		
	挖台阶		m^2		
	水泥砂浆砌片石护墙	砂浆强度等级	m^2		
	干砌片石护坡		m^2		
	悬臂式挡土墙		m^3		
	石笼护岸		m^3		
	抗滑桩	强度等级、断面尺寸	m		
	桩板墙		m		
	FN 柔性防护网		m^2		
	喷混凝土	强度等级、厚度	m^2		
	预应力锚索	单根长度、吨位	根		
	混凝土盖板	强度等级	m^3		
2.2.2	迁移				
	道路	等级	km		
	房屋	结构型式	m^2		
	拆除圬工		m^3		

续表

序　号	项　目　名　称	项目主要特征	单位	工程量	备　　注
2.2.3	用地				
	新增用地	类别	m^2		
	租用铁路用地	类别	m^2		
	取弃土用地	类别	m^2		
2.3	桥梁				一种桥型为例
2.3.1	挖基				
	土方（0～3m）带挡板（有、无水）		m^3		
	土方（3～6m）带挡板（有、无水）		m^3		
	石方（0～3m）带挡板（有、无水）		m^3		
	石方（3～6m）带挡板（有、无水）		m^3		
	石方（6m 以上）带挡板（有、无水）		m^3		
2.3.2	基坑回填				
	土方		m^3		
	浆砌片石	砂浆强度等级	m^3		
2.3.3	明挖基础回填				
	混凝土	强度等级	m^3		
	钻孔桩基础	强度等级、断面尺寸			
2.3.4	桥台				
	混凝土	强度等级	m^3		
2.3.5	实体墩				
	混凝土	强度等级	m^3		
2.3.6	顶帽				
	钢筋混凝土	强度等级	m^3		
2.3.7	支承垫石				
	钢筋混凝土	强度等级	m^3		
2.3.8	托盘				
	混凝土	强度等级	m^3		
2.3.9	挡渣块				
	钢筋混凝土	强度等级	m^3		
2.3.10	梁部				
	预应力钢筋混凝土梁（直）	强度等级	孔		
	预应力钢筋混凝土梁（曲）	强度等级	孔		

续表

序　号	项　目　名　称	项目主要特征	单位	工程量	备　　注
2.3.11	支座				
	铸钢支座		个		
2.3.12	道渣桥面				
	双侧角钢栏杆长度		m		
	双侧人行道长度	宽度	m		
	避车台（左/右）		个		
2.3.13	道渣槽				
	钢筋混凝土		m^3		
	锥体护坡		m^3		
	水泥浆砌片石路堤检查台阶		m^3		
	台后填渗水土		m^3		
	弃渣方量		m^3		
	防止地震落梁措施		孔		
	线路架空		项		
	线路防护		孔		
	电缆槽		m		
	角钢支架		kg		
	护轨		m		
	水泥浆砌片石排水沟	强度等级	m^3		
2.4	涵洞	跨径、涵高	m		
2.5	隧道		m		
2.5.1	洞口工程				
	混凝土洞门端墙	强度等级	m^3		
	水泥砂浆砌片石挡土墙	砂浆强度等级	m^3		
	水泥砂浆砌片石回填	砂浆强度等级	m^3		
	浆砌片石路基铺砌	砂浆强度等级	m^3		
	水泥砂浆砌片石天沟	砂浆强度等级	m^3		
	危岩落石防护		m^3		
	边坡防护	型式	m^2		
2.5.2	洞身工程				
	土方开挖		m^3		
	石方开挖		m^3		
	混凝土衬砌	强度等级	m^3		
	钢筋		kg		
	浆砌片石路基处理	砂浆强度等级	m^3		
2.5.3	盖板				

续表

序　号	项　目　名　称	项目主要特征	单位	工程量	备　　注
	混凝土	强度等级	m^3		
	钢筋		kg		
2.5.4	施工支护				
	喷混凝土	强度等级	kg		
	挂钢筋网		kg		
	砂浆锚杆	直径、长度	m		
	临时钢拱架	型号	kg		
	钢带		kg		
2.5.5	防排水				
	橡胶止水条	型号	m		
	防水板	型号	m^2		
	纵向排水管	直径、单根长度	m		
	衬砌后注浆		m^3		
	弃渣及环保工程				
2.6	通信				
	站场通信线路		项		
	站场通信设备		项		
	平面调车系统		项		
	数据网络系统		项		
2.7	信号				
	信号建筑工程		项		
	信号安装工程		项		
	设备工器具		项		
	带柄标志		项		
2.8	消防		项		
2.9	电力				
	室外电力		项		
	室内电力		项		
2.10	房屋				
	货运办公室		m^2		
	运转室加层		m^2		
	工务仓库		m^2		
	红外线监测室		m^2		
	接触网工区材料室		m^2		
	道口房		m^2		
2.11	站场设备				
	新建围墙		m		

续表

序　号	项　目　名　称	项目主要特征	单位	工程量	备　　注
	车挡		座		
	车挡标示器		座		
	液压挡车器		座		
	平交道		处		
	龙门式起重机走行轨		项		
	大门		项		
	龙门式起重机		台		
	桥式起重机		台		
	汽车式起重机		台		
	叉车		台		
	其他				
2.12	接触网				
	基础及埋入杆		项		
	支柱、地线及拉线		项		
	支架结构		项		
	承力索及接触线架设		项		
	接触悬挂		项		
	设备		项		
	号码、标志、限界门		项		
2.13	给水排水				
	室外给水排水		项		
	室内给水排水		项		
2.14	机务				
	铁路调机		台		
	机务设备		项		
	燃油发放柱		项		
	燃油管道		m		
	台式钻床		台		
2.15	水泥及粉煤灰中转储运				
	空气压缩系统		套		
	除尘风机		套		
	库侧卸料系统		套		
	罐车卸料平台				
	控制系统		套		
	管道系统		套		
	水泥罐及粉煤灰罐（钢结构）	容量	个		

续表

序　号	项　目　名　称	项目主要特征	单位	工程量	备　　注
2.16	施工临时工程				
	施工道路	宽度	km		
	桥梁	宽度	m		
	防排水		m		
	房屋	结构类型	m^2		
2.17	环境保护及水土保持				
	撒播草种		m^2		
	铺（植）草皮		m^2		
	人工植树		株		
	声屏障		m^2		
	浆砌片式防护	砂浆强度等级	m^3		
3	水运工程				参照施工期通航要求计列
4	施工支洞				
	土方开挖		m^3		
	石方开挖		m^3		
	石方洞挖		m^3		
	喷混凝土	强度等级	m^3		
	锚杆	直径、长度	根		
	钢支撑	钢材型号	t		
	管棚	直径、长度	m		
	挂钢筋网	直径、间距	t		
	混凝土	强度等级	m^3		
	钢筋		t		
	封堵混凝土	强度等级	m^3		
	回填灌浆		m^2		
5	斜坡卷扬道、架空索道				
	土方开挖		m^3		
	石方开挖		m^3		
	混凝土	强度等级	m^3		
	钢筋		t		
	浆砌石		m^3		
	钢结构制作安装		t		
	钢丝绳		m		
	钢轨		m		

表 4.7.1-4　　招标设计和施工图设计阶段交通工程工程量清单

序号	项 目 名 称	项目主要特征	单位	工程量	备　注
1	公路工程				
1.1	路基				
1.1.1	清理与掘除				
1）	清理现场		m^2		
2）	砍伐树木		棵		
3）	挖除树根		棵		
4）	挖除旧路面				
	水泥混凝土路面		m^2		
	沥青混凝土路面		m^2		
	碎石路面		m^2		
5）	拆除结构物				
	钢筋混凝土结构		m^3		
	混凝土结构		m^3		
	砖、石及其他砌体结构		m^3		
1.1.2	挖方				
1）	路基挖方				
	挖土方		m^3		
	挖石方		m^3		
	挖除非适用材料（包括淤泥）		m^3		
	土石方运输		m^3·km		
2）	改河、改渠、改路挖方				
	挖土方		m^3		
	挖石方		m^3		
	挖除非适用材料（包括淤泥）		m^3		
1.1.3	填方				
1）	路基填筑				
	换填土		m^3		
	利用土方		m^3		
	利用石方		m^3		
	远运土石混填		m^3		
	借土填方		m^3		
	粉煤灰路堤		m^3		
	结构物台背回填		m^3		
	锥坡及台前溜坡填土		m^3		

续表

序号	项　目　名　称	项目主要特征	单位	工程量	备　　注
2）	改河、改渠、改路填筑				
	利用土方		m^3		
	利用石方		m^3		
	借土填筑		m^3		
1.1.4	特殊路基处理				
1）	软土地基处理				
	抛石挤淤		m^3		
	砂垫层、砂砾垫层		m^3		
	灰土垫层		m^3		
	预压与超载预压		m^3		
	真空预压与真空堆载预压		m^3		
	袋装砂井		m		
	塑料排水板		m		
	加固土桩		m		
	CFG 桩		m		
	碎石桩		m		
	砂桩		m		
	松木桩		m		
	土工织物		m^2		
	强夯		m^2		
	强夯置换		m^3		
2）	滑坡处理	按开挖及回填的体积计算	m^3		
3）	岩溶洞回填		m^3		
4）	改良土				
	水泥		t		
	石灰		t		
5）	黄土处理				
	陷穴		m^3		
	湿陷性黄土		m^2		
6）	盐渍土处理		m^2		
1.1.5	排水				
1）	水沟				
	边沟		m		
	排水沟		m		
	截水沟		m		
	暗沟		m		

续表

序号	项 目 名 称	项目主要特征	单位	工程量	备 注
	路基渗（盲）沟		m		
2）	雨水井		个		
3）	检查井		个		
4）	急流槽		m^3		
1.1.6	边坡防护				
1）	浆砌石护坡				
	拱形护坡		m^3		
	方格护坡		m^3		
2）	预制混凝土块护坡				
	预制空心砖护坡		m^2		
	拱形骨架护坡		m^2		
	方格护坡		m^2		
3）	护面墙				
	浆砌片（块）石		m^3		
	混凝土		m^3		
	砂砾（碎石）垫层		m^3		
4）	挂网喷浆防护边坡				
	挂铁丝网喷浆防护	喷浆强度、喷厚	m^2		
	挂土工格栅喷浆防护	喷浆强度、喷厚	m^2		
	锚杆	直径、长度	根		
	锚筋束	直径、长度	束		
5）	挂网锚喷防护				
	喷混凝土	强度等级、喷厚	m^2		
	喷射水泥砂浆	强度等级、厚度	m^2		
	挂钢筋网	钢筋直径、间距	kg		
	铁丝网		kg		
	土工格栅		m^2		
6）	柔性防护网	强度等级	m^2		
7）	挡土墙				
	浆砌片（块、料）石	砂浆强度等级	m^3		
	混凝土	强度等级	m^3		
	砂砾（碎石）垫层		m^3		
	钢筋		kg		
8）	锚杆挡土墙				
	混凝土立柱	强度等级	m^3		
	混凝土挡板	强度等级	m^3		

续表

序号	项　目　名　称	项目主要特征	单位	工程量	备　　注
	钢筋		kg		
9）	加筋土挡土墙				
	钢筋混凝土带	强度等级	m^3		
	聚丙烯土工带		m^3		
10）	预应力锚索	单根长度、吨位	根		
11）	混凝土抗滑桩				
	混凝土抗滑桩	强度等级、断面尺寸	m		
	钢筋混凝土挡板	强度等级	m^3		
12）	锚杆	钢筋直径、长度	根		
13）	锚筋束	直径、根数、长度	束		
14）	固结灌浆		kg		
1.1.7	河道防护				
1）	浆砌片石河床铺砌		m^3		
2）	浆砌片石坝		m^3		
3）	浆砌片石护坡		m^3		
4）	抛片石		m^3		
5）	石笼				
	钢筋笼		m^3		
	木笼		m^3		
	竹笼		m^3		
	铁丝笼		m^3		
1.1.8	取、弃土场				
1）	浆砌石挡土墙		m^3		
2）	干砌石挡土墙		m^3		
3）	浆砌石水沟		m		
4）	挖排水沟		m		
1.2	路面工程				
1.2.1	路面垫层				
1）	碎石垫层		m^2		
2）	砂砾垫层		m^2		
1.2.2	路面底基层				
1）	石灰稳定土（或粒料）底基层	含量、厚度	m^2		
2）	水泥稳定土（或粒料）底基层	含量、厚度	m^2		
3）	石灰粉煤灰稳定土（或粒料）底基层	含量、厚度	m^2		

续表

序号	项　目　名　称	项目主要特征	单位	工程量	备　　注
4）	级配碎（砾）石底基层	厚度	m^2		
1.2.3	路面基层				
1）	水泥稳定粒料基层	厚度	m^2		
2）	石灰、粉煤灰稳定粒料基层	含量、厚度	m^2		
3）	石灰、工业废渣稳定粒料基层	含量、厚度	m^2		
4）	级配碎石（砾石）基层	厚度	m^2		
5）	贫混凝土基层	厚度	m^2		
6）	沥青稳定碎石基层	厚度	m^2		
1.2.4	透层、粘层、封层				
1）	透层		m^2		
2）	粘层		m^2		
3）	封层				
	沥青表处封层		m^2		
	稀浆封层		m^2		
1.2.5	路面面层				
1）	沥青混凝土				
	细粒式沥青混凝土	厚度	m^2		
	中粒式沥青混凝土	厚度	m^2		
	粗粒式沥青混凝土	厚度	m^2		
2）	改性沥青混凝土				
	改性沥青面层	厚度	m^2		
	SMA 面层	厚度	m^2		
3）	水泥混凝土				
	水泥混凝土	厚度	m^2		
	连续配筋混凝土	厚度	m^2		
4）	表面处理及其他面层				
	沥青表面处理	厚度	m^2		
	沥青贯入式面层	厚度	m^2		
	泥结碎（砾）石	厚度	m^2		
	级配碎（砾）石	厚度	m^2		
	天然砂砾石面层	厚度	m^2		
1.2.6	路肩、分隔带及路缘石				
1）	路肩				
	培土路肩	厚度	m^2		
	现浇混凝土加固路肩	厚度	m^2		

续表

序号	项 目 名 称	项目主要特征	单位	工程量	备 注
	混凝土预制块加固路肩	厚度	m^2		
	浆砌石加固路肩	厚度	m^2		
2）	中央分隔带回填土		m^3		
3）	混凝土预制块路缘石		m		
1.2.7	路面及中央分隔带排水				
1）	中央分隔带				
	沥青油毡防水层		m^2		
	渗沟		m		
2）	超高排水				
	纵向雨水沟（管）		m		
	横向雨水沟（管）		m		
	排水管		m		
	混凝土集水井		座		
3）	路肩排水				
	混凝土路肩排水沟		m		
	砂粒（碎石）垫层		m^3		
	土工布		m^2		
	沥青混凝土拦水带		m		
	水泥混凝土拦水带		m		
1.3	桥梁、涵洞				
1.3.1	桥梁检测				
1）	桥梁荷载试验		项		
2）	地质钻探及取样试验		项		
3）	钻取混凝土芯样		m		
4）	破坏荷载试验用桩		m		
5）	无损检测		项		
1.3.2	钢筋、锚杆、锚索				
1）	基础钢筋（包括灌注桩、承台、沉桩、沉井等）		kg		
2）	下部结构钢筋		kg		
3）	上部结构钢筋		kg		
4）	附属结构钢筋		kg		
5）	锚杆	钢筋直径、长度	根		
6）	预应力锚索	单根长度、吨位	根		
1.3.3	基础挖方				
1）	干处挖土方		m^3		
2）	水下挖土方		m^3		

续表

序号	项 目 名 称	项目主要特征	单位	工程量	备 注
3）	干处挖石方		m^3		
4）	水下挖石方		m^3		
5）	基坑挡土板		m^2		
1.3.4	混凝土灌注桩				
1）	水中钻孔灌注桩	桩径、强度等级	m		
2）	陆上钻孔灌注桩	桩径、强度等级	m		
3）	人工挖孔灌注桩	桩径、强度等级	m		
1.3.5	沉桩				
1）	钢筋混凝土沉桩	桩径、强度等级	m		
2）	预应力混凝土沉桩	桩径、强度等级	m		
1.3.6	沉井				
1）	钢筋混凝土沉井				
	井壁混凝土	强度等级	m^3		
	顶板混凝土	强度等级	m^3		
	填芯混凝土	强度等级	m^3		
	封底混凝土	强度等级	m^3		
2）	钢沉井				
	钢壳沉井		t		
	顶板混凝土	强度等级	m^3		
	填芯混凝土	强度等级	m^3		
	封底混凝土	强度等级	m^3		
1.3.7	结构混凝土				
1）	混凝土基础（包括支撑梁、桩基承台，但不包括桩基）	强度等级	m^3		
2）	混凝土下部结构				
	斜拉桥索塔	强度等级	m^3		
	重力式U形桥台	强度等级	m^3		
	肋板式桥台	强度等级	m^3		
	轻型桥台	强度等级	m^3		
	柱式桥墩	强度等级	m^3		
	薄壁式桥墩	强度等级	m^3		
	空心桥墩	强度等级	m^3		
3）	混凝土上部结构				
	连续刚构	强度等级	m^3		
	混凝土箱形梁	强度等级	m^3		
	T形梁	强度等级	m^3		
	钢管拱混凝土	强度等级	m^3		

续表

序号	项 目 名 称	项目主要特征	单位	工程量	备 注
	混凝土拱	强度等级	m^3		
	空心板	强度等级	m^3		
	矩形板	强度等级	m^3		
	肋板	强度等级	m^3		
4）	附属结构				
	人行道		m^3		
	栏杆		m^3		
	防撞墙（包括扶手）		m^3		
	护栏		m^3		
	枕梁		m^3		
	缘石		m^3		
	桥头搭板		m^3		
	抗震挡块		m^3		
	支座垫石		m^3		
	排水管		根		
1.3.8	预应力线材				
1）	先张法预应力钢丝	长度、孔数	kg		
2）	先张法预应力钢绞线	长度、孔数	kg		
3）	先张法预应力钢筋	长度、孔数	kg		
4）	后张法预应力钢丝	长度、孔数	kg		
5）	后张法预应力钢绞线	长度、孔数	kg		
6）	后张法预应力钢筋	长度、孔数	kg		
1.3.9	钢材及其他构件				
1）	钢材				
	钢管拱钢材		kg		下部结构
	钢板		kg		
	型钢		kg		
2）	其他构件				
	索鞍		kg		
	拉杆		kg		
	锚具	孔数	kg		
	索夹		kg		上部结构
	横梁		kg		
	横梁夹具		kg		
	纵梁		kg		
	花纹钢板		kg		

续表

序号	项　目　名　称	项目主要特征	单位	工程量	备　　注
	加劲肋		kg		
	桁架		kg		
	桁架销		kg		
	弦杆		kg		
	弦杆螺栓		kg		
	水平支撑架		kg		
	水平支撑架螺栓		kg		
	竖向支撑架		kg		
	竖向支撑架螺栓		kg		
	斜撑		kg		
	斜撑螺栓		kg		
	风缆		kg		
	抗风拉杆		kg		
	抗风拉杆螺栓		kg		
	阴头端柱		kg		
	阳头端柱		kg		
	桥座		kg		
	主缆	钢丝直径、束数	kg		
	主缆涂料		m^2		
	钢护栏（扶手）		kg		
	悬吊系统（吊杆及锚具等）		套		
	波纹管		m		
	附属结构（如避雷系统等）		套		
1.3.10	砌石工程				
1）	浆砌片石	砂浆强度等级	m^3		
2）	浆砌块石	砂浆强度等级	m^3		
3）	浆砌料石	砂浆强度等级	m^3		
4）	浆砌预制混凝土块	砂浆强度等级	m^3		
1.3.11	桥面铺装				
	沥青混凝土桥面铺装	厚度	m^2		
	水泥混凝土桥面铺装	强度等级、厚度	m^2		
	防水层		m^2		
	挂钢筋网	钢筋直径、间距	kg		
1.3.12	桥梁支座				
	矩形板式橡胶支座		个		
	圆形板式橡胶支座		个		

续表

序号	项 目 名 称	项目主要特征	单位	工程量	备 注
	球冠圆板式橡胶支座		个		
	盆式支座		套		
	球形支座		套		
1.3.13	伸缩缝				
	橡胶伸缩装置		m		
	模数式伸缩装置		m		
	填充式材料伸缩装置		m		
1.3.14	圆管涵及倒虹吸管				
	单孔钢筋混凝土圆管涵	圆管直径	m		
	双孔钢筋混凝土圆管涵	圆管直径	m		
	钢筋混凝土圆管倒虹吸管		m		
1.3.15	钢筋混凝土盖板涵	跨径、涵高	m		
1.3.16	钢筋混凝土箱涵	跨径、涵高	m		
1.3.17	拱涵				
	石砌拱涵	跨径、涵高	m		
	混凝土拱涵	跨径、涵高	m		
	钢筋混凝土拱涵	跨径、涵高	m		
1.3.18	通道				
	钢筋混凝土盖板通道	跨径、高	m		
	现浇混凝土拱形通道	跨径、高	m		
1.3.19	围堰筑岛				
	围堰		m^3		
	筑岛		m^3		
1.4	隧道工程				
1.4.1	洞口及明洞工程				
1)	洞口、明洞开挖				
	土方		m^3		
	石方		m^3		
	弃方超运		m^3·km		
2)	防水与排水				
	水沟（边沟、截水沟、排水沟、渗沟、暗沟）		m		
	排水管		m		
	混凝土挡水块		m^3		

续表

序号	项　目　名　称	项目主要特征	单位	工程量	备　　注
	防水混凝土		m^3		
	黏土隔水层		m^3		
	复合防水板		m^2		
	复合土工膜		m^2		
3)	洞口坡面防护				
	浆砌片石	砂浆强度等级	m^3		
	浆砌混凝土预制块	预制块、砂浆标号	m^3		
	现浇混凝土	强度等级	m^3		
	喷射混凝土	强度等级、厚度	m^2		
	锚杆	钢筋直径、长度	根		
	锚筋束	钢筋直径、根数、长度	束		
	预应力锚索	单根长度、吨位	根		
	挂钢筋网	钢筋直径、间距	kg		
	洞顶防护网	强度等级	m^2		
4)	洞门建筑				
	混凝土	强度等级	m^3		
	片石混凝土	强度等级	m^3		
	浆砌粗料石（块石、片石）	砂浆强度等级	m^3		
	镶面		m^2		
	锚杆	钢筋直径、长度	根		
	钢筋		kg		
5)	明洞衬砌				
	浆砌片（块、料、混凝土预制块）石	砂浆强度等级	m^3		
	混凝土	强度等级	m^3		
	钢筋		kg		
6)	明洞路面				
	底基层	厚度	m^2		
	基层	厚度	m^2		
	面层	厚度	m^2		
	沥青封层	厚度	m^2		
	钢筋		kg		
7)	遮光棚（板）				
	混凝土	强度等级	m^3		
	钢筋		kg		
8)	洞顶回填（土石方）		m^3		
9)	洞外挡土墙		m^3		

续表

序号	项　目　名　称	项目主要特征	单位	工程量	备　　注
1.4.2	洞身工程				
1）	监控量测				
	必测项目（项目名称）		项		
	选测项目（项目名称）		项		
2）	地质预报（探测手段）		项		
3）	洞身开挖				
	土方		m^3		
	石方		m^3		
	弃方超运		$m^3 \cdot km$		
4）	超前支护				
	超前锚杆	直径、长度	根		
	小钢管	直径、长度	根		
	管棚	直径、长度	根		
	注浆小导管	直径、长度	根		
	型钢	规格型号	kg		
	岩体灌浆		kg		
	钢筋		kg		
5）	喷锚支护				
	喷射钢纤维混凝土	强度等级、厚度	m^2		
	喷射混凝土	强度等级、厚度	m^2		
	锚杆	直径、长度	根		
	挂钢筋网	直径、间距	kg		
	型钢	规格、型号	kg		
	格栅钢架		kg		
	混凝土垫块		块		
6）	木材		m^3		
7）	洞身衬砌				
	混凝土	强度等级	m^3		
	砖墙		m^3		
	浆砌粗料石(块石）	砂浆强度等级	m^3		
	光圆钢筋		kg		
	带肋钢筋		kg		
8）	仰拱、铺底混凝土		m^3		
9）	洞内路面				
	底基层	厚度	m^2		
	基层	厚度	m^2		

续表

序号	项　目　名　称	项目主要特征	单位	工程量	备　　注
	面层	厚度	m^2		
	沥青封层		m^2		
	光圆钢筋		kg		
	带肋钢筋		kg		
10）	防水与排水				
	复合防水板		m^2		
	复合土工防水层		m^2		
	止水带	型号	m		
	止水条	型号	m		
	压注水泥—水玻璃浆液		t		
	压注水泥浆液		t		
	压浆钻孔		m		
	排水沟		m		
	排水管（规格、型号）		m		
	镀锌铁皮		m^2		
11）	洞内防火涂料	厚度	m^2		
12）	洞内装饰工程				
	镶贴瓷砖		m^2		
	喷涂混凝土专用漆	厚度	m^2		
13）	管沟及预埋件				
	边沟、电缆沟		m		
	钢管、铸铁管		m		
	电缆支架		kg		
	型钢	规格、型号	m		
	箱变基础		处		
14）	洞内洞门	规格、型号	扇		
1.4.3	消防设施				
1）	蓄水池	蓄水量	座		
2）	阀门及阀门井		个		
3）	水泵房				
	房屋		m^2		
	水泵		台		
4）	水管	规格	m		
5）	钢管	规格、型号	m		
6）	灭火器	规格、型号	个		
7）	泡沫灭火器	规格、型号	套		

续表

序号	项 目 名 称	项目主要特征	单位	工程量	备 注
8）	水枪		支		
9）	涤纶聚氨酯衬里水带	规格、型号	条		
10）	消火栓		只		
11）	消防设备箱		套		
12）	压力表		只		
13）	稳压减压阀		只		
14）	保温材料	规格、名称	m^3		
1.4.4	运营通风				
	轴流、射流风机	型号	台		
	手动单梁起重机	起重量	台		
	防火门		扇		
	风机控制柜（箱）		个		
	电缆上引槽	规格	m		
	UPS 配电箱		只		
	紧急电话		部		
	光端机箱		套		
	车道标示器		套		
1.4.5	电气				
	箱式变电站	规格、型号	座		供电
	UPS 电源	容量	座		
	UPS 分配电箱		只		
	电缆桥架		t		
	干线电缆分线箱		只		
	电缆	型号	m		
	导线	型号	m		
	电缆保护管	规格、型号	m		
	综合接地网		处		
	隧道照明灯具	规格、型号	套		照明
	照明灯具手动控制器		套		
	照明电缆分线箱		只		
	灯具		套		
	灯具接线盒		只		
	插座箱		只		
	插座		只		
	插座电缆分线箱		只		
1.4.6	监控及通信				

续表

序号	项　目　名　称	项目主要特征	单位	工程量	备　　注
	监控电缆分线箱		只		
	现地控制柜	规格、型号	面		
	信号灯	显示数量	组		
	单体车道控制标志		块		
	折返诱导控制标志		块		
	灯箱式折返标志		块		
	可变情报板	规格、型号	块		
	环形线圈		只		
	环形线圈车辆检测器	车道数	台		
	CO/VI 探测仪		台		
	风速探测仪		台		
	智能球摄像机	型号	台		
	可调式定焦摄像机		台		
	洞外紧急电话	带扩音功能	套		
	电话机		部		
	扬声器		套		
	功放箱		套		
	控制工作站		套		
	管理工作站		套		
	通信工作站		套		
	中央计算机系统（服务器）		套		
	计算机控制软件系统		套		
	硬盘录像机	规格	套		
	火灾报警控制器		套		
	感温火灾探测器		套		点型、线型
	感烟探测器		套		
	防雷系统	规格、型号	项		电源、通信
	报警装置	型号	只		语音、手动
	视频分配放大器		套		
	光端机	规格、型号	对		
	光端机箱（含电源）		个		
	监视器	型号	台		
	电视墙	规格	面		
	数字录音系统		套		
1.5	安全设施及预埋管线				
1.5.1	护栏				

续表

序号	项　目　名　称	项目主要特征	单位	工程量	备　　注
1）	浆砌石护栏	砂浆强度等级	m^3		
2）	混凝土护栏	强度等级	m		
3）	单面波形梁钢护栏		m		
4）	双面波形梁钢护栏		m		
5）	活动式钢护栏		m		
6）	波形梁钢护栏起、终端头				
	分设型圆头式端头		个		
	分设型地锚式端头		个		
	组合型圆端头		个		
7）	钢缆索护栏		m		
8）	混凝土基础	强度等级	m^3		
1.5.2	隔离设施				
1）	隔离栅				
	铁丝编织网隔离栅		m		
	刺铁丝隔离栅		m		
	钢板网隔离栅		m		
	电焊网隔离栅		m		
2）	桥上防护网		m		
3）	立柱				
	钢筋混凝土立柱	强度等级	根		
	钢立柱		根		
4）	隔离墙				
	水泥混凝土隔离墙		m		
	砖砌隔离墙		m		
1.5.3	道路交通标志				
	单柱式交通标志		块		
	双柱式交通标志		块		
	三柱式交通标志		块		
	门架式交通标志		块		
	单悬臂式交通标志		块		
	双悬臂式交通标志		块		
	悬挂式交通标志		块		
	里程碑		个		
	公路界碑		个		
	百米桩		个		
	示警桩		个		

续表

序号	项　目　名　称	项目主要特征	单位	工程量	备　　注
1.5.4	道路标线				
1）	热熔型涂料路面标线		m^2		
2）	溶剂常温涂料路面标线		m^2		
3）	溶剂加热涂料路面标线		m^2		
4）	水性涂料路面标线		m^2		
5）	突起路标		个		
6）	轮廓标				
	柱式轮廓标		个		
	附着式轮廓标		个		
7）	立面标记		处		
1.5.5	防眩设施				
	防眩板		m		
	防眩网		m		
1.5.6	管线及预埋件				
	人（手）孔		个		
	紧急电话平台		个		
	管道工程		m		
1.5.7	地下通道				
1）	地下通道	高度、宽度	m		
2）	预埋管线		m		
3）	架设管线		m		
1.5.8	管养设施				
	管养用房		m^2		参照房屋建筑要求计列
	运行维护设备		台·套		
1.6	绿化及环境保护工程				
1.6.1	撒播草种		m^2		
1.6.2	铺（植）草皮		m^2		
1.6.3	人工植树				
	乔木		株		
	灌木		株		
	攀缘植物		株		
	竹类		丛		
	棕榈类		株		
	绿篱		株		
	绿色带		m^2		
1.6.4	声屏障				

续表

序号	项　目　名　称	项目主要特征	单位	工程量	备　　注
	消声板声屏障		m		
	吸声砖声屏障		m^3		
	砖墙声屏障		m^3		
1.7	其他工程				
1.7.1	平面交叉				
1.7.2	立体交叉				
	跨线桥		m^2		参照桥梁要求计列
	被交道公路		km		参照公路要求计列
1.7.3	人行天桥及渡槽		m		参照桥梁要求计列
1.7.4	渡口码头		处		参照渡口码头要求计列
1.8	征地拆迁				电站场内道路不计列
1.8.1	占地				
1）	占用耕地				
	水田		亩		
	旱地		亩		
2）	林地				
	经济林地		亩		
	灌木林地		亩		
3）	荒地		亩		
	其他		亩		
1.8.2	拆迁赔偿		项		
1）	房屋		m^2		
2）	电力设施				
	电力线路	电压等级	杆公里		
3）	电信设施				
	基站		座		
	电信线路		杆公里		
4）	青苗赔偿		亩		
5）	其他管线		km		
1.9	临时工程				
	临时道路	宽度	km		参照公路要求计列
	临时桥梁	宽度	m/座		参照桥梁要求计列
	施工支洞	断面尺寸	m		参照隧道要求计列
1.10	安全措施		项		
1.11	电站施工期管理				
	道路维护		项		

续表

序号	项　目　名　称	项目主要特征	单位	工程量	备　　注
	封闭管理设施		项		
2	铁路专用线及转运站				
2.1	铁路专用线及接轨站				
2.1.1	轨道				
	混凝土枕		根/km		
	混凝土桥枕		根/km		
	桥梁护轮轨		km/处		
	钢轨		kg		
	道岔		组		
	道渣 面渣、底渣、洼垄		m^3		
	穿销式防爬器		对		
	混凝土防爬支撑		个		
2.1.2	路基工程				
1）	填方				
	填土方		m^3		
	填石方		m^3		
2）	挖方				
	挖土方		m^3		
	挖石方		m^3		
3）	挡土墙				
	挖基土石方		m^3		
	混凝土	强度等级	m^3		
	水泥砂浆砌片石	砂浆强度等级	m^3		
	水泥砂浆砌片石防撞墩	砂浆强度等级	m^3		
	挖台阶		m^2		
	水泥砂浆砌片石护墙	砂浆强度等级	m^2		
	干砌片石护坡		m^2		
4）	悬臂式挡土墙				
	混凝土	强度等级	m^3		
	钢筋		kg		
	中粗砂		m^3		
	碎石		m^3		
	沥青麻筋		kg		
	夯填黏土		m^3		
5）	石笼护岸				
	钢筋		kg		

续表

序号	项　目　名　称	项目主要特征	单位	工程量	备　　注
	石方		m^3		
	堆砌片石		m^3		
6）	抗滑桩				
	护壁		m^3		
	钢筋		kg		
	混凝土	强度等级、尺寸	m^3		
7）	桩				
	挖土、挖石		m^3		
	钢筋		kg		
	型钢		kg		
	混凝土	强度等级、尺寸	m^3		
8）	挡土板				
	钢筋		kg		
	混凝土	强度等级	m^3		
	封闭混凝土	强度等级	m^3		
	砾石反滤层		m^3		
	桩板墙		m^3		
	水泥浆砌片石		m^3		
	夯填黏土		m^3		
	栏杆		m		
	中粗砂		m^3		
	碎石		m^3		
	挖土		m^3		
	挖石		m^3		
9）	FN 柔性防护网		m^2		
10）	锚杆喷混凝土支护				
	喷混凝土		m^2		
	钢筋		kg		
	锚杆		m		
11）	锚索				
	预应力锚索	单根长度、吨位	根		
	孔内注浆		m^3		如单独计量时计算
12）	迁移		m^2		
	道路		km		
	房屋		m^2		
	拆除圬工		m^3		

续表

序号	项　目　名　称	项目主要特征	单位	工程量	备　　注
13）	用地				
	新增用地		m^2		
	租用铁路用地		m^2		
	取弃土用地		m^2		
2.1.3	桥梁				梁桥为例
1）	挖基				
	土方（0～3m）带挡板	分有水、无水	m^3		
	土方（3～6m）带挡板	分有水、无水	m^3		
	石方（0～3m）带挡板	分有水、无水	m^3		
	石方（3～6m）带挡板	分有水、无水	m^3		
	石方（6m 以上）带挡板	分有水、无水	m^3		
2）	基坑回填				
	土方		m^3		
	浆砌片石	砂浆强度等级	m^3		
	混凝土	强度等级	m^3		
3）	钻孔桩基础				
	钻土		m^3		
	钻石		m^3		
	钢筋混凝土承台	强度等级	m^3		
	钢筋混凝土桩身	强度等级、尺寸	m		
	钢护筒		m		
4）	桥台				
	混凝土	强度等级	m^3		
5）	实体墩				
	混凝土	强度等级	m^3		
6）	顶帽				
	钢筋混凝土	强度等级	m^3		
7）	支承垫石				
	钢筋混凝土	强度等级	m^3		
8）	托盘				
	混凝土	强度等级	m^3		
9）	挡渣块				
	钢筋混凝土	强度等级	m^3		
10）	梁部				
	预应力钢筋混凝土梁（直）	强度等级	孔		
	预应力钢筋混凝土梁（曲）	强度等级	孔		

续表

序号	项　目　名　称	项目主要特征	单位	工程量	备　　注
11）	支座				
	铸钢支座		个		
12）	道渣桥面				
	双侧角钢栏杆长度		m		
	双侧人行道长度（宽度）		m		
	避车台（左/右）		个		
13）	道渣槽				
	钢筋混凝土	强度等级	m^3		
14）	墩台检查设备				
	围栏		个		
	吊篮		个		
	检查梯		个		
15）	锥体护坡				
	锥体渗水土		m^3		
	水泥浆砌片石		m^3		
	碎石垫层		m^3		
	干砌片石		m^3		
16）	水泥浆砌片石路堤检查台阶		m^3		
17）	台后填渗水土		m^3		
18）	弃渣方量		m^3		
19）	防止地震落梁措施		孔		
20）	线路架空		项		
21）	线路防护		孔		
22）	电缆槽		m		
23）	角钢支架		kg		
24）	护轨		m		
25）	水泥浆砌片石排水沟		m^3		
2.1.4	涵洞		m		
1）	基坑				
	挖土		m^3		
	挖石		m^3		
	回填		m^3		
2）	基础				
	浆砌片石	砂浆强度等级	m^3		
	钢筋混凝土	强度等级	m^3		
	钢筋		kg		

续表

序号	项 目 名 称	项目主要特征	单位	工程量	备 注
	碎石垫层		m^3		
3）	洞身				
	水泥浆砌片石	砂浆强度等级	m^3		
	混凝土	强度等级	m^3		
	钢筋		kg		
	冷作防水层				
	沉落缝				
	中间填黏土		m^3		
	水泥砂浆	砂浆强度等级	m^3		
	基础塞木板		m^2		
	填塞沥青浸渍麻筋		m^2		
	一层沥青浸渍麻布，两层石棉沥青		m^2		
4）	检查井				
	混凝土	强度等级	m^3		
5）	抗滑桩				
	挖土、挖石		m^3		
	钢筋混凝土	强度等级	m^3		
6）	附属工程				
	顺沟土方		m^3		
	碎石垫层		m^3		
	水泥浆砌片石		m^3		
	钢筋		kg		
	线路架空				
	便梁		孔		
	抽换钢筋混凝土枕		根		
	轨下挖道床石渣		m^3		
	线路防护		工日		
	挖孔桩		孔		
2.1.5	隧道		m		
1）	洞口工程				
	混凝土洞门端墙	强度等级	m^3		
	水泥砂浆砌片石挡土墙	砂浆强度等级	m^3		
	水泥砂浆砌片石回填	砂浆强度等级	m^3		
	浆砌片石路基铺砌	砂浆强度等级	m^3		
	水泥砂浆砌片石天沟	砂浆强度等级	m^3		
2）	危岩落石防护				

续表

序号	项 目 名 称	项目主要特征	单位	工程量	备 注
	混凝土	强度等级	m^3		
	钢轨		kg		
	挂钢筋网	钢筋直径、间距	kg		
	柔性防护网	强度等级	m^2		
3）	边坡防护				
	喷混凝土	强度等级	m^3		
	挂钢筋网	钢筋直径、间距	kg		
	锚杆	直径、长度	m		
4）	洞身工程				
	土方开挖		m^3		
	石方开挖		m^3		
	混凝土衬砌	强度等级	m^3		
	钢筋		kg		
	浆砌片石路基处理	砂浆强度等级	m^3		
5）	盖板				
	混凝土	强度等级	m^3		
	钢筋		kg		
6）	施工支护				
	喷混凝土	强度等级	kg		
	挂钢筋网		kg		
	锚杆	直径、长度	m		
	临时钢拱架	型号	kg		
	钢带		kg		
7）	放排水				
	橡胶止水条	型号	m		
	防水板	型号	m^2		
	纵向排水管	排水管直径	m		
	衬砌后注浆		m^3		
2.1.6	通信				
	埋设地区电缆		km		
	埋设长途电缆		km		
	架设漏泄同轴电缆		km		
	埋设电力电缆		km		
	挖电缆沟		km		
	钢管防护	管径	m		
	无线固定电台		台		

续表

序号	项 目 名 称	项目主要特征	单位	工程量	备 注
	调车便携台		台		
	电台检测微机		台		
	数字式电话集中机		台		
	无线电台设备柜		个		
	车站综合柜（电化区段用）		个		
	数调分系统共电接口卡		块		
	通信设备搬迁		项		
	架设通信天线铁塔	塔高	座		
	中继器		台		
	电话		台		
2.1.7	信号				
	人工挖电缆沟 土		hm		
	人工挖电缆沟 石		hm		
	敷设电缆		hm		
	砂防护		hm		
	直型电缆槽 土		hm		
	直型电缆槽 石		hm		
	电缆过道钢管防护（过一股道）		处		
	有支架电缆过桥钢管防护		10m		
	电缆过桥二端钢管防护		处		
	混凝土站台面开挖及修复		10 m^2		
	一架用矮型信号机基础		个		
	变压器箱基础		10 对		
	分向盒基础		10 对		
	终端电缆盒基础		10 个		
	信号机梯子基础		10 个		
	固定连接线用混凝土枕		10 个		
	信号机卡盘		10 个		
	电缆或地线埋设标		10 个		
	培土		m^3		
	设备硬面化		个		
	防火防鼠堵料		kg		
	室内电缆		hm		
	室内电源线		hm		

续表

序号	项 目 名 称	项目主要特征	单位	工程量	备 注
	屏蔽线		hm		
	大站、驼峰电气集中组合架（25组以下）		架		
	大中站综合架		架		
	25周轨道架		架		
	六柱端子分线盘（10组道岔以上）		架		
	走线架		10架		
	工厂化配线槽道安装		10架		
	轨道测试盘PG-26		台		
	熔丝报警板		块		
	矮型色灯调车信号机（二显示）		架		
	矮型色灯出站兼调车信号机（三显示）		架		
	高柱色灯预告信号机（二显示）		架		
	高柱色灯调车信号机（二显示）		架		
	高柱色灯信号机（五显示）		架		
	单开道岔电动转辙装置（一个牵引点）		组		
	重型单开道岔电动转辙装置（两个牵引点）		组		
	复式交分电动转辙装置		组		
	四线制道岔电路整流二极管		10组		
	双扼流25周相敏轨道电路（一送一受用）		区段		
	送电端有扼流25周相敏轨道电路		组		
	受电端有扼流25周相敏轨道电路		组		
	钢轨绝缘 加强		对		
	钢轨接续线 电化		km		
	单动道岔跳线 电化		组		
	复式交分道岔跳线电化		组		
	道岔双跳线 电化		10根		
	电气牵引轨道横向连接线		根		
	扼流变压器中点连接板		块		

续表

序号	项　目　名　称	项目主要特征	单位	工程量	备　　注
	终端电缆盒		个		
	分向盒		个		
	变压器箱		个		
	电气集中信号设备的系统调试		连锁道岔		
	半自动闭塞信号设备的系统调试		组		
	组合式电缆绝缘测试		台		
	大站组合		个		
	无极继电器		台		
	继电器		台		
	偏极继电器		台		
	继电器		台		
	整流式缓放继电器		台		
	半导体时间继电器		台		
	硅整流器		台		
	道岔变压器		台		
	移频站内防雷		台		
	发码变压器		台		
	旧设备拆除		站		
	信号器材检修		站		
	修改 DMIS 系统		站		
	修改调度监督系统		站		
	修改微机监测系统		站		
	列车计轴设备搬迁		项		
	工务配合		站		
	车务配合		站		
	电务配合		站		
	机车信号设备费		项		
	出站信号机安装桥上费		项		
	液压断路器		个		
	防尘罩		个		
	MK-1 卡钩		个		
	组合用断路器安装底板		块		
	室内外信号设备标牌		站		
	电缆柜		个		
	室外变压器箱断路器		个		

续表

序号	项目名称	项目主要特征	单位	工程量	备注
	电缆警示牌		站		
	转辙机防尘罩		台		
	接线端子镀铬		站		
	继电器组合防松卡		个		
	信号机点灯单元		台		
	隔离电感器		台		
	移频发送盒		台		
	移频电源盒		台		
	移频防雷单元		台		
	检测盒		台		
	防护盒		台		
	轨道继电器		台		
	轨道组合		个		
	中站智能型电源屏		台		
	轨道电路测试盘表头		个		
	单元控制台		台		
	电源屏		台		
	电动转辙机		台		
	电液转辙机		台		
	道岔握柄基础　土		个		
	导管调整器基础　土		个		
	拐肘基础　土		个		
	道岔握柄踏台		10 组		
	导管导轮基础　土		10 个		
	无柄道岔及脱轨表示器基础　土		10 个		
	道岔握柄转换锁闭器（角钢基础）		组		
	转换锁闭器（双动道岔 B 端）		组		
	导管调整器		组		
	直角拐肘		组		
	导管装置		hm		
	无柄道岔表示器　大型电灯		组		
	带柄带电灯道岔表示器		组		
2.1.8	消防				
	磷酸铵盐手提灭火器		具		

续表

序号	项　目　名　称	项目主要特征	单位	工程量	备　　注
	灭火器箱		个		
2.1.9	电力				
1）	室外电力				
	箱式变压器		台		
	箱式变压器基础		台		
	总进线电缆		m		
	电缆		m		
	电缆桥架		t		
	投光灯塔		座		
	投光灯塔基础		座		
	钢管		m		
	接地扁钢		m		
	电缆检查井		座		
	挖电缆沟坑		m		
	电缆沟铺砂盖板		m		
	照明载波监控系统主机		套		
	照明载波监控系统终端		套		
	投光灯塔就地控制箱		个		
	接地极		个		
2）	室内电力				
	货运办公室		m^2		
	运转室加层		m^2		
	工务仓库		m^2		
	红外线监测室		m^2		
	接触网工区材料室		m^2		
	道口房		m^2		
2.1.10	房屋				
	货运办公室		m^2		
	运转室加层		m^2		
	工务仓库		m^2		
	红外线监测室		m^2		
	接触网工区材料室		m^2		
	道口房		m^2		
2.1.11	站场设备				
	新建围墙		m		
	新建片石车挡		座		

续表

序号	项　目　名　称	项目主要特征	单位	工程量	备　　注
	盖板沟		m		
	车挡标示器		座		
	液压挡车器		座		
	内燃机车检查坑		个		
	平交道		处		
	防溜铁鞋		套		
2.1.12	接触网				
1）	基础及插入杆				
	软石		个		
	软石限界门柱		个		
	软石基础		个		
	基础浇制		m^3		
	支柱上下部加固		个		
	基础帽		个		
	基础养护		个		
	防护圈制作		个		
	桥钢柱底座基础面		个		
	限界门柱		根		
	硬横梁		根		
	桥钢柱		根		
	桥接腿		根		
	桥钢柱底座		根		
	支柱整正、回填		m^3		
	桥接腿、直腿桥钢柱		根		
	硬横梁		根		
	横卧板		块		
	底板		块		
	锚板带拉线		处		
2）	桥隧打孔、浇筑				
	侧面		处		
3）	接触悬挂安装				
	直线中间柱正定位		处		
	直线中间柱反定位		处		
	桥钢柱正定位及曲外		处		
	桥钢柱反定位及曲内		处		
	曲外中间柱		处		

续表

序号	项　目　名　称	项目主要特征	单位	工程量	备　　注
	直线非绝缘转换柱		处		
	道岔定位柱		处		
4）	下锚及拉线				
	中心锚结线下锚		处		
	无补偿下锚		处		
	全补偿下锚（棘轮）		处		
	支柱拉线安装单拉		处		
	支柱拉线安装双拉		处		
	软横跨节点		处		
5）	绝缘子预配				
	中间柱		处		
	中间柱　双轻		处		
	转换柱		处		
	道岔定位		处		
	道岔定位　双轻		处		
	中锚　双轻		处		
	全补偿下锚		处		
	全补偿下锚　双轻		处		
	软横跨节点		处		
	软横跨节点　双轻		处		
	硬横梁节点		处		
	机械架线	规格	条/km		
6）	更换及拨接				
	异杆倒锚		处		
	接触网拨接		处		
	倒悬挂		处		
	悬挂调整		处		
7）	定位器安装				
	中心锚结		处		
	悬挂调整		条公里		
	线岔安装		处		
	电连接线岔安装		处		
8）	接地				
	下部地线		处		
	中部地线		处		
	接地极		处		

续表

序号	项　目　名　称	项目主要特征	单位	工程量	备　　注
	加盐降阻		处		
	回流线				
	肩架安装		处		
	长肩架安装		处		
	转角肩架安装		处		
	有接头跨越		处		
	下锚转换		处		
	垂直吸上线		处		
10）	架空地线				
	GW 安装		处		
	GW 刚柱安装		处		
	GW 下锚安装		处		
11）	标志牌				
	号码牌		处		
	刚柱		处		
	高压危险牌		处		
	终端		处		
	限界门		处		
2.1.13	暖通				
	分体柜式冷暖空调		台		
2.1.14	环境保护及水土保持				
	撒播草种		m^2		
	铺（植）草皮		m^2		
	乔木		株		
	灌木		株		
	攀缘植物		株		
	竹类		丛		
	棕榈类		株		
	绿篱		株		
	绿色带		m^2		
	消声板声屏障		m		
	吸声砖声屏障		m^3		
	砖墙声屏障		m^3		
	浆砌片式防护		m^3		
2.2	铁路转运站及仓库				

续表

序号	项 目 名 称	项目主要特征	单位	工程量	备 注
2.2.1	轨道				项目同专用线
2.2.2	路基工程				项目同专用线
2.2.3	涵洞				项目同专用线
2.2.4	通信				
	埋设地区电缆		km		
	挖电缆沟		m		
	钢管		m		
	无线固定电台		台		
	机车电台		台		
	电台检测微机		台		
	调车便携台		台		
	安装数字式电话集中机 10门		套		
	安装无线电台设备柜		个		
	安装电缆引入柜		台		
	安装车站综合柜		台		
	安装中间站电源柜		台		
	架设通信天线 楼顶天线		座		
	电话单机 直通		部		
	电话单机 自动		台		
	电信电话		台		
	布放网线		m		
	布放电话线		100m		
	铺防静电地板		m^2		
	交换机		台		
	路由器 内置防火墙		台		
	服务器		台		
	计算机		台		
	打印机		台		
	UPS		台		
2.2.5	给水排水				
	室外给水排水		项		
	岸边取水泵房		座		
	清水池		座		
	净水器		组		

续表

序号	项 目 名 称	项目主要特征	单位	工程量	备 注
	取水口		座		
	球墨铸铁给水管		m		
	室外消火栓		座		
	阀门井		座		
	生活取水泵房		座		
	集水井		座		
	过滤罐压力式		套		
	调节水箱		组		
	清水池		组		
	球墨铸铁给水管		m		
	镀锌钢管		m		
	水表井		组		
	钢筋混凝土化粪池		座		
	隔油池		座		
	钢筋混凝土排水管		m		
	排水管基础		m		
	砖砌圆形排水检查井		座		
	挖土方		m^3		
	填土方		m^3		
	排水管出口		处		
	室内给排水		项		
	扳道房		m^2		
	厕所		m^2		
	空气压缩机房		m^2		
	汽车衡控制室		m^2		
	料库		m^2		
	门卫		m^2		
	发电机房		m^2		
	运转办公楼		m^2		
	仓库		m^2		
	装卸机械检修库		m^2		
	机务办公室		m^2		
	宿舍及食堂		m^2		
	水泵房		m^2		
2.2.6	电力				
1）	室外电力				

续表

序号	项 目 名 称	项目主要特征	单位	工程量	备 注
	箱式变压器		台		
	箱式变压器基础		台		
	动力配电箱		台		
	软启动柜		台		
	总进线电缆		m		
	电缆		m		
	电缆桥架		t		
	投光灯塔		座		
	投光灯塔基础		座		
	钢管		m		
	接地扁钢		m		
	电缆检查井		座		
	挖电缆沟坑		m		
	电缆沟铺砂盖板		m		
	照明载波监控系统主机		套		
	照明载波监控系统终端		套		
	投光灯塔就地控制箱		个		
	接地极		个		
	柴油发电机		台		
	配电柜		台		
	配电柜基础		m		
	柴油发电机基础		台		
	日用油箱		台		
	水泥电缆槽		m		
	安全型滑触线		m		
2）	室内电力				
	扳道房		m^2		
	厕所		m^2		
	空压机房		m^2		
	汽车衡控制室		m^2		
	料库		m^2		
	门卫		m^2		
	发电机房		m^2		
	运转办公楼		m^2		
	仓库		m^2		
	装卸机械检修库		m^2		

续表

序号	项　目　名　称	项目主要特征	单位	工程量	备　　注
	机务办公室		m^2		
	宿舍及食堂		m^2		
	水泵房		m^2		
2.2.7	房屋				
	扳道房		m^2		
	厕所		m^2		
	空气压缩机房		m^2		
	汽车衡控制室		m^2		
	料库		m^2		
	门卫		m^2		
	发电机房		m^2		
	运转办公楼		m^2		
	仓库		m^2		
	装卸机械检修库		m^2		
	机务办公室		m^2		
	宿舍及食堂		m^2		
	水泵房		m^2		
2.2.8	站场设备				
	围墙		m		
	挖土石		m^3		
	混凝土基础	强度等级	m^3		
	宽铁路大门		座		
	宽公路大门		座		
	不锈钢伸缩门		樘		
	汽车衡		台		
	龙门式起重机走行轨		m		
	钢筋混凝土铺面	厚度、强度等级	m^2		
	龙门式起重机		台		
	桥式起重机		台		
	汽车式起重机		台		
	叉车		台		
2.2.9	机务				
	挖土石		m^3		
	混凝土基础		m^3		
	汽车油罐车		台		
	燃油发放柱		台		

续表

序号	项　目　名　称	项目主要特征	单位	工程量	备　　注
	软化水处理机		台		
	软化水箱		台		
	燃油管道		m		
	交流电焊机		台		
	空气压缩机		台		
	台式钻床		台		
	除尘式砂轮机		台		
	推车式干粉灭火器		台		
	油品化验设备		套		
	石油产品蒸馏试验器		套		
	石油产品运动黏度试验器		套		
	石油产品凝点冷点试验器		套		
	开口和闪点试验器		套		
	闭口和闪点试验器		套		
	色度试验器		套		
	水分试验器		套		
	机械杂质试验器		套		
	密度试验器		套		
	水溶性碱试验器		套		
	润滑油泡沫特性试验器		套		
	抗乳化性能试验器		套		
	自动电位滴定仪		套		
	电导仪		套		
	干燥箱带观察孔		套		
	全自动分析天平		套		
2.2.10	水泥及粉煤灰中转储运				
	挖土石		m^3		
	混凝土基础		m^3		
	无油润滑空气压缩机		套		
	Y 系列异步电动机		台		
	控制柜		台		
	消声过滤器		台		
	止回阀		台		
	储气罐		个		
	压力表		个		
	安全阀		个		
	排污阀		个		
	后冷却器		台		
	油冷却器		台		
	冷却水管路		套		

续表

序号	项　目　名　称	项目主要特征	单位	工程量	备　　注
	气量调节系统		套		
	仪表控制系统		套		
	空气压缩机至后冷却器管道及管件		m		
	后冷却器至过滤器管道及管件		m		
	无热再生空气干燥器		套		
	液气分离器		台		
	过滤器		台		
	电控设备		套		
	罐底散装卸料装置		套		
	罐底转库侧流态化卸料器		台		
	库外流化装置		套		
	密封螺旋闸门		台		
	承料充气箱		套		
	气动开关阀		台		
	空气输送斜槽		台		
	空气输送斜槽专用风机		台		
	固定式水泥散装机（配控制箱）		台		
	卷扬电机		台		
	料满控制器		台		
	气箱脉冲单机除尘器		台		
	PLC 可编程序控制箱		套		
	库底充气用风机(配控制箱)		台		
	气动蝶阀		台		
	罐顶收尘系统		台		
	罐顶收尘器风机		台		
	罐顶收尘器风机电动机		台		
	控制柜		台		
	罐顶超声波料位计		台		
	罐顶压力真空释放阀		台		
	主管路储气罐		台		
	两级油水分离器		台		
	安全阀、压力表、排污阀等管件		套		
	主管路过滤器		台		

续表

序号	项　目　名　称	项目主要特征	单位	工程量	备　　注
	手动单梁起重机		台		
	快装接头		个		
	排水阀		个		
	罐顶栈桥（钢结构）		条		
	罐车卸料平台（钢结构）		条		
	罐底散装卸料平台（钢结构）		条		
	水泥罐及粉煤灰罐（钢结构）		个		
	闸阀		个		
	高压软管		根		
	无缝钢管		m		
	耐磨内衬陶瓷弯管		个		
	冷却塔		座		
	循环水泵		台		
	水泵电动机		台		
	全自动过滤器		台		
	冷却水泵控制箱		台		
	动力配电箱		台		
	电缆沟支架		套		
	电缆桥架		t		
	电力电缆		m		
	照明配电箱		台		
	工厂灯		套		
	电线		m		
	PVC 阻燃塑料管		m		
	圆钢		m		
	扁钢		m		
	计算机操作员站		套		
	工业控制机		台		
	显示器		台		
	UPS 电源		台		
	打印机		台		
	操作系统		套		
	监控软件		套		
	编程软件		套		
	计算机操作台		张		

续表

序号	项 目 名 称	项目主要特征	单位	工程量	备 注
	PLC 程控柜		套		
	CPU		块		
	开关量输入模块		块		
	模拟量输入模块		块		
	接口模块主机架		块		
	接口模块扩展机架		块		
	连接电缆		根		
	电源		块		
	底板		块		
	编程电缆		根		
	前连接器		只		
	后连接器		只		
	存储卡		只		
	信号变换模块		只		
	程控柜		台		
	主令电器		批		
	低压电器		批		
	继电器		只		
	开关电源		只		
	其他辅助电器材料		批		
	自耦降压启动柜		台		
	现场操作盒		只		
	压力变送器		只		
	温度传感器		只		
	配电柜		面		
	电力电缆		根		
	控制电缆		根		
	信号电缆		根		
2.3	施工临时工程				
2.3.1	施工道路		km		参照公路工程要求计列
2.3.2	桥梁		m		参照桥梁工程要求计列
2.3.3	防排水		m		
2.3.4	房屋		m^2		参照房屋建筑要求计列

续表

序号	项 目 名 称	项目主要特征	单位	工程量	备 注
3	水运工程				参照通航要求计列
4	重大件运输				
4.1	改（扩）建、新建公路				参照公路工程要求计列
4.2	桥梁加固				参照桥梁工程要求计列
	检测		座		
	加固	桥型			
4.3	码头工程		处		参照水运工程要求计列
5	施工支洞				
	土方开挖		m^3		
	石方开挖		m^3		
	石方洞挖		m^3		
	喷混凝土	强度等级	m^3		
	锚杆	直径、长度	根		
	钢支撑	钢材型号	t		
	管棚	直径、长度	m		
	挂钢筋网	直径、间距	t		
	混凝土	强度等级	m^3		
	钢筋		t		
	排水孔	直径、单根长度	m		
	固结灌浆		m		
	封堵混凝土	强度等级	m^3		
	回填灌浆		m^2		
6	斜坡卷扬道、架空索道				
	土方开挖		m^3		
	石方开挖		m^3		
	锚杆	直径、长度	根		
	喷混凝土	强度等级	m^3		
	混凝土	强度等级	m^3		
	钢筋		t		
	浆砌石		m^3		
	钢结构制作安装		t		
	钢丝绳		m		
	钢轨		m		
	卷扬机		台		

4.7.2　房屋建筑工程

1　一般规定

1）本章节的名词和术语的定义参照执行 GB 50500—2008《建设工程工程量清单计价规范》相关规定。

2）项目范围：包括施工仓库、辅助加工厂、办公及生活营地、配套室外工程、场地平整工程。

施工仓库主要包括一般仓库和特殊仓库，其中一般仓库指机电设备仓库、材料仓库、综合仓库等，特殊仓库指油库和炸药库等。

辅助加工厂指钢筋加工厂、木材加工厂、混凝土预制厂、转轮组装厂、主变组装厂、金属结构拼装厂、钢管加工厂、机械修配及汽车修理厂和各厂（库）生产辅助设施。目前，工地现场原则上不设制氧厂，如因工地附近地区制氧能力不足和运输困难，需在现场设制氧厂时，也可参照本节的计算规定执行。

办公及生活营地工程主要包括承包商营地（含临时过渡用房）、业主营地工程（含临时过渡用房）。建设管理办公及生活营地与电站现场永久生产运行管理房屋统一规划建设时，应将永临结合部分列入建筑工程的房屋工程的工程量中。

配套室外工程包括为营地配套的小区道路、给水、污水、雨水、供电、一般室外照明、零星栏杆、围墙、大门等工程。

场地平整工程包括施工及建设管理房屋建筑工程规划用地范围的场地挖填找平土石方工程、边坡防护工程、河岸防护工程、截洪沟（渠）工程、场地特殊地基处理工程等。

3）工程量计算分界：以围墙或红线为界，围墙或红线及以内工程项目计入施工及建设管理房屋建筑工程。

4）特殊仓库（油库和炸药库）的工程量计算除符合本标准外，还应符合国家现行的相关标准的规定。

2　规划阶段计算规定

规划阶段施工及建设管理房屋建筑工程不单独列项，纳入其他施工辅助项目中。

3　预可行性研究阶段计算规定

1）本阶段地形图的比例宜为 1:5000～1:10000。

2）工程量计算规定。

（1）本阶段施工仓库、辅助加工厂、办公及生活营地均按不同建筑物分别列项，计量单位为平方米（m^2），工程量以预可行性研究阶段估算的施工及建设管理房屋建筑工程建筑面积计算。

（2）为施工及建设管理房屋建筑建设服务的其他辅助临时工程（风、水、电、道路、临时生活设施等）在清单中按项计列。

（3）本阶段场地平整工程以施工及建设管理房屋建筑工程规划用地面积计算工程量，计量单位为平方米（m^2）。

4　可行性研究阶段计算规定

1）本阶段地形图的比例宜为 1:500～1:2000。

2）一般施工仓库、辅助加工厂、承包商营地、临时过渡用房工程量计算规定。

（1）房屋建筑工程均按不同建筑物分别列项，计量单位为平方米（m^2），工程量以该部分建筑物建筑面积计算。

（2）为一般施工仓库、辅助加工厂、承包商营地、临时过渡用房服务的配套室外工程在清单中按项计列。

3）业主营地及特殊仓库工程量计算规定。

（1）本阶段业主营地及特殊仓库工程设计文件编制深度，应符合现行《建筑工程设计文件编制深度规定》的方案设计阶段深度要求，提出营地或仓库的主要技术经济指标和主要建筑物的结构型式、层数、抗震设防类别、功能及装饰装修标准等要求，以及配套的电源、水源、电视信号源、污水处理等解决方案说明及主要技术参数。

（2）房屋建筑工程量计算应以一个单项工程为编制单元，各单项工程按土建装饰、给排水、电气、暖通空调、消防工程等分别列项，按房屋建筑面积以平方米（m^2）计算。建筑面积计算规则执行 GB/T 50353—2005《建筑工程建筑面积计算规范》。

（3）为业主营地及特殊仓库服务的配套室外工程在清单中按项计列。

4）大型机组分瓣运至工地后设置的现场拼装场计入在设备费项目中，不单独列项。

5）场地平整工程量计算规定。

应根据方案设计总平面布置、场地平整初步方案、初步地质勘探资料，提出土石方、边坡防护、河岸防护、截水沟（或截洪渠）、场地特殊地基处理等工程量，工程量列项及计算规则参照 GB 50500—2008《建设工程工程量清单计价规范》规定执行。

5　招标设计及施工图设计阶段计算规定

1）施工图设计阶段施工及建设管理房屋建筑工程建筑设计文件编制深度，应符合现行《建筑工程设计文件编制深度规定》的施工图设计阶段深度要求。

2）设计基础资料要求：地形图比例宜为 1:500 或以下。

3）招标设计及施工图设计阶段，施工及建设管理房屋建筑工程分部分项工程量清单项目列项、计量单位、工程量计算规则等，均应符合 GB 50500—2008《建设工程工程量清单计价规范》相关规定和说明及解释。

表 4.7.2-1　　预可行性研究阶段房屋建筑工程工程量清单

序号	项目名称	项目主要特征	单位	工程量	备　　注
1	施工仓库				
1.1	油库		m^2		
1.2	炸药库		m^2		
1.3	机电设备库		m^2		
1.4	材料仓库		m^2		
1.5	综合仓库		m^2		
2	辅助加工厂				
2.1	钢筋加工厂		m^2		
2.2	木材加工厂		m^2		
2.3	混凝土预制构件厂		m^2		
2.4	主变压器组装厂		m^2		
2.5	金属结构拼装厂		m^2		
2.6	钢管加工厂		m^2		
2.7	机械修配及停放场		m^2		
2.8	汽车保养及停放场		m^2		
3	办公及生活营地				
3.1	临时过渡用房		m^2		
3.2	承包商营地		m^2		
3.3	业主营地		m^2		
4	场地平整		m^2		

表 4.7.2-2　　可行性研究阶段房屋建筑工程工程量清单

序号	项　目　名　称	项目主要特征	单位	工程量	备　　注
1	场地平整				
	挖土方	土壤类别：综合 挖土深度：综合	m^3		
	挖石方	岩石类别：综合	m^3		
	回填		m^3		
	余方弃置	运距	m^3		
	缺方内运	运距	m^3		
	抗滑桩		m^3		
	喷混凝土	强度等级	m^3		
	框格梁		m^3		
	挂钢筋网		m^2		
	铁丝网		m^3		
	柔性防护网		m^2		
	锚杆支护		m^2		
	土钉支护		m^2		
	干砌块料		m^3		
	浆砌石挡土墙		m^3		
	混凝土挡土墙		m^3		
	护坡		m^2		
	抛石		m^3		
	钢筋石笼		m^3		
	钢筋		t		
	基础换填		m^3		
	振冲灌注碎石		m^3		
	地基强夯		m^2		
	混凝土挡土墙		m^3		
	截水沟、截洪沟	形式、宽度、深度	m		
	涵洞	形式、尺寸	m		
2	施工仓库				
2.1	油库				
	土建、装饰		m^2		
	给排水		m^2		
	电气		m^2		
	消防		m^2		
2.2	炸药库				
	土建、装饰		m^2		

续表

序号	项　目　名　称	项目主要特征	单位	工程量	备　　注
	给排水		m^2		
	电气		m^2		
	消防		m^2		
2.3	机电设备库				
	土建、装饰		m^2		
	给排水		m^2		
	电气		m^2		
	消防		m^2		
2.4	材料仓库		m^2		
2.5	综合仓库		m^2		
3	辅助加工厂		m^2		
3.1	钢筋加工厂		m^2		
3.2	木材加工厂		m^2		
3.3	混凝土预制构件厂		m^2		
3.4	主变压器组装厂		m^2		
3.5	金属结构拼装厂		m^2		
3.6	钢管加工厂		m^2		
3.7	机械修配及停放场		m^2		
3.8	汽车保养及停放场		m^2		
4	办公及生活营地				
4.1	临时过渡用房		m^2		
4.2	承包商营地		m^2		参照 4.3 列项
4.3	业主营地				
4.3.1	办公楼				
	土建装饰	结构型式、装修标准	m^2		
	给排水	热水供应方式	m^2		
	电气	电源等级、主要强弱电系统	m^2		
	消防	消防系统类型	m^2		
	暖通及空调	暖通空调类型	m^2		
4.3.2	宿舍				参照 4.3.1 列项
4.3.3	食堂				参照 4.3.1 列项
4.3.4	体育健身用房				参照 4.3.1 列项
4.3.5	接待中心				参照 4.3.1 列项
4.3.6	社会服务用房				参照 4. 3.1 列项
4.3.7	检测试验用房				参照 4.3.1 列项
4.3.8	其他用房				参照 4.3.1 列项
4.3.9	室外工程				

表 4.7.2-3　　招标设计和施工图设计阶段房屋建筑工程工程量清单

序号	项 目 名 称	项目主要特征	单位	工程量	备 注
1	通用场地平整工程				
1.1	土石方工程				
	挖一般土方	土壤类别、挖土深度	m^3		
	挖沟槽土方	土壤类别、挖土深度	m^3		
	挖基坑土方	土壤类别、挖土深度	m^3		
	挖石方	岩石类别、单孔深度	m^3		
	回填	填方材料品种、密实度	m^3		
	换填	换填方材料品种	m^3		
	余方弃置	废弃料品种、综合密实度	m^3		
	缺方内运	填方料品种、综合密实度	m^3		
1.2	护岸及边坡处理工程				
	抗滑桩		m^3		
	喷混凝土	强度等级	m^3		
	框格梁		m^3		
	挂钢筋网		t		
	铁丝网		m^3		
	柔性防护网		m^2		
	锚杆支护		m^2		
	土钉支护		m^2		
	干砌块料		m^3		
	浆砌石挡土墙		m^3		
	混凝土挡土墙		m^3		
	护坡		m^2		
	抛石		m^3		
	钢筋石笼		m^3		含钢筋
1.3	钢筋工程				
	钢筋		t		
1.4	地基处理工程				
	砂夹石换填		m^3		
	振冲灌注碎石		m^3		
	地基强夯		m^2		
1.5	其他零星工程				
	截水沟、截洪沟		m		
	涵洞		m		
2	施工仓库				
2.1	油库				参照通用工程列项

续表

序号	项　目　名　称	项目主要特征	单位	工程量	备　　注
2.2	炸药库				参照通用工程列项
2.3	机电设备库				参照通用工程列项
2.4	材料仓库				参照通用工程列项
2.5	综合仓库				参照通用工程列项
3	辅助加工厂				
3.1	钢筋加工厂				参照通用工程列项
3.2	木材加工厂				参照通用工程列项
3.3	混凝土预制构件厂				参照通用工程列项
3.4	转轮组装厂				参照通用工程列项
3.5	主变压器组装厂				参照通用工程列项
3.6	金属结构拼装厂				参照通用工程列项
3.7	钢管加工厂				参照通用工程列项
3.8	机械修配及停放场				参照通用工程列项
3.9	汽车保养及停放场				参照通用工程列项
4	办公及生活营地				
4.1	临时过渡用房				参照通用工程列项
4.2	办公楼				参照通用工程列项
4.3	宿舍楼				参照通用工程列项
4.4	食堂				参照通用工程列项
4.5	体育活动中心				参照通用工程列项
4.6	接待中心				参照通用工程列项
4.7	社会服务用房				参照通用工程列项
4.8	检测试验中心				参照通用工程列项
5	通用室外工程				
5.1	道路工程				
	路基处理	按不同处理方式分列	m^2		
	道路基层	按不同基层分列	m^2		
	道路面层	按不同面层分列	m^2		
	人行道	按不同材质分列	m^2		
	道牙石	材料品种、尺寸及形状	m		
	排水沟、截水沟	断面尺寸、做法	m		
	盲沟	断面尺寸、做法	m		
5.2	室外管网工程				
	管道铺设		m		
	雨水沟		m		
	阀门安装		个		

续表

序号	项　目　名　称	项目主要特征	单位	工程量	备　　注
	水表安装		组		
	消火栓安装		组		
	检查井		座		
	跌水井		座		
	阀门井、水表井		座		
	集水井		座		
	化粪池		座		
	水池		座		
	隔油池		座		
5.3	供电及照明系统工程				
	电缆沟		m		
	电缆管道铺设		m		
	电缆人孔井		座		
	电缆手孔井		座		
	室外箱式变配电站		套		
	室外配电箱、柜		台		
	高压电力电缆		m		
	低压电力电缆		m		
	电缆保护管		m		
	电气配管		m		
	管内配线		m		
	路灯		套		
	庭院灯		套		
	草坪灯		套		
	高杆灯		套		
	广场灯		套		
5.4	停车场及运动场地工程				
	露天停车场	做法	m^2		
	有棚停车场	做法	m^2		
	篮球场	做法	个		
	羽毛球场	做法	个		
	足球场	做法	个		
	网球场	做法	个		
5.5	大门及围墙工程				
5.6	绿化景观工程				
	整理绿化用地		m^2		

续表

序号	项　目　名　称	项目主要特征	单位	工程量	备　　注
	栽植乔木		株		
	栽植竹类		株		
	栽植棕榈类		株		
	栽植灌木		株		
	栽植绿篱		m		
	栽植攀缘植物		株		
	栽植色带		m^2		
	栽植花卉		株		
	铺种草皮		m^2		
	喷播植草		m^2		
	喷灌设施		m		
5.7	污水处理工程				
5.8	供水系统工程				
5.9	卫星接收工程				
5.10	其他工程				
	台阶		m^2		
	栏杆		m		
6	通用房屋建筑安装工程				
6.1	土（石）方工程				
	平整场地		m^2		
	挖土方		m^3		
	挖基础土方		m^3		
	冻土开挖		m^3		
	挖淤泥、流沙		m^3		
	管沟土方		m^3		
	预裂爆破		m		
	挖基础石方		m^3		
	土（石）方回填		m^3		
	余方弃置		m^3		
	缺方内运		m^3		
6.2	桩与地基基础工程				
	混凝土灌注桩		m		
	砂石灌注桩		m		
	灰土挤密桩		m		
	旋喷桩		m		
	喷粉桩		m		

续表

序号	项　目　名　称	项目主要特征	单位	工程量	备　　注
	地下连续墙		m^3		
6.3	砌筑工程				
	砌筑基础		m^3		
	砌筑墙体		m^3		
	砌筑柱		m^3		
	砌筑烟道、排风道		m		
	砌坡道		m^2		
	砌筑台阶		m^2		
	砌筑地沟、明沟、暗沟		m		
	砌筑水池、拖布池、花池		座		
	砌筑散水、地坪		m^2		
	零星砌砖		m^3		
6.4	混凝土及钢筋混凝土工程				
	现浇带形基础		m^3		
	现浇独立基础		m^3		
	现浇满堂基础		m^3		
	现浇设备基础		m^3		
	现浇桩承台基础		m^3		
	现浇矩形柱		m^3		
	现浇异形柱		m^3		
	现浇基础梁		m^3		
	现浇矩形梁		m^3		
	现浇异形梁		m^3		
	现浇圈梁		m^3		
	现浇过梁		m^3		
	现浇弧形、拱形梁		m^3		
	现浇直形墙		m^3		
	现浇弧形墙		m^3		
	现浇有梁板		m^3		
	现浇无梁板		m^3		
	现浇平板		m^3		
	现浇拱板		m^3		
	现浇薄壳板		m^3		
	现浇栏板		m^3		
	现浇天沟、挑檐板		m^3		
	现浇雨篷、阳台板		m^3		

续表

序号	项 目 名 称	项目主要特征	单位	工程量	备 注
	现浇其他板		m^3		
	现浇直形楼梯		m^2		
	现浇弧形楼梯		m^2		
	现浇其他构件		m^3		
	散水、坡道		m^2		
	电缆沟、地沟		m		
	后浇带		m^3		
	预制柱		m^3		
	矩形柱		m^3		
	预制梁		m^3		
	预制屋架		m^3		
	预制平板		m^3		
	预制楼梯		m^3		
	预制其他构件		m^3		
	混凝土钢筋（圆钢综合）		t		
	混凝土钢筋（螺纹钢综合）		t		
	螺纹套筒连接		个		
	螺栓、预埋铁件		t		
6.5	厂库房大门、特种门、木结构工程				
	木屋架		榀		
	钢木屋架		榀		
	木柱		m^3		
	木梁		m^3		
	木楼梯		m^2		
	其他木构件		m^3/m		
6.6	金属结构工程				
	钢屋架		t		
	钢网架		t		
	钢托架		t		
	钢桁架		t		
	实腹柱		t		
	空腹柱		t		
	钢管柱		t		
	钢梁		t		
	钢吊车梁		t		

续表

序号	项　目　名　称	项目主要特征	单位	工程量	备　　注
	压型钢板楼板		m^2		
	压型钢板墙板		m^2		
	钢支撑		t		
	钢檩条		t		
	钢天窗架		t		
	钢挡风架		t		
	钢墙架		t		
	钢平台		t		
	钢走道		t		
	钢梯		t		
	钢栏杆		t		
	钢支架		t		
	零星钢构件		t		
	金属网		m^2		
	金属构件运输		t		
6.7	屋面及防水工程				
	瓦屋面		m^2		
	型材屋面		m^2		
	膜结构屋面		m^2		
	屋面卷材防水		m^2		
	屋面涂膜防水		m^2		
	屋面刚性防水		m^2		
	屋面排水管		m		
	屋面天沟、沿沟		m^2		
	墙地面卷材防水		m^2		
	墙地面涂膜防水		m^2		
	砂浆防水（潮）		m^2		
	变形缝		m		
6.8	防腐、隔热及保温工程				
	防腐面层		m^2		
	保温隔热屋面		m^2		
	保温隔热天棚		m^2		
	保温隔热墙		m^2		
	隔热楼地面		m^2		
	隔离层		m^2		
	其他		m^2		

续表

序号	项　目　名　称	项目主要特征	单位	工程量	备　　注
6.9	楼地面装饰工程				
	水泥砂浆楼地面		m^2		
	现浇水磨石楼地面		m^2		
	细石混凝土楼地面		m^2		
	楼地面装饰面层		m^2		
	踢脚线		m^2		
	楼梯装饰面层		m^2		
	扶手、栏杆、栏板		m		
	台阶装饰面层		m^2		
	零星地面装饰项目		m^2		
	水泥砂浆零星项目		m^2		
6.10	墙面、柱面装饰工程				
	墙面、柱面抹灰		m^2		
	墙面、柱面勾缝		m^2		
	黑板		m^2		
	墙面、柱面装饰面层		m^2		
	碎拼墙面、柱面装饰面层		m^2		
	干挂石材钢骨架		t		
	墙面、柱面零星装饰项目		m^2		
	装饰板墙面		m^2		
	隔断		m^2		
	带骨架幕墙		m^2		
	全玻幕墙		m^2		
6.11	天棚装饰工程				
	天棚抹灰		m^2		
	天棚吊顶		m^2		
	灯带		m^2		
	送风口、回风口、检修孔		个		
6.12	门窗工程				
	平开门		樘		
	推拉门		樘		
	防火门		樘		
	连窗门		樘		
	装饰门框		樘		
	金属地弹门		樘		
	防盗门		樘		

续表

序号	项　目　名　称	项目主要特征	单位	工程量	备　　注
	金属卷闸门		樘		
	金属格栅门		樘		
	防火卷帘门		樘		
	电子感应门		樘		
	转门		樘		
	电子对讲门		樘		
	电动伸缩门		樘		
	全玻门（带扇框）		樘		
	全玻自由门（无扇框）		樘		
	半玻门（带扇框）		樘		
	镜面不锈钢饰面门		樘		
	平开窗		m^2		
	推拉窗		m^2		
	百叶窗		m^2		
	异形窗		m^2		
	组合窗		m^2		
	天窗		m^2		
	矩形固定窗		m^2		
	异形固定窗		m^2		
	装饰空花窗		m^2		
	防盗窗		m^2		
	格栅窗		m^2		
	窗套		m		
	纱窗		m^2		
	门窗木贴脸		m		
	硬木筒子板		m^2		
	饰面夹板筒子板		m^2		
	窗帘盒		m		
	窗帘轨		m		
	窗台板		m		
6.13	油漆、涂料、裱糊工程				
	门、窗油漆		m^2		
	木饰面板油漆		m^2		
	暖气罩油漆		m^2		
	木间壁、木隔断油漆		m^2		
	栅栏、栏杆（带扶手）油漆		m^2		

续表

序号	项　目　名　称	项目主要特征	单位	工程量	备　　注
	衣柜、壁柜油漆		m^2		
	梁柱饰面油漆		m^2		
	零星木装修油漆		m^2		
	木地板油漆		m^2		
	木地板烫硬蜡面		m^2		
	金属面油漆		t		
	抹灰面油漆		m^2		
	刷喷涂料		m^2		
	空花格、栏杆刷涂料		m^2		
	线条刷涂料		m		
	墙纸裱糊		m^2		
	织锦缎裱糊		m^2		
6.14	其他装饰工程				
6.15	电气设备安装工程				
	配电箱、柜		台		
	开关		套		
	插座		套		
	浴霸		套		
	滑触线		m		
	电力电缆		m		
	控制电缆		m		
	电缆保护管		m		
	电缆桥架		t		
	电缆支架		t		
	电杆组立		根		
	导线架设		km		
	电气配管		m		
	线槽		m		
	电气配线		m		
	灯具		套		
	接地装置		项		
	避雷装置		项		
	接地装置接地电阻测试		项		
6.16	给排水工程				
	给排水管道		m		
	阀门		个		

续表

序号	项 目 名 称	项目主要特征	单位	工程量	备 注
	减压器		组		
	疏水器		组		
	法兰		副		
	水表		组		
	燃气表		块		
	其他管道附件		组/个		
	卫生器具		组		
	烘手机		套		
	淋浴器		组		
	水箱制作安装		套		
	水龙头		个		
	地漏		个		
	地面扫除口		个		
	容积式热交换器		台		
	蒸汽—水加热器		套		
	冷热水混合器		套		
	电消毒器		台		
6.17	弱电工程				
	电视前端器件箱		个		
	电话分线箱		个		
	网络交换机箱或配线架		个		
	网络电缆		m		
	电话电缆		m		
	电视电缆		m		
	桥架		t		
	线槽		m		
	弱电配管		m		
	电话插座		个		
	电视插座		个		
	数据插座		个		
	网络调试及试运行		项		
6.18	消防工程				
	水喷淋管道		m		
	消火栓管道		m		
	消火栓钢管		m		
	水灭火系统阀门		个		

续表

序号	项　目　名　称	项目主要特征	单位	工程量	备　　注
	螺纹法兰阀门		个		
	水表		组		
	消防水箱制作安装		台		
	水喷头		个		
	水灭火系统报警装置		组		
	温感式水幕装置		组		
	水流指示器		个		
	减压孔板		个		
	水灭火系统末端试水装置		组		
	集热板制作安装		个		
	消火栓		套		
	消防水泵接合器		套		
	隔膜式气压水罐		台		
	气体灭火管道		m		
	气体驱动装置管道		m		
	气体灭火选择阀		个		
	气体喷头		个		
	气体灭火储存装置		套		
	气体灭火二氧化碳称重检漏装置		套		
	泡沫灭火管道		m		
	泡沫灭火法兰		副		
	泡沫灭火阀门		个		
	泡沫发生器		台		
	泡沫比例混合器		台		
	泡沫液储罐		台		
	点型探测器		只		
	线型探测器		m		
	按钮		只		
	模块（接口）		只		
	报警控制器		台		
	联动控制器		台		
	报警联动一体机		台		
	重复显示器		台		
	报警装置		台		
	远程控制器		台		

续表

序号	项　目　名　称	项目主要特征	单位	工程量	备　　注
	火灾事故广播、消防通信、备用电源安装		台		
	自动报警系统装置调试		项		
	水灭火系统控制装置调试		项		
	防火控制系统装置调试		处		
	气体灭火系统装置调试		个		
	干粉灭火器		套		
6.19	通风空调工程				
	空气加热器（冷却器）		台		
	通风机		台		
	除尘设备		台		
	空调器		台		
	风机盘管		台		
	密闭门制作安装		个		
	挡水板制作安装		m^2		
	滤水器、溢水盘制作安装		kg		
	金属壳体制作安装		kg		
	过滤器		台		
	净化工作台		台		
	风淋室		台		
	洁净室		台		
	碳钢通风管道制作安装		m^2		
	碳钢通风管道制作安装		m^2		
	净化通风管制作安装		m^2		
	不锈钢板风管制作安装		m^2		
	铝板通风管道制作安装		m^2		
	塑料通风管道制作安装		m^2		
	玻璃钢通风管道		m^2		
	复合型风管制作安装		m^2		
	柔性软风管		m		
	碳钢调节阀制作安装		个		
	柔性软风管阀门		个		
	铝蝶阀		个		
	不锈钢蝶阀		个		
	塑料风管阀门制作安装		个		
	玻璃钢蝶阀		个		
	碳钢风口、散流器制作安装（百叶窗）		个		

续表

序号	项 目 名 称	项目主要特征	单位	工程量	备 注
	不锈钢风口、散流器制作安装（百叶窗）		个		
	塑料风口、散流器制作安装（百叶窗）		个		
	玻璃钢风口		个		
	铝及铝合金风口、散流器制作安装		个		
	碳钢风帽制作安装		个		
	不锈钢风帽制作安装		个		
	塑料风帽制作安装		个		
	铝板伞形风帽制作安装		个		
	玻璃钢风帽安装		个		
	碳钢罩类制作安装		kg		
	塑料罩类制作安装		kg		
	柔性接口及伸缩节制作安装		m^2		
	消声器制作安装		kg		
	静压箱制作安装		m^2		
	通风工程检测、调试		项		
	管沟土方		m^3		
6.20	采暖工程				
	采暖管道		m		
	阀门		个		
	减压器		组		
	疏水器		组		
	法兰		副		
	其他管道附件		组/个		
	铸铁散热器		片		
	钢制闭式散热器		片		
	钢制板式散热器		组		
	光排管散热器制作安装		m		
	钢制壁板式散热器		组		
	钢制柱式散热器		组		
	暖风机		台		
	空气幕		台		
	采暖工程系统调整				

4.7.3 安全监测工程

1 施工期安全监测

规划阶段和预可行性研究阶段施工期安全监测工程不单独计算工程量。

可行性研究、招标设计和施工图设计阶段，施工期安全监测工程一般包括安全监测设备购置、埋设安装调试、施工期监测和施工期资料整理分析等，工程量计算应结合永久安全监测设计，根据相关规范和规定要求，按设计内容和图纸进行统计。施工期安全监测工程量清单同运行期安全监测。

2 运行期安全监测

规划阶段和预可行性研究阶段安全监测工程工程量不单独出项。可行性研究阶段、招标设计和施工图设计阶段，永久和临时建筑工程及其施工期和运行初期安全监测建筑工程、设备及安装工程工程量清单见表 4.7.3-1 和表 4.7.3-2。

表 4.7.3-1　　可行性研究、招标设计和施工图设计阶段建筑工程工程量清单

序号	项 目 名 称	项目主要特征	单位	工程量	备 注
1	工程变形监测控制网				
1.1	平面控制网				
（1）	土方开挖		m^3		
（2）	石方开挖		m^3		
（3）	土方回填		m^3		
（4）	石方回填		m^3		
（5）	混凝土凿挖		m^3		
（6）	混凝土		m^3		
（7）	观测墩		个		
（8）	观测墩保护房		座		
（9）	观测道路		m		
（10）	钻孔及灌浆		m		
（11）	其他				
1.2	精密水准网				
（1）	土方开挖		m^3		
（2）	石方开挖		m^3		
（3）	土方回填		m^3		
（4）	石方回填		m^3		
（5）	混凝土凿挖		m^3		
（6）	混凝土		m^3		
（7）	观测标点		个		
（8）	观测道路		m		
（9）	钻孔及灌浆		m		
（10）	其他				
2	变形监测				按挡水、泄水、输水、发电等建筑物分列

续表

序号	项 目 名 称	项目主要特征	单位	工程量	备 注
2.1	水平位移监测				
（1）	土方开挖		m^3		
（2）	石方开挖		m^3		
（3）	水平位移观测条带开挖		m^3		
（4）	土方回填		m^3		
（5）	石方回填		m^3		
（6）	混凝土凿挖		m^3		
（7）	混凝土		m^3		
（8）	水平位移观测标墩		个		
（9）	位移标墩		个		
（10）	引张线系统观测墩		个		
（11）	激光准直系统观测墩		个		
（12）	正倒垂线观测墩		个		
（13）	钻孔及回填灌浆		m		
（14）	位移计埋设钻孔及灌浆		m		
（15）	仪器设备安装回填保护料		m^3		
（16）	观测道路		m		
（17）	其他				
2.2	竖直（沉降）位移				
（1）	土方开挖		m^3		
（2）	石方开挖		m^3		
（3）	垂直位移观测条带开挖		m^3		
（4）	土方回填		m^3		
（5）	石方回填		m^3		
（6）	混凝土凿挖		m^3		
（7）	混凝土		m^3		
（8）	观测标点		个		
（9）	垂直位移标墩		个		
（10）	钻孔及回填灌浆		m		
（11）	垂直位移标点		个		
（12）	垂线孔钻孔及灌浆		m		
（13）	双金属标钻孔及灌浆		m		
（14）	观测道路		m		
（15）	其他				
2.3	倾斜位移				

续表

序号	项　目　名　称	项目主要特征	单位	工程量	备　　注
（1）	测斜孔钻孔及灌浆		m		
（2）	静力水准系统观测墩		个		
（3）	倾斜仪观测墩		个		
（4）	其他				
2.4	其他变形				
（1）	收敛标点		个		
（2）	收敛标点测架		个		
（3）	其他				
3	应力、应变及温度监测				按挡水、泄水、输水、发电等建筑物分列
（1）	压应力计埋设开挖		m^3		
（2）	基岩温度计钻孔及灌浆		m		
（3）	其他				
4	渗流监测				按挡水、泄水、输水、发电等建筑物分列
（1）	测压管（渗压计）钻孔及灌浆		m		
（2）	地下水位观测孔钻孔及灌浆		m		
（3）	钻孔孔口保护		个		
（4）	量水堰（含土石方、混凝土、钢筋）		座		
（5）	其他				
5	环境量监测				
（1）	土方开挖		m^3		
（2）	石方开挖		m^3		
（3）	土方回填		m^3		
（4）	石方回填		m^3		
（5）	混凝土凿挖		m^3		
（6）	混凝土		m^3		
（7）	电缆沟		m		
（8）	钻孔及灌浆		m		
（9）	其他				
6	水力学监测				
（1）	土方开挖		m^3		
（2）	石方开挖		m^3		
（3）	土方回填		m^3		
（4）	石方回填		m^3		

续表

序号	项　目　名　称	项目主要特征	单位	工程量	备　　注
（5）	混凝土凿挖		m^3		
（6）	混凝土		m^3		
（7）	电缆沟		m		
（8）	钻孔及灌浆		m		
（9）	其他				
7	结构振动监测				
（1）	土方开挖		m^3		
（2）	石方开挖		m^3		
（3）	土方回填		m^3		
（4）	石方回填		m^3		
（5）	混凝土凿挖		m^3		
（6）	混凝土		m^3		
（7）	电缆沟		m		
（8）	钻孔及灌浆		m		
（9）	其他				
8	结构强震监测				
（1）	土方开挖		m^3		
（2）	石方开挖		m^3		
（3）	土方回填		m^3		
（4）	石方回填		m^3		
（5）	混凝土凿挖		m^3		
（6）	混凝土		m^3		
（7）	电缆沟		m		
（8）	钻孔及灌浆		m		
（9）	观测墩		个		
（10）	其他				
9	其他专项监测				
（1）	土方开挖		m^3		
（2）	石方开挖		m^3		
（3）	土方回填		m^3		
（4）	石方回填		m^3		
（5）	混凝土凿挖		m^3		
（6）	混凝土		m^3		
（7）	电缆沟		m		
（8）	钻孔及灌浆		m		
（9）	观测墩		个		

续表

序号	项 目 名 称	项目主要特征	单位	工程量	备 注
（10）	声波测试孔		m		
（11）	其他				
10	特殊监测				
（1）	土方开挖		m^3		
（2）	石方开挖		m^3		
（3）	土方回填		m^3		
（4）	石方回填		m^3		
（5）	混凝土凿挖		m^3		
（6）	混凝土		m^3		
（7）	电缆沟		m		
（8）	钻孔及灌浆		m		
（9）	观测墩				
（10）	其他				

表 4.7.3-2 可行性研究、招标设计和施工图设计阶段安全监测设备及安装工程工程量清单

序号	项 目 名 称	项目主要特征	单位	工程量	备 注
1	工程变形监测控制网				
1.1	全站仪				
（1）	经纬仪		套		
（2）	温度计		支		
（3）	气压计		支		
（4）	对中基座		个		
（5）	其他				
1.2	精密水准网				
（1）	精密水准仪		套		
（2）	精密水准尺		套		
（3）	水准尺		个		
（4）	水准标		个		
（5）	钢管标		m		
（6）	其他				
1.3	建网及校测				
（1）	测角		点		
（2）	测边		边		
（3）	计算		点		
（4）	其他				

续表

序号	项　目　名　称	项目主要特征	单位	工程量	备　　注
2	变形监测				按挡水、泄水、输水、发电厂房等建筑物分列
2.1	水平位移监测				
（1）	对中基座		个		
（2）	棱镜觇牌		套		
（3）	GPS		套		
（4）	引张线		套（点）		
（5）	激光准直		套（点）		
（6）	垂线坐标仪		台		
（7）	正倒垂浮筒		套		
（8）	倒垂锚头		个		
（9）	铟钢丝		m		
（10）	钢丝水平位移计（内部埋入）		套（点）		
（11）	其他				
2.2	竖直（沉降）位移				
（1）	水准标		个		
（2）	静力水准		条		
（3）	水管式沉降仪		套（点）		
（4）	激光准直		条		
（5）	钢管标		个		
（6）	双金属标仪		台		
（7）	沉降管		m		
（8）	标芯		个		
（9）	其他				
2.3	倾斜位移				
（1）	静力水准仪系统		条		
（2）	活动测斜仪		套		
（3）	固定测斜仪（倾斜仪）		台		
（4）	测斜管		m		
（5）	其他				
2.4	其他变形				
（1）	位移计		支		
（2）	收敛计		台		
（3）	岩石变位计		套		
（4）	多点位移计		套		
（5）	滑动测微计		套		

续表

序号	项目名称	项目主要特征	单位	工程量	备注
（6）	表面式单向测缝计		套		
（7）	表面式双向测缝计		套		
（8）	表面式三向测缝计		套		
（9）	埋入式双向脱空计		套		
（10）	裂缝计		支		
（11）	测缝计		支		
（12）	其他				
2.5	其他				
（1）	读数仪		台		
（2）	集线箱		台		
（3）	观测电缆		m		
（4）	其他				
3	应力、应变及温度监测				按挡水、泄水、输水、发电厂房等建筑物分列
3.1	应力应变				
（1）	应变计		支		
（2）	无应力计		支		
（3）	压应力计		支		
（4）	钢筋计		支		
（5）	钢板计		套		
（6）	锚杆应力计		支		
（7）	锚索测力计		台		
（8）	土压力计		支		
（9）	其他				
3.2	温度				
（1）	温度计		支		
（2）	光纤监控计		台		
（3）	光纤		m		
（4）	其他				
3.3	其他				
（1）	电缆		m		
（2）	集线箱		个		
（3）	读数仪		台		
（4）	其他				
4	渗流监测				按挡水、泄水、输水、发电等建筑物分列

续表

序号	项　目　名　称	项目主要特征	单位	工程量	备　　注
4.1	渗压（水位）				
（1）	测压管		m		
（2）	测压管孔口装置		套		
（3）	压力表		个		
（4）	渗压计		支		
（5）	扬压力计		支		
（6）	活动式水位计		套		
（7）	其他				
4.2	渗流量		m		
（1）	流量计				
（2）	堰流计				
（3）	量水堰堰板				
（4）	电测水位计				
（5）	人工水尺				
（6）	其他				
4.3	水质分析		个		
4.4	其他				
（1）	读数仪		台		
（2）	集线箱		台		
（3）	电缆		m		
（4）	其他				
5	环境量监测				
5.1	上、下游水位				
（1）	水位计		套		
（2）	自动水位计				
（3）	其他				
5.2	气温				
（1）	温度计		支		
（2）	其他				
5.3	湿度				
（1）	湿度计		支		
（2）	其他				
5.4	降雨				

续表

序号	项　目　名　称	项目主要特征	单位	工程量	备　　注
（1）	雨量计		个		
（2）	其他				
5.5	坝前淤积				
5.6	冰冻				
（1）	冰压计		套		
（2）	其他				
5.7	风速				
（1）	风速仪		台		
（2）	其他				
6	水力学监测				
（1）	脉动压力传感器		只		
（2）	掺气传感器		只		
（3）	流速（仪）传感器		只		
（4）	水听器		只		
（5）	通用底座		个		
（6）	水尺		根		
（7）	雨量计		个		
（8）	风速仪		台		
（9）	动态记录仪		套		
（10）	水下地形测量		次		
（11）	观测电缆		m		
（12）	超声波测流装置		套		
（13）	其他				
7	结构振动监测				
（1）	加速度计		支		
（2）	位移传感器		支		
（3）	速度计		支		
（4）	动应变计		支		
（5）	电缆		m		
（6）	其他				
8	结构强震监测				
（1）	强震拾振器		向		
（2）	强震记录仪		套		

续表

序号	项 目 名 称	项目主要特征	单位	工程量	备 注
（3）	强震分析系统		套		
（4）	电缆		m		
（5）	其他				
9	其他专项监测				
9.1	声波监测				
9.2	爆破监测				
（1）	动应变计		支		
（2）	动孔隙水压力计		支		
（3）	加速度计		支		
（4）	动位移计		支		
（5）	测振仪		台		
（6）	电缆		m		
（7）	其他				
10	工程安全监测自动化采集系统				
10.1	测量单元及网络				
（1）	测量单元（MCU）		套		
（2）	中继器		台		
（3）	电缆		m		
（4）	光缆		m		
（5）	防雷器		台		
（6）	配电箱		台		
（7）	其他				
10.2	监控计算机系统				
（1）	工业计算机		台		
（2）	显示器		台		
（3）	UPS		台		
（4）	光盘刻录机		台		
（5）	扫描仪		台		
（6）	打印机		台		
（7）	绘图仪		台		
（8）	其他				

4.7.4 劳动安全与工业卫生

1 预可行性研究阶段

按照装机容量估算劳动安全与工业卫生专项投资，不再单独列项。

2 可行性研究阶段

根据劳动安全与工业卫生设计专篇和审定的安全预评价报告、防震抗震研究设计专题报告的要求，提出劳动安全与工业卫生设计主要工程量。

1）劳动安全与工业卫生设计主要工程量包括：安全标志、安全防护设施、作业环境安全检测仪器、噪声专项治理、应急设备设施。有关劳动保护用品及个体防护器具、安全工（器）具、应急物资与器材、职工的安全生产教育和培训设备、安全教育室、安全卫生辅助用室等已经包含在有关专业中，不再单独列项。

2）安全标志工程量计算应符合下列规定：

（1）安全标志的工程量中应包括标志牌、支架、基础等内容。

（2）安全标志的图形符号、设置的范围和地点、型号的选用、设置高度以及使用的要求等应符合 GB 2894—2008《安全标志及其使用导则》的规定和工程实际。

（3）有关道路交通标志的规定，应按 GB 5768—2009《道路交通标志和标线》和 GB 4387—2008《工业企业厂内铁路、道路运输安全规程》执行。

3）安全防护设施工程量计算应符合下列规定：

（1）厂房和工作场所所有升降口、大小孔洞、楼梯和平台，应装设不低于 1050mm 高的防护栏杆和不低于 100mm 高的护板。

（2）配电室、电缆夹层等门口应加装高度不低于 400mm 的防小动物板。

（3）机器的转动部分应装有防护罩或其他防护设备（如栅栏），露出的轴端应设有护盖。

（4）敞开式升压站应装有高度不低于 1.5m 的全封闭固定围栏或围墙。室内机电设备中 1.5m 以上的巡视平台，应设置固定式防护栏杆（网）。

（5）固定式钢直梯、钢斜梯、防护栏杆应按 GB 4053.1—2009《固定式钢梯及平台安全要求　第 1 部分：钢直梯》、GB 4053.2—2009《固定式钢梯及平台安全要求 第 2 部分：钢斜梯》、GB 4053.3—2009《固定式钢梯及平台安全要求 第 3 部分：工业防护栏杆及钢平台》的相关规定设置。

4）作业环境安全检测仪器根据具体工程不同有害因素的检测需要进行相应配置。

5）按照水轮发电机组、柴油发电机组噪声治理，变压器噪声治理，空气压缩机房、风机、空调机房、冷却塔、冷冻机房噪声治理，水泵噪声治理，电梯噪声治理等项目设计要求，确定噪声专项治理工程量。

6）应急设备设施一般包括救生艇、应急救援车、直升机停机坪、安全信息管理与防灾预警系统、正压式空气呼吸器、铲雪车、清障车等。

（1）按照可能出现事故预防及应急救援所采取的其他相关保障措施能力，经论证可设置应急直升机停机坪，直升机停机坪技术性能参照 MH 5013—2008《直升机飞行场地技术标准》的有关要求进行设计。

（2）集控室、网控室应配备正压式呼吸器，每个地点至少配备 2 台。

7）工程中采用新工艺、新技术、新材料、新设备或根据事故特点而增加的工程技术措施，用于消除、减弱、控制、预防生产活动中危险有害因素的设备（设施、装置），应纳入劳动安全与工业卫生工程量。

8）安全标志工程量标志牌以面积计量，计量单位为平方米（m^2）；支架以材料质量计量，计量单位为吨（t）；基础以混凝土体积计量，计量单位为立方米（m^3）。安全防护设施以材料质量计量，计量单位为吨（t）。噪声治理工程量中隔声毯、隔声屏、隔声间（罩）、隔声门，以面积计算，计量单位为平方米（m^2）；阻性消声器、抗性消声器、阻抗复合消声器、微穿孔板消声器、扩散式消声器、有源消声器等以设计数量计算，计量单位为个。

3 项目招标设计阶段和施工图设计阶段

根据劳动安全与工业卫生设计图纸和设计文件，确定劳动安全与工业卫生设备型式及主要技术参数，编制劳动安全与工业卫生工程量清单。

表 4.7.4-1 可行性研究阶段劳动安全与工业卫生工程量清单

序号	项 目 名 称	项目主要设计参数	单位	工程量	备 注
1	安全标志				
1.1	标志牌		m^2		
1.2	支架		t		
1.3	基础	混凝土强度等级	m^3		
1.4	其他				
2	安全防护设施				
2.1	安全防护围栏		t		
2.2	安全防护网		t		
2.3	金属防护栏杆、爬梯		t		
2.4	其他				
3	作业环境安全检测仪器				
3.1	六氟化硫在线监测报警仪		套		
3.2	微波漏能仪		个		
3.3	携带式可燃气体测试仪		个		
3.4	氧量测试仪		个		
3.5	有毒气体测试仪		个		
3.6	射线报警仪		个		
3.7	噪声监测仪		个		
3.8	便携式环境振动监测仪		个		
3.9	数字式粉尘测定仪		个		
3.10	数字式温度湿度仪		个		
3.11	风速风量仪		个		
3.12	照度计		个		
3.13	高频电磁场场强仪		个		
3.14	辐射仪		个		
3.15	甲醛测定仪				
3.16	测氡仪		个		
3.17	其他		个		
4	噪声专项治理工程				
4.1	阻性消声器		个		

续表

序号	项 目 名 称	项目主要设计参数	单位	工程量	备 注
4.2	抗性消声器		个		
4.3	阻抗复合消声器		个		
4.4	微穿孔板消声器		个		
4.5	扩散式消声器		个		
4.6	有源消声器		个		
4.7	隔声毯		m^2		
4.8	隔声屏		m^2		
4.9	隔声门		m^2		
4.10	隔声间（罩）		m^2		
4.11	其他				
5	应急设备设施				
5.1	救生艇		艘		
5.2	应急救援车	自装卸式抢险救援车	辆		
5.3	直升机停机坪	技术性能参照MH 5013—2008《直升机飞行场地技术标准》	项		
5.4	安全信息管理与防灾预警系统		项		
5.5	正压式空气呼吸器		台		
5.6	铲雪车		辆		
5.7	清障车		辆		
5.8	其他				
6	其他				

表 4.7.4-2　　招标设计和施工图设计阶段劳动安全与工业卫生工程量清单

序号	项 目 名 称	项目主要技术参数	单位	工程量	备 注
1	安全标志				
1.1	禁止标志	长度、宽度	m^2		注明材质：铝板、不锈钢板、玻璃钢复合材料
1.2	指令标志	长度、宽度	m^2		
1.3	警告标志	长度、宽度	m^2		
1.4	提示标志	长度、宽度	m^2		
1.5	消防标志	长度，宽度	m^2		
1.6	支架		t		
1.7	基础	混凝土强度等级	m^3		
1.8	其他				
2	安全防护设施				
2.1	安全防护围栏		t		
2.2	安全防护网		t		
2.3	金属防护栏杆、爬梯		t		
2.4	其他				
3	作业环境安全检测仪器				
3.1	六氟化硫在线监测报警仪	型号、主要参数	套		

续表

序号	项　目　名　称	项目主要技术参数	单位	工程量	备　　注
3.2	微波漏能仪	型号、主要参数	个		
3.3	携带式可燃气体测试仪	型号、主要参数	个		
3.4	氧量测试仪	型号、主要参数	个		
3.5	有毒气体测试仪	型号、主要参数	个		
3.6	射线报警仪	型号、主要参数	个		
3.7	噪声监测仪	型号、主要参数	个		
3.8	便携式环境振动监测仪	型号、主要参数	个		
3.9	数字式粉尘测定仪	型号、主要参数	个		
3.10	数字式温度湿度仪	型号、主要参数	个		
3.11	风速风量仪	型号、主要参数	个		
3.12	照度计	型号、主要参数	个		
3.13	高频电磁场场强仪	型号、主要参数	个		
3.14	辐射仪	型号、主要参数	个		
3.15	甲醛测定仪	型号、主要参数	个		
3.16	测氡仪	型号、主要参数	个		
3.17	其他		个		
4	噪声专项治理工程				
4.1	阻性消声器	型号、主要参数	个		
4.2	抗性消声器	型号、主要参数	个		
4.3	阻抗复合消声器	型号、主要参数	个		
4.4	微穿孔板消声器	型号、主要参数	个		
4.5	扩散式消声器	型号、主要参数	个		
4.6	有源消声器	型号、主要参数	个		
4.7	隔声毯		m^2		
4.8	隔声屏		m^2		
4.9	隔声门		m^2		
4.10	隔声间（罩）		m^2		
4.11	其他				
5	应急设备设施				
5.1	救生艇	型号、主要参数	艘		
5.2	应急救援车	自装卸式抢险救援车	辆		
5.3	直升机停机坪	技术性能参照 MH 5013—2008《直升机飞行场地技术标准》	项		
5.4	安全信息管理与防灾预警系统		项		
5.5	正压式空气呼吸器	型号、主要参数	台		
5.6	铲雪车		辆		
5.7	清障车		辆		
5.8	其他				
6	其他				

注　工程量清单中的项目可根据工程实际进行相应增减。

4.7.5 水文测报工程

1 分项工程量计算规定

1）水文测报工程包括施工期水文测报工程和水情自动测报系统、专用气象站、专用水文站、水库泥沙监测等项目的建筑工程、设备及安装工程。

2）工程规划阶段水文测报工程不单独列项，纳入其他施工辅助工程。

3）预可行性研究阶段和可行性研究阶段按本规定中相应阶段工程量清单项目分别估算和计算工程量。

4）招标和施工图设计阶段水文测报工程项目工程量与可行性研究阶段相同。

5）水文测报工程建筑设施的规模、形状比较固定，但土建工程分布在流域的各个地区，工作面广，交通与施工环境差且工程量小，有关项目的工程量不宜直接采用本规定相关工程量计算规定。水位站、中继站站房、雨量站、气象站、水文站基础设施等工程量以站、座计，断面界桩以个计，水位测井按测井总高度以米（m）计，水文站、中心站用房以平方米（m^2）计。

6）仪器、仪表、设备工程量以台（套）计，预报方案、软件等以套（项）计，仪器设备的采购、运杂（含二次运输）、安装调试、试运行等项目以项计，施工水文测报服务分项目以人年、站年、项计。

2 施工期水文测报工程工程量清单编制

1）一般规定。

（1）施工期水文测报工程主要包括临时水文监测、施工期水文测报服务、专用水文站测验、截流水文服务专项、水库泥沙监测专项等。

（2）施工期水文测报服务在建设水情自动测报系统的基础上进行计算，“水情自动测报系统”建设工程量分别计入本规定建筑工程、设备及安装工程的相应项目。

（3）“专用水文站”和“水库泥沙监测专项”建设工程量分别计入本规定建筑工程、设备及安装工程的相应项目。

2）规划阶段计算规定。

规划阶段施工期水文测报工程不单独列项，纳入其他施工辅助工程。

3）预可行性研究阶段计算规定。

（1）临时水文监测设施设备分别按水位站、水文站建设的工程量估算，工程量按站计列。

（2）水文监测按施工区水位站、水文站个数及施工期年数估算，以站年计列。

（3）施工水文预报方案与软件编制按流域水文特性与工程规模估算，工程量按项计列；水情自动测报系统运行管理按系统投资规模估算，施工水文气象保障服务按工程规模估算，工程量均按工程施工期年数以年计列。

（4）专用水文站测验按测验项目估算，工程量按工程施工期年数以站年计列。

（5）截流水文服务专项按工程截流形象估算，工程量以项计列。

（6）水库泥沙监测专项按工程泥沙监测要求估算，工程量以项计列。

4）可行性研究阶段规定。

（1）临时水文监测。水位站设施设备按站计列；水文站设施按测站设计规模、测验方式分别以只、座、平方米（m^2）、套计列，设备按台、个、套计；水位、流量、泥沙等测验均按项目与施工期年数以项年计列。

（2）施工期水文测报服务。

a）水文资料收集按水文预报方案编制需要的测站数量与年数以站年计列。

b）水文预报方案、调洪演算方案、测报软件编制，根据流域水文特性、工程规模、施工形象，按预报方案个数、软件功能模块以项计列。

c）水情自动测报系统运行管理。运行管理按施工期年数与系统管理人员数量以人年计列；系统设施设备维修按系统投资比例以年计列；测站通信按测站通信方式以站年计列；测站看管以站年计列。

d）水文气象保障服务。办公设施设备中的办公用房以平方米（m^2）计，设备以台、套计列；水文情报以站年计列，气象情报以年计列，梯级水库水情信息以年计列；水文作业预报与服务按人年计列。

（3）专用水文站测验按测验项目计算，工程量分项目按站年计列。

（4）截流水文服务专项。水位监测设施按站计列，流速、流量监测设施设备以台、套计列；截流水文服务分枯水径流预报、水位观测、分流流速流量测验、数据分析处理等项目按项计列。

（5）水库泥沙监测专项按工程泥沙监测要求估算，工程量以项计列。

5）招标设计与施工图设计阶段规定。

招标设计与施工图设计阶段工程量计算规定同可行性研究阶段。

表 4.7.5-1　　预可行性研究阶段施工期水文测报工程工程量清单

序号	项　目　名　称	项目主要特征	单位	工程量	备　注
1	临时水文监测				
1.1	监测设施设备				
	临时水文站		站		
	施工区水位站		站		
1.2	水文监测				
	临时水文站测验		站•年		
	水位观测		站•年		
2	施工期水文测报服务				
2.1	施工水文预报方案编制		项		
2.2	施工水文测报软件编制		项		
2.3	施工期水情自动测报系统运行管理		年		
2.4	施工水文气象保障服务		年		
3	专用水文站测验		年		
4	截流水文服务专项		项		
5	水库泥沙监测专项		项		

表 4.7.5-2　　可行性研究阶段施工期水文测报工程工程量清单

序号	项　目　名　称	项目主要特征	单位	工程量	备　注
1	临时水文监测				
1.1	监测设施设备				
1.1.1	水位站		站		
1.1.2	水文站				

续表

序号	项　目　名　称	项目主要特征	单位	工程量	备　　注
1）	测船		只		
2）	测流缆道		座		
3）	机房		m^2		
4）	其他设施		套		
5）	流速仪		台		
6）	ADCPC 声学多普勒流速剖面仪		台		
7）	铅鱼		个		
8）	水文绞车		台		
9）	监测其他设备		套		
10）	安全用品		套		
1.1.3	测量设备				
1）	水准仪		套		
2）	全站仪		套		
3）	测深仪		套		
4）	GPS		套		
5）	水准尺		副		
1.1.4	办公设备				
1）	计算机		台		
2）	打印机		台		
3）	传真机		台		
1.2	水文监测				
1.2.1	水位观测		站·年		
1.2.2	流量观测		项·年		
1.2.3	泥沙观测		项·年		
1.2.4	其他水文观测		项·年		
2	施工期水文测报服务				
2.1	施工水文预报方案编制				
2.1.1	水文资料收集		站·年		
2.1.2	水文预报方案编制		项		
2.1.3	调洪演算方案编制		项		
2.2	施工水文测报软件编制				
2.2.1	施工期水文数据库		项		
2.2.2	实时水文预报软件		项		
2.2.3	调洪演算软件		项		
2.2.4	信息发布软件		项		
2.3	水情自动测报系统运行管理				

续表

序号	项　目　名　称	项目主要特征	单位	工程量	备　　注
2.3.1	系统运行管理人员	专业技术人员	人·年		
2.3.2	系统设施设备维修		年		按系统投资规模
2.3.3	测站通信				
1)	海事卫星遥测站通信		站·年		
2)	北斗卫星遥测站通信		站·年		
3)	GSM/GPRS 遥测站通信		站·年		
4)	VHF 频率占用		站·年		
5)	PSTN 遥测站通信		站·年		
2.3.4	遥测站看管	委托看管	站·年		
2.4	水文气象保障服务				
2.4.1	办公设施设备				
1)	办公用房		m^2		
2)	交通工具	越野汽车	辆		系统维护专用
3)	办公桌椅		套		
4)	复印机		台		
5)	打印机		台		
6)	电话	传真机	台		
7)	其他				利用水情自动测报系统
2.4.2	水文气象情报				
1)	流域水情报讯		站·年		
2)	坝区水位报讯		站·年		
3)	坝区流量报讯		站·年		
4)	坝区气象观测与报讯	专用气象站	年		
5)	流域与坝区气象预报	专业气象部门	年		
6)	梯级水库水情信息服务		年		
2.4.3	水文作业预报与服务	专业技术人员	人·年		
3	专用水文站测验				
3.1	测站运行维护		站·年		
3.2	水文测验				
3.2.1	水位观测		站·年		
3.2.2	流量测验		站·年		
3.2.3	泥沙测验		站·年		
3.2.4	水温测验		站·年		
3.2.5	降雨观测		站·年		
3.2.6	气象要素观测		站·年		
3.3	水文资料整编		项		

续表

序号	项目名称	项目主要特征	单位	工程量	备注
4	截流水文服务专项		项		
4.1	水文监测设施设备				
4.1.1	水位		站		
4.1.2	流速、流量				
1）	测船		只		
2）	简易测流缆道		套		
3）	流速仪		台		
4）	ADCPC声学多普勒流速剖面仪		台		
5）	电波流速仪		台		
6）	监测辅助设施设备		套		
7）	安全用品		套		
8）	泥沙监测与分析设备				同专用水文站泥沙设备
9）	测量设备				同专用水文站测量设备
4.2	截流水文服务				
4.2.1	枯水径流预报		项		
4.2.2	水位观测		项		
4.2.3	分流流速、流量测验		项		
4.2.4	泥沙监测		项		
4.2.5	龙口断面及地形测量		项		
4.2.6	数据分析处理		项		
5	水库泥沙监测专项				
5.1	进出库水沙观测		项		
5.2	库区水位观测		项		
5.3	水库本底地形和固定断面观测				
5.3.1	基本控制施测		项		
5.3.2	水库本底地形观测		项		
5.3.3	固定断面观测		项		
5.3.4	河床组成勘测调查		项		
5.4	施工期观测				
5.4.1	施工期库区地形观测		项		
5.4.2	库区固定断面观测、床沙观测		项		
5.4.3	坝区水位观测		项		
5.4.4	围堰冲淤变化观测		项		

续表

序号	项 目 名 称	项目主要特征	单位	工程量	备 注
5.4.5	导流明渠水流泥沙观测		项		
5.4.6	近坝区 1:1000 水下地形观测		项		
5.4.7	近坝区河段 1:1000 固定断面观测		项		
5.4.8	坝区水面流速流向观测		项		
5.5	其他水文勘测工作				
5.5.1	内业资料系统整编与管理		项		
5.5.2	资料分析		项		

表 4.7.5-3　　招标设计和施工图设计阶段施工期水文测报工程工程量清单

序号	项 目 名 称	项目主要特征	单位	工程量	备 注
	施工期水文测报工程				在可行性研究阶段施工期水文测报工程的项目基础上细化

3 水文测报建筑工程工程量清单编制

规划阶段：水文测报工程不单独列项。

预可行性研究阶段：土建设施按站、座估算工程量。

可行性研究阶段：分具体项目计算工程量。水位站、中继站站房、雨量站、气象站、水文站基础设施等以站、座计列，断面界桩以个计列，水位测井按测井总高度以米（m）计列，水文站、中心站用房以平方米（m^2）计列。

招标设计和施工图设计阶段：工程量计算规定同可行性研究阶段。

表 4.7.5-4　　预可行性研究阶段水文测报建筑工程工程量清单

序号	项 目 名 称	项目主要特征	单位	工程量	备 注
1	水情自动测报系统土建设施				
1.1	中心站		站		
1.2	水位站		站		
1.3	中继站		站		
1.4	雨量站		站		
2	专用气象站		站		
3	专用水文站土建设施				
3.1	水位站		站		
3.2	水位测井		座		
3.3	水文缆道		座		
3.4	机房		座		
3.5	测船码头		座		

续表

序号	项　目　名　称	项目主要特征	单位	工程量	备　　注
3.6	办公及生活用房		座		
3	水库泥沙监测专项土建设施				
3.1	水位站		站		
3.2	断面桩		个		
3.3	泥沙监测站				参照专用水文站项目

表 4.7.5-5　　可行性研究阶段水文测报建筑工程工程量清单

序号	项　目　名　称	项目主要特征	单位	工程量	备　　注
1	水情自动测报系统土建设施				
1.1	中心站				
1.1.1	中心机房		m^2		
1.1.2	办公管理用房		m^2		
1.1.3	通信塔		座		
1.2	中继站				
1.2.1	防雷接地网		站		
1.2.2	中继站站房		站		
1.3	水位站				
1.3.1	自记水位平台（测井）		m		
1.3.2	人工校测水尺		站		
1.3.3	观测道路		站		
1.4	雨量站		站		
2	专用气象站				
2.1	站房		座		
2.2	气象观测园场坪		站		
2.3	气象观测园围栏		站		
2.4	防雷地网		站		
3	专用水文站土建设施				
3.1	房屋建筑				
3.1.1	机房		m^2		
3.1.2	办公及生活用房		m^2		
3.2	水文缆道系统建筑				
3.2.1	缆道基础		座		
3.2.2	水文绞车基础		座		
3.2.3	信号设施基础		座		
3.3	测船码头		座		
3.4	水位监测				

续表

序号	项 目 名 称	项目主要特征	单位	工程量	备 注
3.4.1	自记水位平台（测井）		m		
3.4.2	人工校测水尺		站		
3.5	气象观测园		站		同专用气象站
3.6	辅助设施				
3.6.1	观测道路		站		
3.6.2	挡墙		站		
3.6.3	围墙		站		
4	水库泥沙监测土建设施				
4.1	水位站		站		参照专用水文站相应项目
4.2	断面桩		个		
4.3	泥沙监测站				参照专用水文站相应项目

4 水文测报设备及安装工程工程量清单编制

1）范围。

水文测报工程包括包括水情自动测报系统、专用气象站、专用水文站、水库泥沙监测等项目的设备及安装工程。

2）计算要求。

（1）规划阶段：水文测报工程不单独列项。

（2）预可行性研究阶段：水情自动测报系统测站设备以套估算，专用气象站、专用水文站、水库泥沙监测按分项以项估算，各项目的勘测设计、采购、运杂（含二次运输）、安装调试、试运行、建设用地、建设管理等费用性工作的工程量计入其他项以项估算。

（3）可行性研究阶段：仪器、仪表、设备工程量以台、套、只等计算，预报方案、软件等以套、项计算，各项目的勘测设计、采购、运杂（含二次运输）、安装调试、试运行、建设用地、建设管理等费用性工作的工程量计入其他项以项计算。

（4）招标设计和施工图设计阶段：工程量计算规定同可行性研究阶段。

表 4.7.5-6 预可行性研究阶段水文测报设备及安装工程工程量清单

序号	项 目 名 称	项目主要特征	单位	工程量	备 注
1	水情自动测报系统				
1.1	中心站				
1.1.1	中心站计算机网络电源		套		
1.1.2	计算机操作系统软件		套		
1.1.3	应用软件		项		
1.2	中继站		套		
1.3	遥测站		套		
1.3.1	水位雨量站		套		通信方式
1.3.2	水位站		套		通信方式

续表

序号	项 目 名 称	项目主要特征	单位	工程量	备 注
1.3.3	雨量站		套		通信方式
1.3.4	自动气象站		套		通信方式
1.4	与相关系统联网		项		
1.5	水情预报方案		项		
2	专用气象站				
2.1	办公设备		项		
2.2	气象观测设备		项		
3	专用水文站				
3.1	办公设备		项		
3.2	测验设备		项		
3.3	测验仪器		项		
3.4	泥沙分析仪器		项		
3.5	测量仪器		项		
3.6	安全设备		项		
4	水库泥沙监测专项		项		
4.1	水文监测		项		
4.2	泥沙监测		项		
4.3	断面桩		项		
4.4	水文泥沙数据库及信息管理分析系统		项		
4.5	泥沙分析系统		项		
5	其他				
5.1	水情自动测报系统		项		
5.2	专用气象站		项		
5.3	专用水文站		项		
5.4	水库泥沙监测专项		项		

表 4.7.5-7　　可行性研究阶段水情自动测报系统安装工程工程量清单

序号	项 目 名 称	项目主要特征	单位	工程量	备 注
1	水情自动测报系统				
1.1	中心站				
1.1.1	遥测接收				
1）	通信控制机		台		遥测信息接收
2）	数据接收计算机	工业控制机	台		
3）	电源设备	稳压、交流变直流	台		
1.1.2	计算机网络设备				
1）	计算机	工作站	台		

续表

序号	项 目 名 称	项目主要特征	单位	工程量	备 注
2）	服务器		台		
3）	服务器机柜		台		
4）	磁盘阵列		台		
5）	交换机		台		
6）	路由器		台		
7）	隔离设备		台		
8）	防火墙		台		
9）	网络附设		批		
10）	检修设备		套		
1.1.3	电源设备				
1）	隔离变压器		台		
2）	不间断电源（UPS）		台		
1.1.4	信息发布设备				
1）	信息发布控制计算机	工业控制机	台		
2）	显示屏		台		
3）	投影仪		台		
1.1.5	操作系统软件				
1）	数据库		套		
2）	服务器操作系统		套		
3）	计算机操作系统		套		
4）	防病毒软件		套		
1.1.6	应用软件				
1）	数据接收模块		项		
2）	数据处理模块		项		
3）	数据查询模块		项		
4）	数据库管理模块		项		
5）	预报软件模块		项		
6）	信息发布模块		项		
7）	水文资料整编模块		项		
8）	水务计算模块		项		
9）	与其他系统信息交换模块		项		
1.1.7	计算机桌		台		
1.2	中继站设备				
1.2.1	中继仪		套		
1.2.2	电源		套		
1.3	遥测站				

续表

序号	项 目 名 称	项目主要特征	单位	工程量	备 注
1.3.1	遥测水位雨量站		套		按通信方式、水位传感器分项
1.3.2	遥测水位站		套		按通信方式、水位传感器分项
1.3.3	遥测雨量站		套		按通信方式分项
1.3.4	自动气象站		套		按遥测要素分项
1.4	与其他系统联网				
1.4.1	与梯级工程水情自动测报系统联网		项		联网方式
1.4.2	与电厂 MIS 系统、闸门监控系统等联网		项		联网方式
1.4.3	与调度、防洪部门联网		项		联网方式
1.5	水情预报方案				
1.5.1	相关预报		项		
1.5.2	降雨径流预报		项		
1.5.3	实时校正预报		项		
1.5.4	中长期预报		项		
1.5.5	调洪演算		项		
1.5.6	区间洪水预报		项		
1.5.7	坝址洪水预报		项		
2	专用气象站				
2.1	办公设备				
2.1.1	计算机		台		
2.1.2	打印机		台		
2.1.3	传真机		台		
2.2	气象观测设备				
2.2.1	测风杆		台		
2.2.2	百叶箱		台		
2.2.1	雨量		套		含自记
2.2.2	风速风向仪		套		含手持式
2.2.3	温度		套		含最高、最低、自记
2.2.4	湿度		套		含最高、最低、自记
2.2.5	地温表		套		
2.2.6	日照计		台		
2.2.7	气压计		套		
2.2.8	蒸发器		台		
2.2.9	辐射仪		台		
3	专用水文站		项		

续表

序号	项　目　名　称	项目主要特征	单位	工程量	备　　注
3.1	办公设备				
3.1.1	计算机		台		
3.1.2	打印机		台		
3.1.3	传真机		台		
3.2	测验设备				
3.2.1	水文缆道		套		
3.2.2	缆道控制设备		套		
3.2.3	信号设备		套		
3.2.4	水文测船		只		
3.2.5	水文绞车		台		
3.2.6	铅鱼		只		
3.3	测验仪器				
3.3.1	流速仪		套		
3.3.2	ADCPC 声学多普勒流速剖面仪		套		
3.3.3	秒表		台		
3.3.4	泥沙采样器		台		
3.3.5	泥沙水样桶		只		
3.3.6	水温计		台		
3.3.7	气象观测设备				见专用气象站
3.4	泥沙分析设备				
3.4.1	坩埚		套		
3.4.2	烘箱		台		
3.4.3	粒径计		套		
3.4.4	移液管		套		
3.4.5	分析筛		套		
3.4.6	干燥器		个		
3.4.7	冰箱		台		
3.4.8	天平		台		
3.4.9	温度计		只		
3.4.10	激光粒度仪		台		
3.4.11	分沙器		台		
3.5	测量设备				
3.5.1	水准仪		套		
3.5.2	全站仪		套		
3.5.3	测深仪		套		

续表

序号	项　目　名　称	项目主要特征	单位	工程量	备　注
3.5.4	GPS		套		
3.5.5	水准尺		副		
3.6	安全工具				
3.6.1	探照灯		台		
3.6.2	扩音器及高音喇叭		只		
3.6.3	安全斧		把		
3.6.4	警示器材		项		
3.6.5	安全标识		项		
3.6.6	救生衣		件		
4	水库泥沙监测				
4.1	水文监测				参照专用水文站相应项目
4.2	泥沙监测				参照专用水文站相应项目
4.3	断面桩		个		
4.4	水文泥沙数据库及信息管理分析系统		项		
4.5	泥沙分析系统		项		
5	其他				
5.1	项目勘测		项		
5.2	项目设计		项		
5.3	项目建设用地		项		
5.4	设备采购		项		
5.5	设备运杂（含二次运输）		项		
5.6	安装调试		项		
5.7	试运行		项		
5.8	建设管理		项		
5.8.1	咨询评审		项		
5.8.2	建设监理		项		
5.8.3	验收		项		
5.8.4	保险		项		
5.8.5	技术培训		项		
5.8.6	备品备件		项		

4.7.6　水库地震监测台网工程

水库地震监测台网工程量应包括台网土建、设备（仪器）及安装调试、电站施工期台网运行管理等。水库地震监测台网工程在规划设计阶段不单独计列，预可行性研究阶段以项计列，可行性研究阶段分土建工程、设备（仪器）及安装调试、电站施工期台网运行管理等分别计算工程量，招标和施工图设计阶段在可行性研究阶段的基础上细化。

1　水库地震监测台网土建工程

可行性研究阶段分部分项列出各子台、中继站、网络中心的土建工程量清单，主要包括建设征地、机房、围墙、天线、避雷装置、中心装修等工程量。

2　水库地震监测台网设备（仪器）

可行性研究阶段根据各子台、中继站、网络中心，以及信息节点的功能、传输方式、供电方式等，分项列出与技术要求相适应的设备（仪器）及安装调试的工程量清单。

3　水库地震监测台网运行管理

可行性研究阶段按项计列水库地震监测台网在水电工程建设期间运行管理（包括试验运行、考核运行和正式运行等）的工程量。

表 4.7.6-1　　预可行性研究阶段水库地震监测台网工程工程量清单

序号	项　目　名　称	项目主要特征	单位	工程量	备　注
1	水库地震监测台网工程		项		

表 4.7.6-2　　可行性研究阶段水库地震监测台网工程工程量清单

序号	项　目　名　称	项目主要特征	单位	工程量	备　注
1	土建设施				
1.1	子台				
1.1.1	征地		m^2		
1.1.2	场地平整		m^2		含护坡、堡坎修建
1.1.3	机房		m^2		
1.1.4	围墙		m		
1.1.5	简易避雷针		根		有交流电台站选用
1.1.6	接地系统建设		m		
1.1.7	其他				含仪器墩、供电、交通等，天线一般设于房顶
1.2	中继站				
1.2.1	征地		m^2		
1.2.2	场地平整		m^2		含护坡、堡坎修建
1.2.3	机房		m^2		
1.2.4	围墙		m		
1.2.5	避雷塔		座		含基础、塔体、避雷针等
1.2.6	天线		座		含基础、塔体，可与避雷塔共用

续表

序号	项 目 名 称	项目主要特征	单位	工程量	备 注
1.2.7	太阳能电池板放置平台		m^2		卫星台专用
1.2.8	其他				含供电、交通等
1.3	网络中心				
1.3.1	新建网络中心		项		需要新建时
1.3.2	改造、装修		项		设在地震局时
1.3.3	其他				
2	仪器设备				
2.1	子台设备				
2.1.1	地震记录仪				
1）	反馈式短周期地震计		台		
2）	地震数据采集器		台		
3）	加速度计		台		
4）	宽带地震计		台		
2.1.2	传输设备				
1）	无线数传发射设备		台		无线传输
2）	射频功率接续器		台		选件
3）	发射天馈线		副		无线传输
4）	卫星小站		台		卫星传输
5）	网络交换机		个		有线传输
6）	广域网口路由器		个		有线传输
7）	光纤接入设备		项		有线传输
8）	协议转换器（以太网桥）		台		有线传输
9）	网络机柜				
10）	CDMA 路由器		台		CDMA 传输
11）	CDMA 天馈线		套		CDMA 传输
12）	光纤收发器		套		有线传输
2.1.3	供电设备				
1）	太阳能电池板		副		太阳能
2）	太阳能充电稳压控制器		台		太阳能
3）	免维护蓄电池组		板		太阳能
4）	交流浮充电机		台		每个台网 2 台即可，子台和中继站不必都配
5）	供电线路		项		交流电
6）	不间断电源（UPS）		个		交流电
7）	配电箱		个		交流电
8）	变压器		台		交流电
9）	逆变器		台		卫星台
10）	太阳能电池板支架		个		

续表

序号	项 目 名 称	项目主要特征	单位	工程量	备 注
2.1.4	避雷装置		套		
2.1.5	其他				
2.2	中继站设备				
2.2.1	接收传输设备				
1)	无线数传发射机		台		
2)	无线数传接收机		台		
3)	接收天馈线		副		
4)	发射天馈线		副		
5)	地震数据复接设备		套		
6)	地震数据分接设备		台		
7)	交换机		套		
8)	路由器		台		
9)	SDH 接入设备		台		
10)	系统集成（含网络机柜）		套		
11)	串口服务器		台		
2.2.2	供电设备				
1)	太阳能电池板		板		
2)	太阳能充电稳压控制器		台		
3)	交流浮充电机		台		每个台网 2 台即可，子台和中继站不必都配
4)	免维护蓄电池		组		
5)	避雷装置		套		
6)	供电线路		套		
7)	不间断电源（UPS）		个		
8)	直流稳压电源		个		太阳能充电稳压控制器已含有直流稳压电源，可以不设。如果是单一的太阳能充电器就必须配
2.2.3	其他				
2.3	网络中心设备				
2.3.1	新购设备		项		新建网络中心时（中心独立配置，含软硬件）
2.3.2	更新、改造设备		项		更新或扩容配置（含软硬件）
2.4	信息节点		项		含软硬件
2.5	其他				
3	水库地震监测台网运行		项		包括台网试验运行、考核运行和正式运行与水库地震分析预测

附　　录

水电工程设计工程量阶段系数表

类别	设计阶段	混凝土、土石方及砌石工程	钢筋钢材	灌浆工程	锚索锚杆
建筑工程	规划	1.05～1.09	1.06	1.18	1.10
	预可行性研究	1.03～1.06	1.04	1.15	1.06
	可行性研究	1.02～1.04	1.02	1.10	1.03
施工辅助工程	规划	1.07～1.11	1.08	1.20	1.12
	预可行性研究	1.06～1.10	1.06	1.17	1.08
	可行性研究	1.04～1.08	1.04	1.12	1.05

注　混凝土、土石方及砌石工程的工程量阶段系数按土建工程规模取值，工程规模大的取下限值，工程规模小的取上限值。招标和施工图设计阶段系数为 1。

水电工程设计工程量计算规定

条 文 说 明

目　录

1 总　　则

1.0.1　本条阐述了水电工程设计工程量计算规定制定的目的和作用。

1.0.2　本条明确了本规定的适用范围。本规定的适用范围包括两方面内涵，从工程类别上看，本规定适用于新建、改（扩）建的大、中型水电工程（含抽水蓄能电站工程）；从设计阶段上看，本规定适用于规划、预可行性研究、可行性研究以及招标和施工图设计阶段。

1.0.3　本条列举了本规定制定的主要依据。

1.0.4　本条明确了工程量清单编制与相关勘测设计规程、规范以及概（估、预）算编制规定和定额标准的关系。

1.0.5　本条所述“可以预见的不良地质处理工程量”，是指施工过程中必然发生但依据本阶段勘察资料无法准确计量的工程量，可根据地质提供的勘探资料和工程初步设计方案分析估算。施工规范允许的超挖量、超填量、合理施工附加量、施工操作损耗及质量检查工程量已包含在水电建筑工程概算定额的相应消耗量指标中。

1.0.6　本条是指若按照其他行业（交通、铁路、电力、通信、工业与民用建筑、水利等）标准进行工程设计时其工程量计算的具体规则。

1.0.7　水电工程项目中构成主体工程一部分的施工辅助工程，又被称为永临结合项目。永临结合项目在划分上属于永久工程的范畴。

2 术语和定义

2.0.1 合理切取剖面或体形是指以正确的方法获得的工程结构断面或体形。比如：切取斜井（洞）剖面时，正确方法是垂直于洞轴线；切取土石方明挖剖面时，正确的方法是垂直于设计开挖线。

2.0.2 本条款说明了设计工程量的组成内容。在计算设计工程量时，应注意不同设计阶段的阶段系数。

2.0.3 质量检查工程量（除特殊注明外）不包括在设计工程量中。

2.0.7 本条所述单位混凝土体积的单位为 m^3，钢筋、型钢等钢材的质量单位为 kg。钢筋的加工损耗、弯曲延伸增加长度已包含在水电建筑工程概（预）算定额中。

2.0.8 工程量阶段系数以招标和施工图设计阶段为基础，各设计阶段的设计工程量应在招标和施工图设计阶段的基础上相应扩大。

2.0.13 本规定中的工程量清单项目是按不同设计阶段的相应设计深度分别列示的。

3 分项工程量计算规定

3.1 建 筑 工 程

3.1.1 土石方开挖

1 随着计算机技术的应用和发展，土石方工程图纸工程量的计算方法也由传统的切取剖面累积计算逐步向三维建模的方法演变，上述两种土石方工程图纸工程量的计算方法可根据具体情况选择使用。

采用剖面法计算时，相邻两剖面之间的间隔距离视地形变化而定，起伏变化大的地段间隔距离宜短，反之宜长。

3 土石方明挖工程量，因其钻孔、挖装、运输机械不同，其开挖分类亦各异，故除需按不同岩土类别外，尚需按不同开挖部位分别进行工程量计算。

1）一般土方开挖，指图示沟槽底宽在 3m 以上，坑底面积在 $20m^2$ 以上的土方开挖工程。

2）沟槽土方开挖，指图示沟槽底宽在 3m 及以内，且其长度大于宽度 3 倍以上的土方开挖工程。

3）坑土方开挖，指图示坑底面积在 $20m^2$ 及以内的土方开挖工程。

4）一般石方开挖，指图示底宽大于 7m，上口面积大于 $200m^2$ 的石坑开挖。

5）沟槽石方开挖，指图示底宽小于等于 7m，两侧垂直或有边坡的底长大于底宽 3 倍以上的石方开挖工程。

6）石坑开挖，指图示上口面积小于等于 $200m^2$，上口长宽比小于等于 3，深度小于等于上口短边的长度或直径的石方开挖工程。

4 土石方洞挖工程量，因其设计断面尺寸、型式等因素影响钻孔、挖装、运输机械及施工方法的选择，故平洞、斜井、竖井和地下厂房洞室工程量需分别进行工程量计算。

1）洞室开挖指横断面尺寸较大且轴线长度与宽度之比小于 10 的洞挖。

2）斜井开挖指洞轴线与水平夹角大于 6°小于等于 75°的洞挖。

3）竖井开挖指洞轴线与水平夹角大于 75°，上口面积大于 $4m^2$，深度大于上口短边长度或直径的洞挖。

3.1.2 支护、锚固及排水

1 喷混凝土工程量，因施喷部位（地面护坡、平洞、斜井、竖井）、技术要求（干喷、湿喷、水泥裹砂）、喷浆厚度、有无钢筋网等影响完成本工作的资源消耗量，故需分别进行计算。

喷混凝土的回弹量和施工损耗量不计入到设计工程量中。

喷混凝土工程量阶段系数可参照混凝土工程选取。

2 锚杆（锚筋、锚杆束、锚筋桩等）支护工程量，因不同的岩性和类别、锚杆类型、锚杆直径和锚杆长度影响施工方法的选择，故需分别进行计算。

按规定应留的外露部分及加工制作损耗不计入到设计工程量中。

3 锚索支护工程量，因不同的岩性和类别、锚索类型、锚索长度、预应力级别和锚固对象等影响施工方法的选择，故需分别进行计算。

按规定应留的外露部分及加工制作损耗不计入到设计工程量中。

4 钢支撑（钢格栅）

一般用于施工期的临时支护，当地质条件未最终揭示时，可能变化较大，故宜进行工程量估算。

如需进行详细设计时，应分部位根据地质条件、岩性和类别，提出钢支撑类型、材料等，并进行工程量计算。

5 管棚（钻孔及埋管）

一般用于施工期的临时支护，当地质条件未最终揭示时，可能变化较大，故宜进行工程量估算。如需进行详细设计时，应分部位根据地质条件、岩性和类别，提出管棚类型、材料等，并进行工程量计算。

7 排水孔（管）主要有钻孔式、埋设式，不同工程、不同部位排水孔（管）的型式变化较大，故应按排水孔（管）类型、直径和长度分部位计算设计工程量。

3.1.4 地下连续墙

1 因地层性质（黏性土、粉土、粉细砂、中粗砂、砾石、卵石、漂石、岩石、混凝土）、墙厚、槽孔深度等影响完成本工作的资源消耗量，故应提出地层性质、墙厚、槽孔深度。

地下连续墙造孔工程的工程量阶段系数可参照灌浆工程选取。

2 因不同的强度级别、不同的级配等影响施工方法的选择，故应提出混凝土的强度级别和级配。

混凝土的拌制损耗、施工损耗、运输损耗、规范允许的超填量及必要的施工附加量等不计入到设计工程量中。地下连续墙混凝土工程的工程量阶段系数可参照混凝土工程选取。

3 因地层性质（粉土、砂、砾石、卵石）、高压喷射灌浆类型（定喷、摆喷、旋喷）影响完成本工作的资源消耗量，故应提出地层类型、高压喷射灌浆类型。

高压喷射灌浆工程的工程量阶段系数可参照灌浆工程选取。

3.1.5 地基加固

地基加固工程量阶段系数可参考混凝土工程选取。

3.1.6 土石方填筑

土石坝填筑的削坡、雨后清理、施工期沉陷及施工附加量等不计入到设计工程量中。因此设计计算工程量时，只需按不同部位不同材料，乘以工程量阶段系数分别计算。

3.1.7 混凝土和钢筋、钢材

1 混凝土工程量，因不同的建筑物、不同的类别、不同的部位、不同的强度级别、不同的级配、不同的隧洞型式、不同的洞径、不同的模板类型、不同的衬砌厚度、不同的运输设备等影响施工方法的选择，故需分别进行工程量计算。

常态混凝土坝和碾压混凝土坝应明确仓面面积；面板混凝土应明确部位（面板、趾板、无砂混凝土垫层）和面板板厚；心、斜墙混凝土应明确墙厚；地面厂房混凝土应明确部位（上部、下部）；地下厂房混凝土应明确顶拱和边墙衬砌厚度；隧洞衬砌混凝土应明确衬砌部位（平洞、斜井、竖井）、衬砌厚度和开挖断面面积。

混凝土的拌制损耗、运输损耗、施工损耗、规范允许的超填量及必要的施工附加量等不计入到设计工程量中。

2 钢筋、钢材：

含钢量是根据不同工程、不同项目、不同部位的施工详图的统计结果，经工程类比选用的。

规划设计阶段、预可行性研究和可行性研究阶段钢筋量一般按含钢量估算。

招标设计阶段和施工图设计阶段：钢筋制作加工损耗及施工架立、搭接等材料不另行计量。

可行性研究阶段对一些重要部位可能进行结构计算并有相应的设计图纸，依据此设计图纸计算钢筋工程量时，其计算规则同招标设计阶段和施工图设计阶段的计算规则。

3.1.8 沥青混凝土

沥青混凝土应按强度等级、级配，分部位分别计算工程量。不计入拌制、运输、凿毛、干缩等损耗及施工超填量。沥青混凝土工程工程量阶段系数可参照混凝土工程选取。

3.1.9　砌体

砌体工程包括干砌石、浆砌石、浆砌混凝土块等。因砌筑部位（平面护坡、曲面护坡、坝面护坡、护底、基础、挡土墙、桥墩、防浪墙、帽石等）、砌筑类型（干砌块石、干砌卵石、浆砌块石、浆砌卵石、浆砌条料石、浆砌预制混凝土块、浆砌石拱圈、浆砌石明渠、浆砌石隧洞、砌石重力坝、砌条石拱坝等）、砌筑材料（块石、条石）等影响施工方法的选择，故需分别进行计算。

施工技术规范允许的超填量及必要的施工附加量等不计入到设计工程量中。

3.1.10　压力钢管

规划设计阶段采取将钢管管体质量扩大20%~30%来估算加劲环、支撑环、阻水环（含管外集排水管）、止推环、进人孔和伸缩节等管道附件的质量，比例的选取可结合管道型式（地面明管、地下埋管、坝后背管）等因素选取，地面明管宜取较大值。

招标设计和施工图设计阶段压力钢管工程图纸工程量应按一般钢管、岔管及材质分别计算。因为压力钢管的壁厚和内径的变化、岔管的制作安装难度、热处理和水压试验要求等不同会影响完成本工作的资源消耗量，故需分别进行计算。一般钢管的质量包括钢管本体、加劲环和支撑环的质量；岔管质量系指岔管段中岔管及方变圆管管节部分的质量；压力钢管工程量不计入制作损耗量。

压力钢管的制作损耗、热处理和水压试验相关费用不计入到设计工程量中。

3.3　建设征地移民安置

1　对应《水电工程设计概算编制办法》（2007年版），明确了建设征地移民安置工程量的分类，按照性质分为补偿补助项目和工程设计项目。

2　鉴于建设征地移民安置的特殊性，明确了各类补偿、补助项目的具体内容及计量方法，以及各阶段的深度要求。

3　对于工程项目，根据设计中采取处理方法的不同，分以下三类：①按照行业规定提出不同阶段深度的设计成果；②规模较小的采取比照类似工程扩大指标；③不需要复建的采取一次性补偿。

4 工程量清单编制规定

4.1 施 工 辅 助 工 程

1 规划阶段和预可行性研究阶段按有关规程的设计深度要求，工程量计算项目是在可行性研究阶段基础上进行归类和合并；招标设计阶段需要按单个项目招标时，需要提出分解的计算项目再组合编制；施工图设计阶段可按工程实施具体情况细化计算项目。

2 公路、铁路、水运、电力、通信、工业与民用建筑等相关行业的工程量计算规定不尽相同，有的行业颁布了具体规范，有的行业在招标合同文件范本上提出指导性的计算规定，有的行业没有具体计算规定。施工辅助工程涉及的行业较多，可参照具体的行业规定，根据水电工程的特点和本规定要求进行工程量计算。

3 摊销在单价中的项目可列出项目设备清单，各阶段的设备清单根据各阶段单价计算要求，可参照施工图设计阶段工程量计算项目简化提出。

4 规划阶段施工辅助工程主要任务是了解工程建设区的交通条件和结合水工枢纽布置的导流条件，提出相应的估算工程量。其他施工辅助工程的投资额按比例确定，需要关注建设区的筑坝材料的分布情况、施工供电的电源情况和施工场地布置条件等，参照同类工程类比提出。

5 施工图设计阶段施工期防洪、度汛、抢险等发生的项目，分类计列并归入相应的施工辅助工程。

4.1.2 施工期通航工程

1 预可行性研究阶段施工期通航按单项工程估算费用的项目包括通航工程建设、因工程施工引起坝址河段新增的碍航或停航时段的补偿、客货转运过坝及运行管理等。

2 可行性研究阶段当施工期通航结合分期导流或明渠导流方式进行时，因通航水力学要求，坝址缩窄河床段外或明渠外上下游河段增加的开挖量及河道疏浚量单列，其他计入导流工程量中。

3 连接道路主要指“水—陆”和“水—陆—水”驳运过坝方式中的运输道路，例如三峡工程的水—陆过坝运输道路。

4 招标设计及施工图设计阶段中施工期通航各费用项目应保持一致，并详细列出。

5 对年际变化大的浅滩，施工图设计阶段应根据当年的实测图进行计算。重要工程宜采用1:500～1:1000比例实测。

4.1.3 施工供电工程

1 从供电系统提供的接线点至各施工作业面内的供配电设施纳入相应分项工程。

2 对于不同型式的电站，其设备配置不尽相同，在编制过程中根据需要可在此清单基础上进行适当的调整。

4.1.4 施工供水系统工程

1 从提供的供水接线点至各工作面的供水支管及其辅助设施摊入相应分项工程的单价中。

2 供水系统的供配电设施可行性研究阶段按项计列，可不列细部工程量。

3 变压器如计入施工供电范围，则本项目清单不应重复计列。

4.1.5 施工供风系统工程

1 从提供的供风接线点至各工作面的供风支管及其辅助设施摊销在供风单价中。

2 施工供风系统的供水和供配电设施在可行性研究阶段按项计列，可不列细部工程量。

3　预可行性研究阶段和可行性研究阶段，提出施工供风系统的规模及主要设备以供分析施工供风的单价。

4　变压器如计入施工供电工程，则本项目清单不应重复计列。

4.1.8　料场开采及防护工程

1　料场地形图范围不仅包括料场本身范围，还应适当扩大，以满足料场开采道路布置要求。

2　地质平面图、剖面图精度应根据料场勘察级别按规范要求选定。

3　由于料场地形条件不同，料场开采道路有的完全布置在料场开采范围内，有的部分在料场开采范围外，料场开采范围外的道路应计算工程量，并计入施工交通工程。

4　弃料开挖指料场开挖剔除无用层、夹层过程中损失的可用料。

4.1.9　砂石料生产系统工程

1　砂石料生产系统从毛料进入粗碎车间受料坑开始，对毛料采用竖井溜渣方式，竖井部分工程量纳入料场开采工程。

2　可行性研究阶段。

粗碎车间设置在料场附近加工并储存半成品，半成品料采用胶带机运输，其运输线路的土建工程（含胶带机隧洞）和胶带机等设备均应计入系统内。采用汽车运输半成品的道路（含隧洞）纳入场内交通工程。

砂石料生产系统的末端为成品料的出料点，采用胶带机运输成品料方式的为成品料堆的出料胶带机下料点；采用装车仓方式的为装车仓的下料点；采用装载机装料的为装料结束点。

3　砂石生产系统设备采购、运输、保管均摊入成品骨料单价中，不再单独列项。为便于成品骨料单价分析，可行性研究阶段需提供系统主要设备表，可参照表1。

表1　　可行性研究阶段砂石生产系统主要设备表

序号	系统工艺设备	项目主要特征	单位	数量	备　注
1	破碎设备				
	旋回破碎机		台		
	颚式破碎机		台		
	圆锥破碎机		台		
	反击式破碎机		台		
	立轴式冲击破碎机		台		
	棒磨机		台		
	其他类型破、磨设备		台		
2	筛分设备				
	重型圆振动筛分机		台		
	圆振动筛分机		台		
	直线振动筛分机		台		
	高频振动筛分机		台		
	其他类型筛分机				
3	给料设备				
	棒条式振动给料机		台		

续表

序号	系统工艺设备	项目主要特征	单位	数量	备　　注
	振动给料机		台		
	槽式给料机		台		
	电动弧门		台		
	气动弧门		台		
	其他类型给料机		台		
4	粗细骨料处理设备				
	洗石机		台		
	细砂回收装置		台		
	螺旋分级机		台		
5	胶带输送机设备				
	B500		m/条		
	B650		m/条		
	B800		m/条		
	B1000		m/条		
	B1200		m/条		
	B1400		m/条		
	可逆配仓胶带机		m/条		
	卸料小车		台		
	除铁器		台		
6	称量设备				
	皮带秤		台		
	地衡		台		
7	系统环保设备				
	除尘器		台		
	风机		台		
	其他设备		台		
8	供热设备				
	锅炉		台		
	其他设备		台		
9	供水设备				
	水泵		台		
	加药设备		台		
	其他设备		台		
10	废水处理设备				
	高效快速澄清器		台		

续表

序号	系统工艺设备	项目主要特征	单位	数量	备　　注
	静态管式混合器		台		
	加投装置		台		
	除砂机		台		
	污水泵		台		
	其他设备		台		
11	电气设备				
	供电设备		台		
	控制设备		台		

4.1.10　混凝土生产及浇筑系统工程

1　混凝土生产系统包括成品骨料运输、储存、预冷、加热、胶凝材料及外加剂的储存和供应，直至搅拌机出料口所包含的工程部位均应计入混凝土生产系统。

若成品骨料采用胶带机运输方式，骨料运输线从砂石料生产系统的出料胶带机下料点开始，至混凝土系统的成品料堆或骨料竖井。成品骨料运输线的胶带机栈桥及基础、隧洞、跨江栈桥、混凝土系统的成品骨料竖井所包含的工程部位也应计入混凝土生产系统。

若采用汽车运输方式，骨料运输系统从砂石料生产系统成品料出料点开始（成品骨料的运输道路纳入场内交通工程）至成品骨料受料坑（或竖井）。

2　混凝土生产系统设备采购、运输、安装、保管等费用均摊入成品骨料单价中，不再单独列项。为便于成品骨料单价分析，可行性研究阶段需提供系统的主要设备表，可参照表2。

表2　　可行性研究阶段混凝土生产系统主要设备表

序号	系统工艺设备	项目主要特征	单位	数量	备　　注
1	系统工艺设备				
	混凝土搅拌楼		座		
	混凝土搅拌站		台		
	圆振动筛分机				
	直线振动筛分机		台		
	振动给料机				
	槽式给料机		台		
	电动弧门		台		
	气动弧门		台		
	其他类型给料机		台		
	细砂回收装置		台		
	螺旋分级机		台		
	B500		m/条		
	B650		m/条		
	B800		m/条		
	B1000		m/条		

续表

序号	系统工艺设备	项目主要特征	单位	数量	备　　注
	B1200		m/条		
	B1400		m/条		
	可逆配仓胶带机		m/条		
	卸料小车		台		
	除铁器		台		
	胶凝材料罐		座		
	仓泵		台		
	袋式除尘器		台		
	螺旋输送机		台		
	水泵		台		
	皮带秤		台		
	地衡		台		
2	空气压缩机设备				
	空气压缩机		台		
3	供热设备				
	锅炉		台		
	锅炉给水泵		台		
	蒸汽泵		台		
	其他设备		台		
4	制冷设备				
	制冷压缩机		台		
	冷水机组		台		
	冷凝器		台		
	储氨器		台		
	低压循环桶		台		
	氨泵		台		
	集油器		台		
	空气分离器		台		
	紧急泄氨器		台		
	离心泵		台		
	冷暖风机		台		
	片冰机		台		
	冰库		台		
	螺旋机		台		
	空气冷却器		台		
	冷却塔		台		

续表

序号	系统工艺设备	项目主要特征	单位	数量	备　注
5	供水设备				
	水泵		台		
	加药设备		台		
	卷扬机		台		
	高效絮凝沉淀器		台		
	其他设备		台		
6	废水处理设备				
	高效快速澄清器		台		
	加投装置		台		
	除砂机		台		
	污水泵		台		
	其他设备		台		
7	电气设备				
	供电设备		台		
	控制设备		台		
8	沥青混凝土生产设备				
	沥青加热设备		台		
	骨料烘干机		台		
	矿粉储罐		个		
	沥青拌和站		台		

3　混凝土生产系统的供风可根据各工程具体情况，统一规划，计入供风系统或混凝土生产系统。

4　混凝土温控措施分为两个部分：一部分在混凝土生产制冷系统内；另一部分在大体积混凝土浇筑施工过程中采取的措施单独计算工程量。

4.1.11　导流工程

1　导流工程包括有围堰工程、导流泄水建筑物（导流洞工程、导流明渠、导流底孔及缺口）、施工期排水、度汛、施工期通航、下闸蓄水和下游供水等内容；按项目可划分为土建工程、金属结构和安全监测三大类，其中金属结构和安全监测各阶段工程量按设计阶段分项单列，施工期通航工程归入施工辅助工程之中。建筑工程量按不同项目、分阶段，参照永久建筑物的计量方式分别计算。

2　导流工程与永久建筑物结合的工程量计入永久工程中。

3　截流戗堤常与围堰工程相结合，围堰工程量中应扣除截流戗堤工程量。

4　可行性研究阶段，截流工程量应明确列出各种抛投材料的规格与数量，包括混凝土多面体、钢筋笼、铅丝笼、竹笼等的规格，各种抛投分区块石料的粒径范围。

5　施工期排水包括大坝基坑排水和施工期排水，按最大设计排水能力配备排水设备，并根据排水设备的数量考虑一定的备用设备。

6　土石围堰填筑工程量应计入考虑设计沉陷而预留的设计工程量，设计沉陷可取堰高的0.50%～1.00%。不计入削坡、雨后清理、施工期沉陷等因素发生的工程量。

7　施工期混凝土与土石填筑等材料的现场检查与检测费用，按项单列。

8 在招标设计和施工图设计阶段，围堰工程和导流泄水建筑物工程所需的施工辅助附加量，如临时道路、临时支护、施工支洞及其封堵等，应按材料的规格和种类，分别计入相应的项目中，或按项目计列费用。

9 施工期下游供水有专项工程措施的，则按专项工程设计图纸计算工程量，其余的措施费用按项计列。

4.2 建 筑 工 程

4.2.1 挡（蓄）水建筑物

各段建筑物的分界以不同建筑物之间的结构缝为界限。

4.2.2 泄水、消能建筑物

不同的建筑物布置型式，分段方式有所不同，工程量计算的项目也应有相应的增减。各段建筑物的分界以不同建筑物之间的结构缝为界限。

4.2.5 升压变电工程

为便于分部计算分项工程量，明确划分了升压变电建筑物与发电厂房建筑物的界限。

规划设计阶段宜提出分项工程量，对于其他阶段应分地面（下）变电站、母线洞、出线洞（井）、出线场等建筑物分部位列出分项工程量，随着设计阶段的深入，项目划分应相应细化。

4.2.7 边坡工程

近坝岸坡处理工程有建筑物高边坡、规模较大的堆积体、滑坡体坡等，应分别提出其处理工程量。

4.3 环境保护和水土保持工程

4.3.1 规定了本节的适用范围。

4.3.2 规定了环境保护工程各设计阶段工程量计算和清单的编制要求。

4.3.3 规定了水土保持工程各设计阶段工程量计算和清单的编制要求。

4.6 建设征地移民安置

1 对应《水电工程设计概算编制办法》(2007年版)，明确了建设征地移民安置工程量的分类，按照建设征地实物指标的性质分为补偿补助项目和工程项目两类。

2 鉴于建设征地移民安置的特殊性，明确了各类补偿、补助项目的具体内容及计量方法，以及各阶段的深度要求。

3 进一步明确了不同行业各类工程项目，在不同阶段采用的行业规范设计深度要求，以及工程量计算方法和精度要求。

4 对于工程项目，根据设计中采取处理方法的不同，分以下三类：①按照行业规定提出不同阶段深度的设计成果；②规模较小的采取比照类似工程扩大指标法；③不需要复建的采取一次性补偿。

5 各水电工程可按照各阶段工程量清单附表，根据本工程特点、建设征地实物指标及移民安置规划实际情况，增加相应项目，必要时可进一步细化。

6 工程量计算中有关实物指标调查及推算计量的方法等有关内容，应按照 DL/T 5064—2007《水电工程建设征地移民安置规划设计规范》的规定执行。

7 实施阶段如需编制概算，可参照可行性研究阶段有关工程量计算规定执行。

4.7 其 他 工 程

4.7.1 交通工程

1 水电工程中的施工交通工程工程量计算规定，参照现行有关行业的编制办法、标准、范本等并结合水电工程特点及各阶段的设计要求进行编制。

2 对外交通专用公路的设计应根据水电工程的实际情况，结合地方交通发展，参照类似工程经验提出经济合理的路线方案，在可行性研究及招标设计和施工图设计阶段应结合水电移民安置规划，参照行业设计要求和水电工程的实际情况提出各阶段的设计文件。

3 场内交通工程的设计应结合施工总布置的需要，按各条道路的功能要求进行设计。占用土地需根据施工总布置要求，若在施工总布置中已计列，在交通工程中可不计列，否则应在设计文件中计列。

4 预可行性研究阶段场内交通工程应估列出路线、桥梁、隧道的长度；可行性研究阶段施工交通工程根据水电工程实际情况最低要求，应估列出路线长度，路基、路面、桥梁和隧道等主要工程数量；技术复杂大桥应估列出基础、下部结构和上部结构的主要工程量，交叉型式及数量等。

5 招标设计阶段施工交通工程根据水电工程项目的实际情况，其设计深度可适当降低，但应不低于可行性研究阶段设计深度要求。

6 重大件为运输尺寸或运输重量超过公路或铁路的正常运输要求，需到相关行业主管部门办理手续并限定路线运输的水电工程机电设备的重件、大件和厂房内的桥式起重机的主梁。在运输过程中需要运输主管部门、道路养护部门等多部门协作才能完成。

4.7.2 房屋建筑工程

1 本规定招标设计及施工图设计阶段单项工程、单位工程、分部工程、分项工程清单项目，是依据大型水电工程中功能全面、建设标准较高的通用房屋建筑工程进行编制，设计内容如与附表不一致，可依据 GB 50500—2008《建设工程工程量清单计价规范》按实进行增减或修改。

2 可行性研究阶段，对于规模较小、功能简单、场地不复杂、没有条件进行方案设计的施工及建设管理房屋建筑工程，工程量清单计算规定及项目列项可参照本规定适当简化。

3 招标设计及施工图设计阶段工程量清单附表中的项目特征未做描述，但实际工程实施过程中，应严格按照招标设计及施工图设计的内容并结合 GB 50500—2008《建设工程工程量清单计价规范》规定详细编写清单特征描述。

4 预可行性研究阶段工程量清单施工仓库和辅助加工厂中的项目主要特性是指仓库和辅助加工厂的主要结构型式，如框架结构、砖混结构、钢结构等。对炸药库还应指明其是地面形式还是地下形式。

5 可行性研究阶段场地平整工程量按表中场地平整（通用）中相应子项计列，并说明项目主要特性；对于地下式的炸药库其开挖工程量可参照此项进行，并视地质情况按地下洞室增列支护工程量。

6 招标设计及施工图设计阶段工程量清单第 5 项“通用室外工程”中道路工程指从场内交通干线的接点至仓库或辅助加工厂专用交通道路，且本段道路没有计入场内交通的工程量中。工程量清单备注中的“参照通用工程列项”指施工仓库和辅助加工厂的工程量按表 4.7.2-3 第 5 项“通用室外工程”和第 7 项“通用房屋建筑安装工程”相应子项详细计算并参照该表格式计列。平整工程量按第 1 项“通用场地平整工程”相应子项计列。

4.7.5 水文测报工程

1 分项工程量计算规定

1）水文测报工程按施工期水文测报工程、建筑工程、设备及安装工程计算工程量。

2）施工期水文测报工程主要包括在施工期建设的临时水文监测设施与需要的设备、施工期水文测报服务、专用水文站测验、截流水文服务专项、水库泥沙监测专项等。

3）水情自动测报系统、专用气象站、专用水文站（含水位站）、水库泥沙监测等项目是为工程运行管理服务的永久工程，其建设分别按水文测报建筑工程、设备及安装工程计算工程量。

4）水情自动测报系统、专用气象站、专用水文站（含水位站）、水库泥沙监测等项目在水电工程投入运行后的运行管理工程量不列入本规定。

5）水电站水调自动化系统不列入本规定。

2 施工期水文测报工程工程量清单编制

1）在施工期的水文测报工程中，建设水情自动测报系统、专用气象站、专用水文站、水库泥沙监测等为工程运行服务的项目时，其工程量分别计入水文测报建筑工程和设备及安装工程。

2）施工期水文测报服务中需要使用的不包括水情自动测报系统、专用气象站、专用水文站、水库泥沙监测等项目内的非办公设备，可根据情况采用设备折旧的方式计算工程量。

3 水文测报建筑工程工程量清单编制

1）可行性研究阶段，水位站、中继站站房、雨量站、气象站等项目建筑工程相对固定，测站建设按对应的单位计算工程量，但水位站自记水位井高度需根据具体设计以米（m）计算工程量。另外，当开挖工程、围堰工程、护坡工程的工程量较大时，可按本规定相关项目细列。

2）可行性研究阶段，专用水文站、水库泥沙监测项目的建筑工程的房屋面积按平方米（m^2）计算工程量，其他辅助工程如开挖、挡墙与护坡、观测道路等可按本规定相关项目细列。

3）其他建筑工程如水质监测站等项目可参照水文站建筑工程项目计算。

4 水文测报设备及安装工程工程量清单编制

1）预可行性研究阶段：水情自动测报系统、专用气象站、专用水文站、水库泥沙监测等设备按项目分项估算，各项目的勘测设计、安装、试运行、建设用地、建设管理等费用性工作的工程量可分项目按规模估算。

2）可行性研究阶段：各项目的勘测设计、安装、安装调试、试运行、建设用地、建设管理等费用性工作的工程量可分项目计算。

3）本规定未列出的其他设备及安装工程参照本水情自动测报系统相关项目估算或计算。

4）试运行工程量参照施工期水文测报工程量中的水情自动测报系统运行管理工作量计算，但设施设备维修不列入。

5）可行性研究阶段：建设管理中的备品备件按设计项目细列。

4.7.6 水库地震监测台网工程

水库地震监测台网工程的工程量计算，以往在水电行业内没有明确规定。本规定明确了在各水电设计阶段的不同计算要求。水库地震的预测研究工作一般是在预可行性阶段随着水电工程区域构造稳定性研究和地震安全性评价工作的开展而进行的。在完成水库地震预测结果后，才能根据相关法律条例和规程规范确定是否需要建设水库地震监测台网。因此规划阶段不能确定是否建网，也就不计列工程量。预可行性研究阶段在确定需要建设地震监测台网后，工程量大小可根据经验和有关工程类比估算，以项计列工程量。可行性研究阶段需进行水库地震监测台网的总体规划设计，分土建工程、设备（仪器）及安装调试、电站施工期台网运行管理等分别计算工程量。考虑到该项工程相对独立和简单，如可行性研究阶段设计比较完整，则招标设计和施工图设计阶段只需根据已有设计成果作进一步的复核和细化。

1　水库地震监测台网的子台、中继站总体土建规模较小，但为避免干扰，往往选在交通不便，比较偏僻的地方，建筑材料等的运输成本也难以量化，其土建工程量需要时也可按项计列。

2　台网中心一般设在地震局，土建部分只列改造、装修工程量。如果需单独新建，则土建工程量也可按项计列。

3　表中所列的各子台、中继站、网络中心的设备（仪器）并非每个子台都需要，是根据其具体的功能和传输方式、供电方式等，按需分项列出相应的工程量清单。

4　水库地震监测台网一般要求在水库蓄水前1～2年投入运行，水电站建设时期相对较长，所以工程建设阶段的监测台网运行管理所要求的工程量应列入工程量清单。